U0236199

作者简介

　　周繇，男，汉族，1962 年 6 月 5 日出生于吉林省通化市，现任通化师范学院生命科学学院二级教授、中国科学院植物研究所中国植物图像库签约摄影师，主要从事植物资源研究与教学工作。曾荣获"全国优秀教师"、"吉林省首届十大最美教师"、吉林省有突出贡献专家、吉林省"长白山技能名师"、2008 年"感动吉林十大人物"、"吉林好人"、"吉林省新长征突击手"、"吉林省教育系统师德标兵"等多项荣誉称号。

　　主持的教育部"长白山观赏植物调查研究"项目荣获 2008 年吉林省科学技术进步三等奖。先后出版了《中国长白山植物资源志》《中国长白山食用植物彩色图志》《东北珍稀濒危植物彩色图志》《东北树木彩色图志》及《东北湿地植物彩色图志》等 7 部学术专著。所编著的图书两次入选国家出版基金项目（2018、2020 年度），3 次入选国家科学技术学术著作出版基金项目（2008、2009、2017 年度），3 次入选黑龙江省精品图书出版工程基金项目（2015、2016、2017 年度）。在《北京林业大学学报》《林业科学》《浙江大学学报》《南京林业大学学报》等核心期刊发表论文 46 篇，累计 75 万字。拍摄植物照片 35 万余幅，其中有 60 幅照片被用作《北京林业大学学报》《植物分类学报》《中国中药杂志》《中草药》《中国草地学报》《昆虫学报》《生物学教学》《中国食用菌》及日本著名植物杂志《植物研究》等学术刊物的封面，有 40 余幅照片被《国家地理杂志》采用，建立了我国最大的长白山植物资源图像库。其事迹多次被中央电视台、吉林电视台及《春风》《中国教育报》《吉林日报》《新民晚报》等多家新闻媒体所报道。

谨以此书

　　献给中国传统医药研究和开发这一伟大事业!

　　献给从事中国东北地区药用植物研究的广大科学工作者!

著书感怀

周 繇

东北广袤，最富饶，遍地神药。灵芝奇，平贝止喘，人参抗老。龙胆泻火清湿热，枸杞益肾滋补妙。名医赞，济华夏苍生，皆瑰宝。

四十年，须鬓皓。挑灯起，阅资料。创经典，汗浸百万书稿。风餐露宿内蒙古，披星戴月黑吉辽。克万难，巨著付梓时，仰天笑。

这里有茂密的森林，
这里有壮丽的山川，
这里有多彩的沼泽，
这里有辽阔的草原……

这里是药用植物的沃土，
这里是地道药材的家园。
美哉，白山黑水！
壮哉，呼伦兴安！

——周繇

内容简介

  《中国东北药用植物资源图志》是由中国工程院院士肖培根研究员主审、中国科学院院士孙汉董研究员作序、吉林省通化师范学院长白山生物资源开发利用研究所所长周繇教授历经40年时间完成，迄今为止第一部系统研究中国东北地区药用植物资源的专著，亦是周繇教授8部东北资源大型彩色图志中的第4部。

  全书共约550万字，收录药用植物219科、801属、1 962个分类单元（含1 845种、76变种、41变型）。其中，藻类植物14科、15属、18种；菌类植物42科、92属、191种、2变种；地衣植物7科、9属、14种；苔藓植物9科、10属、10种；蕨类植物23科、37属、68种、2变种、1变型；裸子植物4科、10属、25种、1变型；被子植物120科、628属、1 519种、72变种、39变型。配有彩色图片13 818幅，这些照片全部由作者周繇教授亲赴野外拍摄，附方5 000余个。

  全书共分14章，系统介绍了每一种植物的科属、中文名、学名、药用部位、别名、俗名、原植物、生境、分布、采制、性味功效、主治用法，对于重点药材，还介绍了用量及附方等。

  本书是国内外研究中国东北地区药用植物资源一部重要的参考文献，是有关部门制定经济发展规划和进行植物资源保护的重要参考资料。本书广泛适用于医药、林学、农学等领域，同时可作为大专院校有关专业的参考书，也可作为广大植物爱好者的收藏之品。

国家出版基金项目
NATIONAL PUBLICATION FOUNDATION

"十三五"国家重点出版物出版规划项目

中国东北药用植物资源

图志 ①

周繇 编著 肖培根 主审

Atlas of
Medicinal Plant
Resource in the Northeast of
China

黑龙江科学技术出版社
HEILONGJIANG SCIENCE AND TECHNOLOGY PRESS

图书在版编目（CIP）数据

中国东北药用植物资源图志 / 周繇编著. -- 哈尔滨:
黑龙江科学技术出版社,2021.12
ISBN 978-7-5719-0825-6

Ⅰ. ①中… Ⅱ. ①周… Ⅲ. ①药用植物－植物资源－
东北地区－图集 Ⅳ. ①S567.019.23-64

中国版本图书馆 CIP 数据核字(2020)第 262753 号

中国东北药用植物资源图志

ZHONGGUO DONGBEI YAOYONG ZHIWU ZIYUAN TUZHI

周繇 编著　肖培根 主审

出 品 人	侯 擘　薛方闻
项目总监	朱佳新
策划编辑	薛方闻　项力福　梁祥崇　闫海波
责任编辑	侯 擘　朱佳新　回 博　宋秋颖　刘 杨　孔 璐　许俊鹏　王 研
	王 姝　罗 琳　王化丽　张云艳　马远洋　刘松岩　周静梅　张东君
	赵雪莹　沈福威　陈裕衡　徐 洋　孙 雯　赵 萍　刘 路　梁祥崇
	闫海波　焦 琰　项力福
封面设计	孔 璐
版式设计	关 虹
出 版	黑龙江科学技术出版社
	地址：哈尔滨市南岗区公安街 70-2 号　邮编：150007
	电话：（0451）53642106　传真：（0451）53642143
	网址：www.lkcbs.cn
发 行	全国新华书店
印 刷	哈尔滨市石桥印务有限公司
开 本	889 mm×1 194 mm　1/16
印 张	350
字 数	5 500 千字
版 次	2021 年 12 月第 1 版
印 次	2021 年 12 月第 1 次印刷
书 号	ISBN 978-7-5719-0825-6
定 价	4 800.00 元（全 9 册）

序

  东北地区是我国北方一个巨大的立体药用植物资源宝库。这里出产的野山参自古就享有"东北人参甲天下"和"天下补虚第一要药"的美誉，是东北少数民族向中原王朝进贡的贡品，其产品远销日本、韩国、欧美和东南亚等国家和地区。

  东北地区自然条件十分独特，生态环境非常优越，既有地域广袤的大兴安岭，又有幅员辽阔的呼伦贝尔草原，还有河流纵横的三江湿地，更有峰峦叠嶂的长白山山地，是我国重要的"地道药材"产区。这里的辽细辛、五味子、刺五加、人参、龙胆、桔梗、关苍术、穿龙薯蓣、甘草、防风、黄芩及平贝母等，是国内外天然药物研发的重要原料。丰富的药用植物资源，有力保障了地方医药事业的不断发展，东北地区涌现了"修正""万通""敖东""吉春"及"阜康"等一批民族明星制药企业。东北地区因此成为我国重要的中药和中药材出口创汇基地。

  东北地区的先民很早就有采收野生药用植物的历史。每年的春季，人们开始采挖平贝母、辽细辛、汉城细辛、狼毒大戟、白头翁、粗茎鳞毛蕨、东北南星等药材；6 月下旬，人们开始采挖天麻块茎，采收松杉灵芝、灵芝等药材；7 月初，人们开始采收草苁蓉；特别是当接骨木果实变红的时候，一些采参人便远离村庄，来到深山老林采挖人参。到了秋季，人们开始采挖党参、黄芪、茜草、穿龙薯蓣、芍药、地榆、白鲜、朝鲜南星、龙胆、防风、蝙蝠葛、北马兜铃、黄芦木、柴胡、桔梗、北乌头、黄花乌头、秦艽等植物的根或根状茎药材；在初冬，人们剥去黄檗、刺五加、暴马丁香、胡桃楸等植物的树皮或采收槲寄生的植株用作药材等。

  东北地区居民利用野生药用植物的历史十分悠久，在长期的生产生活实践中积累了丰富的治疗疾病经验。由于受地域和民族文化的影响，出现了"蒙药""满药""朝药""回药"及"鄂药"等不同流派。特别是在一些偏远地区和缺医少药的地方，利用野生药用植物来防病治病已经成了一种风俗。

  东北地区的药用植物资源虽然很丰富，但由于缺乏可供借鉴的科学资料，使许多有用植物资源白白地浪费在荒野之中。因此，一部全面、系统、科学、翔实地介绍东北地区药用植物资源的大型彩色图志将为人们研究、合理开发利用以及选育、驯化这些丰富的植物资源提供重要的科学资料。鉴于此，吉林省通化师范学院生命科学学院的周繇教授，以严谨的治学态度、顽强的毅力和无私的奉献精神，在经费十分拮据的情况下，克服了许多难以想象的困难，几乎走遍了东北地区的每一个旗县，亲自拍摄 35 万余幅照片，历经 40 年的不懈努力，终于完成了这部大型专著。这是我国科技工作者取得的又一项重要科研成果。这部专著的出版，为本区乃至整个北方地区的野生药用植物资源开发利用和保护提供了准确的科学依据和重要的参考资料，同时，对推动东北地区"地道药材基地"建设也具有重要意义。

孙汉董

中国科学院院士

2020 年 12 月 12 日

前　　言

　　中国东北地区（以下简称"东北地区"）幅员辽阔、地域广袤，包括辽宁省、吉林省、黑龙江省和内蒙古自治区东部。总面积为 147 万 km²，占全国国土面积的 15.32%。东北地区野生药用植物资源十分丰富，据初步统计，全区共有野生药用植物 2 000 余种。这里出产的野山参自古就享有"东北人参甲天下"的美誉。灵芝、猪苓、卷柏、木贼、草麻黄、槲寄生、孩儿参、北乌头、多被银莲花、白头翁、芍药、山楂、地榆、黄芪、苦参、甘草、狼毒大戟、白鲜、黄檗、远志、防风、徐长卿、白薇、茜草、丹参、黄芩、地黄、党参、旋覆花、牛蒡、关苍术、漏芦、薤白、知母、黄精、穿龙薯蓣、薯蓣、射干、灯芯草、东北南星、半夏、黑三棱、天麻等，都是《中华人民共和国药典》重点收录的药材。

　　中国东北地区自然条件十分优越，生态类型多样，森林覆盖率高。绝大多数药用植物在山坡、林缘、草地、林下、沟谷、河岸等处自生自长，远离喧嚣的都市，不受农药、化肥、城市污水及工矿废水、废渣、废气等污染。因此，这里出产的药材绝大多数都具有较高的药用价值，广受消费者的青睐，有些中成药在国内外享有较高的知名度，每年都给国家创造了大量外汇，有力拉动了地方经济增长。东北地区涌现出"敖东""东宝""修正""万通"等一大批著名的制药企业，使吉林省通化市享有了"中国药城"、辽宁省本溪市享有了"中国药都"

的美誉。

东北地区还是我国重要的"地道药材"产区，主要代表种类有辽细辛、汉城细辛、北马兜铃、黄花乌头、兴安升麻、大三叶升麻、辣蓼铁线莲、棉团铁线莲、五味子、蝙蝠葛、狼毒大戟、白鲜、黄檗、刺五加、人参、辽藁本、防风、龙胆、条叶龙胆、三花龙胆、紫草、车前、平车前、桔梗、关苍术、平贝母等。其中，人参营销份额占全世界的80%以上。

东北地区地形复杂，既有一望无际的呼伦贝尔草原，又有峰峦叠嶂的长白山山地，还有起伏不平的大兴安岭，更有沟壑纵横的辽西山地和沼泽与湖泊星罗棋布的三江湿地。由于温度、湿度、海拔、光照等诸多因子的不同，药用植物的种类和数量具有较大的差异。

大兴安岭区主要代表种类：猴头菌、松杉灵芝、鹿蕊、石耳、香鳞毛蕨、偃松、波叶大黄、短瓣金莲花、芍药、银露梅、红花鹿蹄草、杜香、兴安杜鹃、秦艽、尖叶假龙胆、草苁蓉、接骨木、轮叶贝母等。小兴安岭区主要代表种类：蜜环菌、云芝、桦剥管菌、木蹄层孔菌、火木层孔菌、树舌灵芝、木耳、尖顶地星、梨形马勃、木贼、乌苏里瓦韦、红松、胡桃楸、槲寄生、北乌头、黄芪、黄檗、刺五加、龙胆、茜草、东北南星等。长白山区主要代表种类：松口蘑、美味牛肝菌、猪苓、茯苓、蛹虫草、朝鲜崖柏、东北红豆杉、五味子、侧金盏花、多被银莲花、木通马兜铃、鲜黄连、朝鲜淫羊藿、刺参、人参、迎红杜鹃、紫草、党参、羊乳、平贝母、天麻等。内蒙古高原草原区主要代表种类：大禿马勃、单子麻黄、珠芽蓼、牛扁、掌叶白头翁、瓣蕊唐松草、野罂粟、金露梅、海拉尔棘豆、蓝花棘豆、二色补血草、达乌里秦艽、块根糙苏、枸杞、红纹马先蒿、莲座蓟、凹舌兰等。松辽平原区主要代表种类：问荆、节节草、草麻黄、中麻黄、西伯利亚蓼、草原石头花、猪毛菜、翠雀、水葫芦苗、长叶碱毛茛、蕨麻、刺果甘草、甘草、苦参、苦马豆、乳浆大戟、地构叶、远志、防风、黄花补血草、罗布麻、徐长卿、黄芩、达乌里芯芭、角蒿、知母、绵枣儿、射干、白茅、宽叶红门兰等。三江湿地区主要代表种类：槐叶苹、芡实、莲、睡莲、萍蓬草、沼委陵菜、小白花地榆、湿地黄芪、华黄芪、盒子草、千屈菜、格菱、狐尾藻、睡菜、荇菜、毛水苏、狸藻、缬草、东方泽泻、野慈姑、花蔺、水鳖、雨久花、芦苇、菖蒲、水芋、黑三棱、水葱等。辽西山地丘陵区主要代表种类：血红铆钉菇、尖顶地星、网纹马勃、葫芦藓、地钱、卷柏、银粉背蕨、华北石韦、油松、侧柏、虎榛子、槲树、石竹、长蕊石头花、黄花乌头、北马兜铃、独根草、山杏、臭椿、西伯利亚远志、酸枣、照山白、流苏树、小叶梣、白薇、白首乌、木香薷、地黄、阴行草、旋蒴苣苔、黄花列当、苍术、黄精、热河黄精、穿龙薯蓣等。辽宁滨海区主要代表种类：石莼、绳藻、海带、裙带菜、鹿角菜、全缘贯众、骨碎补、有柄石韦、赤松、碱蓬、三桠乌药、木防己、糙叶黄芪、野百合、葛、珊瑚菜、海州常山、单叶蔓荆、沙苦荬菜、蒙古鸦葱、山麦冬、菝葜等。

在众多的东北地区药用植物中，根类入药主要代表种类有：人参、甘草、黄芪、党参、北乌头、芍药、苦参、狼毒、防风、龙胆、白薇、紫草、桔梗、藜芦等。根状茎类入药主要代表种类有：平贝母、天麻、穿龙薯蓣、粗茎鳞毛蕨、多被银莲花、兴安升麻、蝙蝠葛、堇叶延胡索、关苍术、黑三棱、毛百合、玉竹、东北南星、半夏等。藤茎类入药主要代表种类有：北马兜铃、木通马兜铃、忍冬、接骨木等。皮类入药主要代表种类有：白鲜、黄檗、刺五加、暴马丁香、花曲柳等。叶类入药主要代表种类有：有柄石韦、兴安杜鹃、牛皮杜鹃、迎红杜鹃、杜香等。花类入药主要代表种类有：金莲花、短瓣金莲花、长瓣金莲花、刺蔷薇、野菊、款冬等。果实类入药主要代表种类有：五味子、山刺玫、山楂、花楸树、赤爬、挂金灯、曼陀罗、牛蒡、苍耳等。种子类入药主要代表种类有：红蓼、芡实、蒺藜、葶苈、山杏、郁李、南蛇藤、苘麻、月见草、菟丝子、圆叶牵牛、天仙子、车前、马蔺等。全草类入药主要代表种类有：卷柏、木贼、乌苏里瓦韦、水蓼、白屈菜、紫花地丁、藿香、益母草、山梗菜、列当、草苁蓉、蒲公英、铃兰等。树脂类入药主要代表种类有：臭冷杉、杉松、油松、赤松等。

东北地区的野生药用植物不仅治疗疾病效果好，而且临床用途多种多样。

在临床上用于解表药类主要代表种类有：桑、辽细辛、兴安升麻、葛、白芷、北柴胡、防风、辽藁本、浮萍等。用于清热药类主要代表种类有：木贼、马齿苋、白头翁、长瓣金莲花、草芍药、蝙蝠葛、莲、委陵菜、苦参、黄檗、龙胆、黄芩、忍冬、青蒿、野菊、知母等。用于泻下药类主要代表种类有：红松、大麻、波叶大黄、圆叶牵牛等。用于祛风湿药类主要代表种类有：槲寄生、北乌头、辣蓼铁线莲、棉团铁线莲、红毛七、牻牛儿苗、瓜木、徐长卿等。用于化湿药类主要代表种类有：草木樨、关苍术、朝鲜苍术等。用于利湿药类主要代表种类有：乌苏里瓦韦、有柄石韦、地肤、瞿麦、石竹、木通马兜铃、野葵、平车前、阴行草、茵陈蒿、东方泽泻、灯芯草、猪苓等。用于行气药类主要代表种类有：北马兜铃、玫瑰、土木香、薤白等。用于消食药类主要代表种类有：山楂、毛山楂、裂叶马兰等。用于驱虫药类主要代表种类有：龙芽草、鹤虱、小窃衣等。用于活血化瘀药类主要代表种类有：红蓼、麦蓝菜、齿瓣延胡索、酢浆草、活血丹、细叶益母草、地笋等。用于止血药类主要代表种类有：地榆、荠、费菜、地锦、盐肤木、茜草、刺儿菜、香蒲、木耳等。用于化痰止咳平喘药类主要代表种类有：桑、播娘蒿、葶苈、东北杏、兴安杜鹃、毛曼陀罗、天仙子、桔梗、紫菀、款冬、平贝母等。用于平肝息风药类主要代表种类有：芍药、山芍药、蒺藜、天麻等。用于安神药类主要代表种类有：红松、远志、缬草、松杉灵芝等。用于补虚药类主要代表种类有：孩儿参、五味子、黄芪、锁阳、刺五加、人参、金灯藤、枸杞、地黄、党参、黄精、玉竹、薯蓣、手参等。用于收涩药类主要代表种类有：莲、芡实、牛叠肚、库页悬钩子等。用于涌吐药类主要代表种类有：藜芦、尖被藜芦等。用于攻毒杀虫收湿止痒药类主要代表种类有：狼毒大戟、林大戟、大戟、乳浆大戟等。用于拔毒化腐生肌药类主要代表种类有：臭冷杉、红皮云杉、黄花落叶松等。

东北地区药用植物具有特殊的医疗功效。如：人参自古以来就被誉为"天下补虚第一要药"，是东北少数民族向中原王朝进贡的贡品。红松松子仁含有亚油酸和亚麻酸等多种不饱和脂肪酸，可调整和降低血脂，软化血管和防治动脉粥样硬化，并能降低血脂和血液黏稠度，预防血栓形成。五味子果实玲珑剔透，宛如"珍珠"，酿出的果酒呈宝石红色，长期饮用可治疗肺虚喘咳、口干作渴、神经衰弱、头晕健忘、慢性腹泻、自汗、盗汗、伤津口渴、气短脉虚、肝炎、心悸、失眠、劳伤羸瘦、尿频、遗尿、梦遗滑精及久泻久痢等症。库页红景天清朝时期曾作为宫廷贡品，被康熙大帝钦封为"仙赐草"，具有强壮、调节中枢神经系统、调节内分泌系统、调节能量代谢、强心、利尿、加强人体免疫调节和双向调节等作用。长期服用可提高人的抗疲劳、耐缺氧、耐寒冷、耐高温、抗辐射的能力，在本区享有"高山人参"的美誉。草苁蓉更是神奇，经常服用可治疗腰膝冷痛、老年习惯性便秘、膀胱炎、妇女不孕、崩漏带下及小便遗沥等症，特别是对阳痿早泄具有特殊的疗效，再现正常的生育机能，在民间享有"不老草"的美誉，与红景天、蛤蟆油一起，被誉为东北地区的"新三宝"。

东北地区地域广袤，除汉族外，还有蒙古族、满族、朝鲜族、回族、鄂伦春族、鄂温克族、达斡尔族、俄罗斯族及赫哲族等。人们在长期的生产生活实践中，积累了丰富的治疗疾病经验，出现了"蒙药""满药""朝药""回药"及"鄂药"等。特别是东北地区深受"萨满文化"的影响，在民间，许多人非常推崇使用偏方治疗疾病。尤其是在一些偏远地区和缺医少药的地方，利用野生药用植物防治疾病已经成了一种风俗。这样不仅降低了治疗成本，有时还会收到意想不到的奇效。比如：用木贼全草治疗目赤肿痛、迎风流泪、痔疮等；用乌苏里瓦韦全草治疗感冒、发热、咽喉肿痛等；把辽细辛全株熬水漱口用于治疗牙龈肿痛；把黄芦木根浸泡在开水中用于治疗咽喉肿痛等；用狼毒大戟根治疗偏头痛和淋巴结结核及螨虫；把白鲜根削成碎屑或碾成细末用于止血；将接骨木枝条捣碎敷在患处用于治疗脚部扭伤等；用赤飑果实治疗闪腰岔气。长期食用蒲公英治疗肝炎、乳腺炎、胆囊炎、上呼吸道感染等；用天麻块茎治疗肢体麻木、半身不遂等等。正因为这样，在东北地区的农贸市场，交易和销售中药材的现象十分普遍。几乎在每一个乡镇都有许多药农在进行采收、加工和贩卖。甚至许多市县还把发展中药材的种植、研发和利用作为振兴经济、脱贫致富的特色产业。

为了翔实、系统、科学、全面地反映东北地区丰富的野生药用植物资源，为国内外专家、学者及当地群众提供一把开启这一自然宝藏的金钥匙，实现几代研究者出版一部大型原色"图志"的梦想，从1982年起，我就开始进行大量野外考察工作，掌握和积累第一手原始资料。同时，我也着手《中国东北药用植物资源图志》的撰写工作。40年来，我行程共30万余公里，采集标本10 000余份，拍摄植物照片35万余幅，引种和栽培野生药用植物200余种，积累了大量的第一手资料。

在内容编排上，全书分为总论和各论两部分。在总论中，重点介绍了东北地区自然概况、药用植物的分布、药用植物入药部位、药用植物临床用途、珍稀濒危药用植物和药用植物俗名等。在各论中，根据植物类群进化顺序共分为蕨类植物、裸子植物及被子植物等七章，详细介绍了每一种植物的中文名、学名、别名、植物学特征、花期、果期、分布范围、生活环境、入药部位、临床应用、采收季节及附方等。为了展现东北地区丰富的药用植物资源，每科开头还特意放上一张精美的植物景观照片，总计256张，以便给广大读者留下一个鲜活、清晰、生动的记忆。同时，也从侧面强调了保护药用植物的重要性。书后还有中文名、别名及拉丁文索引等。

撰写《中国东北药用植物资源图志》是一项巨大的工程，涉及药用植物学、药理学、中药学、植物分类学、植物形态学、植物解剖学、植物地理学、植物生态学等诸多方面的内容。由于本人水平和精力有限，书中难免出现一些错误，欢迎广大读者多多提出宝贵意见，以便再版时进一步完善和提高。

中国工程院院士肖培根研究员担任了本书的主审，中国科学院院士孙汉董研究员为本书作序。在野外考察过程中，我得到了众多自然保护区管理单位的大力支持。《林业科学》《林业科学研究》《北京林业大学学报》及《武汉植物学报》等刊物及时刊发了我有关药用植物研究方面的论文。《中草药》《植物分类学报》《北京林业大学学报》《中国食用菌》等刊物选用了30余张照片做了刊物的封面。在此，我一并表示深深的谢意！

周繇

2020 年 12 月 10 日

凡　例

1. 本书所指东北地区范围包括黑龙江省、吉林省、辽宁省全部和内蒙古自治区东部（即"东五盟市"：赤峰市、兴安盟、通辽市、锡林郭勒盟、呼伦贝尔市）。

2. 本书所介绍的植物均为东北地区的野生药用植物，不包括人工栽培的植物。

3. 本书裸子植物按郑万钧裸子植物分类系统排列，被子植物按恩格勒被子植物分类系统（1964）排列。

4. 本书维管植物的形态特征描述均引自《中国植物志》，大型真菌植物的形态特征引自《中国大型真菌》。

5. 本书介绍的药用植物包括其中文名、拉丁学名、别名、俗名、药用部位、生境、分布、采制、性味功效、主治用法及附方等项，有的种下包括附注。

6. 本书植物拉丁属名、种名排为斜体；科名、定名人等排为正体。

7. 书中别名是指在一般文献中使用的正名或别名，而俗名是指在东北各地及邻近省区使用的俗名或土名。

8. 本书根据作者实地调查记录及野外实地考察介绍各种药用植物的生长环境。

9. 野生药用植物分布状况主要参考《东北草本植物志》《黑龙江植物志》《辽宁植物志》《内蒙古植物志》及《吉林省生物种类与分布》，本书力求列出其在东北各省的具体产地至县级行政区划，但由于行政区划时有变化，本书难以保证地名及时更新。

10. 本书药用植物的应用及附方主要引自《中药大辞典》《东北药用植物》《全国中草药汇编》《药用植物辞典》《中国中药资源志要》《中华本草》《中国本草彩色图鉴》等，主要记述该种药用植物的性味、归经、功能、主治、用量、剂型及相畏、相反等注意事项。

11. 近年来，有关中药的毒性及不良反应时有报道，国家有关部门已正式宣布禁用马兜铃酸含量较高的关木通、广防己、青木香、马兜铃、天仙藤等药材；其他一些药材，如汉中防己、细辛、追风藤、寻骨风、淮通、朱砂莲、三筒管、杜衡、管南香、南木香、藤香、背蛇生、假大薯、蝴蝶暗消、逼血雷、白金果榄、金耳环、乌金草、折耳根（鱼腥草）等已知或可能含有马兜铃酸。另有研究认为，蕨菜可能含有致癌成分。对此，本书不做详细介绍，提请读者加以注意。

12. 本书有关药用植物的应用及附方仅供参考，非专业人员切勿直接使用。如确属必要，务必咨询专业人员。

13. 全书所有照片由周繇教授拍摄。

▲吉林长白山国家级自然保护区天池湿地秋季景观

▲吉林长白山国家级自然保护区天池湿地春季景观

▲吉林长白山国家级自然保护区天池湿地秋季景观

总　论

总论介绍东北地区自然概况、药用植物的分布、药用植物的入药部位、药用植物的临床用途、药用植物的特点及民间利用、珍稀濒危药用植物及药用植物的俗名等内容。

▲吉林长白山国家级自然保护区天池湿地夏季景观

▲吉林长白山国家级自然保护区高山苔原带春季景观

▲吉林长白山国家级自然保护区天池湿地秋季景观

第一章
东北地区自然概况

　　东北，古称营州、辽东、关东、关外、满洲，是我国东北方向国土的统称，包括辽宁省、吉林省、黑龙江省和内蒙古自治区东部（即"东五盟市"：赤峰市、兴安盟、通辽市、锡林郭勒盟、呼伦贝尔市）。东北地区总面积约为147万 km²，占全国国土面积的 15.32%。人口约为 1.226 亿，占全国总人口的 8.95%。东北地区自然地理单元完整，自然资源丰富，多民族深度融合，开发历史近似，经济联系密切，经济实力雄厚，在全国经济发展中占有重要地位。

　　东北地区是我国纬度最高的区域，冬季寒冷，在自然景观上表现出冷湿的特征。它的形成和发展，与它所处的地理位置有密切关系。它北面与北半球的"寒极"——维尔霍扬斯克 – 奥伊米亚康所在的东西伯利亚为邻，从北冰洋来的寒潮经常侵入，致使气温骤降。西面是高达千米的蒙古高原，西伯利亚极地大陆气团可以直袭东北地区。东北面与素称"太平洋冰窖"的鄂霍次克海相距不远，春夏季节从这里发源的东北季风常沿黑龙江下游谷地进入东北，使东北地区夏温不高，北部及较高山地甚至无夏。因而东北地区冬季气温较同纬度大陆低 10℃以上。东北地区是我国经度位置最偏东的地区，并显著地向海洋突出。其南面临近渤海、黄海，东面临近日本海。从小笠原群岛（高压）发源，向西北伸展的一支东南季风，可以直奔东北。至于经华中、华北而来的变性很强的热带海洋气团，亦可因渤海、黄海补充湿气后进入东北，给东北带来较多的雨量和较长的雨季。由于气温较低，蒸发微弱，降水量虽不十分丰富，但湿度仍较高，从而使东北地区在气候上具有冷湿的特征。东北地区有着大面积针叶林、针阔叶混交林带和草甸草原等自然景观，都与温带湿润、半湿润大陆性季风气候有关。

▲内蒙古自治区额尔古纳市乌兰山湿地夏季景观

▲大兴安岭罕山夏季森林景观

▲大兴安岭小白山秋季森林景观

▲小兴安岭太平沟秋季森林景观

第二章
东北地区药用植物的分布

　　东北地区辽阔广袤，生态条件十分复杂，既有一望无际的呼伦贝尔草原，又有峰峦叠嶂的长白山山地，还有起伏不平的大兴安岭地区。这样的气候、地理条件培育出了大量珍贵的东北药用植物。由于温度、湿度、海拔、光照等诸多因素的不同，药用植物的种类和数量具有较大的差异。根据多年来的科考成果，现将东北药用植物的分布划分为八大区域，具体分布区域和药用植物种类简介如下：

　　1. 大兴安岭区：以大兴安岭山脉为主的广大林区，范围包括内蒙古呼伦贝尔市、兴安盟、通辽市、赤峰市等广袤的林区和黑龙江省加格达奇区及其所属的县区。主要药用植物种类：猴头菌、硫黄菌、松杉灵芝、鹿蕊、细石蕊、雀石蕊、石耳、环裂松萝、地茶、扁枝石松、多穗石松、过山蕨、东方荚果蕨、香鳞毛蕨、偃松、西伯利亚刺柏、兴安圆柏、白桦、波叶大黄、叉歧繁缕、细叶乌头、小花楼斗菜、兴安升麻、西伯利亚铁线莲、短瓣金莲花、芍药、黄海棠、齿瓣延胡索、北紫堇、角茴香、糖芥、紫八宝、黄花瓦松、费菜、互叶金腰、梅花草、绣线菊、银露梅、山刺玫、石生悬钩子、辽宁山楂、斜茎黄芪、野火球、毛蕊老鹳草、狼毒大戟、红瑞木、白芷、红花鹿蹄草、杜香、兴安杜鹃、高山杜鹃、越橘、东北岩高兰、三花龙胆、秦艽、尖叶假龙胆、扁蕾、肋柱花、北方拉拉藤、兴安百里香、泡囊草、野苏子、草苁蓉、接骨木、岩败酱、窄叶蓝盆花、聚花风铃草、山梗菜、桔梗、兴安一枝黄花、旋覆花、亚洲薯、萎蒿、菊蒿、复序橐吾、麻叶千里光、漏芦、轮叶贝母、北重楼、毛穗藜芦、玉蝉花、北陵鸢尾、大花杓兰、紫点杓兰、小斑叶兰等。

　　2. 小兴安岭区：以小兴安岭山脉为主的广大林区，范围包括黑龙江伊春、黑河、鹤岗、佳木斯、五大连池等地。主要药用植物种类：蜜环菌、墨汁鬼伞、厚环黏盖牛肝菌、珊瑚状猴头菌、云芝、桦剥管菌、

▲小兴安岭钻山锥秋季森林景观

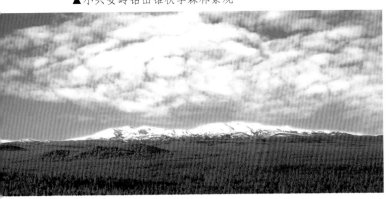
▲吉林长白山国家级自然保护区秋季森林景观

▲呼伦贝尔平安草原夏季景观

▲黑龙江省大佳河省级自然保护区乌苏里江湿地夏季景观

木蹄层孔菌、红缘拟层孔菌、火木层孔菌、树舌灵芝、木耳、尖顶地星、梨形马勃、羊肚菌、长松萝、万年藓、金发藓、蛇苔、东北石松、玉柏、木贼、分株紫萁、东北蹄盖蕨、荚果蕨、球子蕨、乌苏里瓦韦、东北多足蕨、红松、胡桃楸、榛、蒙古栎、狭叶荨麻、槲寄生、拳参、北乌头、兴安白头翁、黄芦木、荷青花、黑水罂粟、长药八宝、落新妇、珍珠梅、长白蔷薇、刺蔷薇、库页悬钩子、花楸树、黄芪、胡枝子、朝鲜槐、白花酢浆草、黄檗、露珠草、刺五加、辽东楤木、峨参、小窃衣、肾叶鹿蹄草、黄连花、樱草、暴马丁香、龙胆、条叶龙胆、茜草、返顾马先蒿、松蒿、列当、金银忍冬、鸡树条、败酱、展枝沙参、紫斑风铃草、雀斑党参、紫菀、狭苞橐吾、林荫千里光、铃兰、大苞萱草、有斑百合、东北百合、兴安鹿药、藜芦、东北南星、手参、小花蜻蜓兰等。

3. 长白山区：以长白山、张广才岭、老爷岭、完达山、龙岗山及千山山脉为主的广大林区，范围包括牡丹江、鸡西、延边、白山、通化、本溪、抚顺、丹东、鞍山等地。主要药用植物种类：金顶侧耳、侧耳、香菇、金针菇、松口蘑、空柄小牛肝菌、美味牛肝菌、厚环黏盖牛肝菌、臭黄菇、鸡油菌、灰树花、猪苓、茯苓、药用拟层孔菌、灵芝、毛木耳、银耳、黄金银耳、短裙竹荪、网纹马勃、硬皮地星、蛹虫草、半翅目虫草、蝉花、东亚小金发藓、蛇足石杉、狭叶瓶尔小草、掌叶铁线蕨、对开蕨、戟叶耳蕨、杜松、朝鲜崖柏、东北红豆杉、蔓孩儿参、五味子、类叶升麻、侧金盏花、多被银莲花、反萼银莲花、尖萼耧斗菜、

▲科尔沁右翼中旗巴彦塔拉草原夏季景观

单穗升麻、辣蓼铁线莲、齿叶铁线莲、宽苞翠雀、獐耳细辛、朝鲜白头翁、唐松草、长瓣金莲花、红毛七、鲜黄连、朝鲜淫羊藿、银线草、木通马兜铃、辽细辛、草芍药、软枣猕猴桃、堇叶延胡索、葛枣猕猴桃、库页红景天、大叶子、槭叶草、扯根菜、土庄绣线菊、蛇莓、茅莓、秋子梨、东北扁核木、郁李、豆茶决明、合萌、三角酢浆草、盐肤木、水金凤、东北雷公藤、东北蛇葡萄、地锦、白杜、东北瑞香、赤飑、瓜木、刺参、刺楸、人参、朝鲜当归、长白柴胡、蛇床、鸭儿芹、伞形喜冬草、迎红杜鹃、矮桃、白檀、高山龙胆、瘤毛獐牙菜、潮风草、紫草、风轮菜、活血丹、大花益母草、薄荷、山菠菜、北玄参、蚊母草、攀倒甑、轮叶沙参、长白沙参、薄叶荠苨、党参、羊乳、东风菜、蹄叶橐吾、关苍术、山牛蒡、款冬、七筋菇、龙须菜、平贝母、东北玉簪、狭叶黄精、鹿药、吉林延龄草、牛尾菜、老鸦瓣、尖被藜芦、山鸢尾、天南星、朝鲜南星、细毛火烧兰、天麻、广布红门兰、二叶舌唇兰、山兰、朱兰、蜻蜓兰、绶草等。

　　4. 内蒙古高原草原区：内蒙古高原东部的呼伦贝尔市、锡林郭勒盟、赤峰市、兴安盟等地。

▲辽宁省白狼山国家级自然保护区秋季森林景观

▼辽宁省长海县海洋岛秋季海岸景观

▲内蒙古自治区陈巴尔虎旗莫日格勒河草原夏季景观

主要药用植物种类：大秃马勃、单子麻黄、麻叶荨麻、叉分蓼、珠芽蓼、老牛筋、牛扁、华北乌头、北侧金盏花、大花银莲花、蓝堇草、掌叶白头翁、黄花白头翁、石龙芮、瓣蕊唐松草、西伯利亚小檗、野罂粟、狼爪瓦松、金露梅、地榆、草木樨状黄芪、山岩黄芪、草木樨、海拉尔棘豆、蓝花棘豆、多叶棘豆、披针叶野决明、白刺、粗根老鹳草、白鲜、中国沙棘、柳兰、锁阳、红柴胡、兴安柴胡、二色补血草、达乌里秦艽、花锚、紫花杯冠藤、蒙古莸、光萼青兰、毛建草、野芝麻、串铃草、块根糙苏、多裂叶荆芥、枸杞、柳穿鱼、红纹马先蒿、白婆婆纳、草本威灵仙、高山紫菀、团球火绒草、全缘橐吾、蝟菊、驴欺口、烟管蓟、莲座蓟、风毛菊、山莴苣、鸦葱、丝叶鸦葱、马蔺、凹舌兰等。

5. 松辽平原区：位于大兴安岭、小兴安岭和长白山之间，主要是由松花江、嫩江、辽河冲积而成的广袤平原，范围包括齐齐哈尔、大庆、绥化、白城、松原、四平、铁岭、沈阳、辽阳等地。主要药用植物种类：问荆、节节草、草麻黄、中麻黄、蒙古黄榆、荩草、百蕊草、东北木蓼、萹蓄、尼泊尔蓼、红蓼、西伯利亚蓼、杠板归、刺蓼、酸模、巴天酸模、马齿苋、鹅肠菜、繁缕、草原石头花、沙蓬、藜、地肤、猪毛菜、凹头苋、翠雀、水葫芦苗、长叶碱毛茛、茴茴蒜、蝙蝠葛、白屈菜、荠、播娘蒿、独行菜、菥蓂、龙芽草、路边青、蕨麻、背扁黄芪、鸡眼草、刺果甘草、甘草、米口袋、苦参、苦马豆、牻牛儿苗、老鹳草、蒺藜、野亚麻、铁苋菜、地锦、乳浆大戟、地构叶、远志、葎叶蛇葡萄、苘麻、野葵、野西瓜苗、柽柳、硬阿魏、防风、黄花补血草、百金花、鳞叶龙胆、罗布麻、徐长卿、合掌消、鹅绒藤、地梢瓜、萝藦、杠柳、菟丝子、田旋花、北鱼黄草、大果琉璃草、紫筒草、多花筋骨草、益母草、黄芩、粘毛黄芩、曼陀罗、小天仙子、挂金灯、龙葵、达乌里芯芭、角蒿、弯管列当、车前、长柱沙参、扫帚沙参、白头婆、三脉紫菀、全叶马兰、女菀、线叶蒿、兔儿伞、牛蒡、火媒草、草地风毛菊、水麦冬、薤白、知母、绵枣儿、北黄花菜、条叶百合、射干、白茅、香蒲、宽叶红门兰等。

6. 三江湿地区：黑龙江及乌苏里江交汇处，是我国东北端一块面积最大、原始风貌最典型的低地高寒湿地，范围包括佳木斯、双鸭山、鸡西等地。主要药用植物种类：槐叶苹、香蓼、水蓼、箭叶蓼、戟叶蓼、二歧银莲花、驴蹄草、毛茛、芡实、莲、睡莲、萍蓬草、金鱼藻、珠果黄堇、沼委陵菜、小白花地榆、湿地黄芪、华黄芪、山黧豆、盒子草、千屈菜、东北菱、格菱、柳叶菜、狐尾藻、穗状狐尾藻、毒芹、水芹、泽芹、东北点地梅、睡菜、荇菜、中国花葱、宽叶打碗花、藿香、地笋、毛水苏、华水苏、水茫草、陌上菜、山罗花、穗花马先蒿、细叶婆婆纳、弯距狸藻、缬草、橐吾、湿生狗舌草、东方泽泻、野慈姑、花蔺、水鳖、龙舌草、眼子菜、菹草、藜芦、雨久花、鸭舌草、燕子花、溪荪、灯芯草、芦苇、菖蒲、水芋、臭菘、紫萍、浮萍、黑三棱、宽叶香蒲、水烛、水葱、扁秆藨草、水毛花、无刺鳞水蜈蚣等。

7. 辽西山地丘陵区：主要是由东北向西南走向的努鲁儿虎山、松岭、黑山、医巫闾山组成的广袤区域，范围包括锦州、阜新、朝阳、葫芦岛等地。主要药用植物种类：血红铆钉菇、尖顶地星、网纹马勃、葫芦藓、地钱、卷柏、红枝卷柏、银粉背蕨、华北鳞毛蕨、布朗耳蕨、华北石韦、油松、侧柏、虎榛子、栗、槲树、黑弹树、桑、蒙桑、北桑寄生、皱叶酸模、商陆、狗筋蔓、石竹、长蕊石头花、反枝苋、黄花乌头、华北耧斗菜、棉团铁线莲、卷萼铁线莲、短尾铁线莲、箭头唐松草、金莲花、细叶小檗、北马兜铃、赶山鞭、瓦松、火焰草、独根草、三裂绣线菊、委陵菜、翻白草、山杏、欧李、野皂荚、小叶锦鸡儿、河北木蓝、大山黧豆、泽漆、雀儿舌头、臭椿、西伯利亚远志、南蛇藤、卫矛、酸枣、紫花地丁、堇菜、中华秋海棠、假贝母、北柴胡、线叶柴胡、辽藁本、照山白、狼尾花、流苏树、花曲柳、小叶梣、白薇、华北白前、白首乌、隔山消、金灯藤、荆条、香青兰、木香薷、鋬菜、糙苏、丹参、地椒、弹刀子菜、埃氏马先蒿、地黄、阴行草、水苦荬、旋蒴苣苔、黄花列当、墓头回、日本续断、华北蓝盆花、荠苨、翠菊、火绒草、野菊、小红菊、苍术、狭苞橐吾、狗舌草、华北鸦葱、茖葱、长梗韭、曲枝天门冬、山丹、卷丹、黄精、热河黄精、二苞黄精、穿龙薯蓣、薯蓣、野鸢尾、粗根鸢尾、半夏、二叶兜被兰等。

▼黑龙江珍宝岛湿地国家级自然保护区秋季景观

▲辽宁省盘锦市红海滩秋季湿地景观

8. 辽宁滨海区：沿黄渤海海岸线分布的区域，范围包括丹东、大连、营口、葫芦岛等地。主要药用植物种类：浒苔、石莼、绳藻、海带、裙带菜、鹿角菜、海蒿子、圆紫菜、石花菜、全缘贯众、骨碎补、金鸡脚假瘤蕨、有柄石韦、赤松、青檀、构树、虎杖、长蕊石头花、碱蓬、三桠乌药、白头翁、木防己、北马兜铃、垂盆草、鸡麻、伞花蔷薇、玫瑰、糙叶黄芪、野百合、花木蓝、海滨山黧豆、葛、臭檀吴萸、青花椒、小花扁担杆、木半夏、牛奶子、珊瑚菜、补血草、辽东水蜡树、肾叶打碗花、白棠子树、海州常山、单叶蔓荆、夏至草、沙滩黄芩、白英、忍冬、鳢肠、绿蓟、泥胡菜、沙苦荬菜、蒙古鸦葱、山麦冬、菝葜、无柱兰等。

▲吉林长白山国家级自然保护区高山苔原带秋季景观

▲辽宁医巫闾山国家级自然保护区森林秋季景观

▲吉林长白山国家级自然保护区高山苔原带秋季景观

▲北乌头根 　　　　　　▼孩儿参根

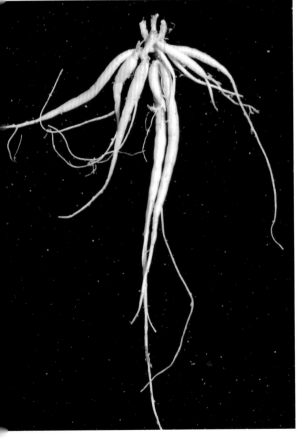

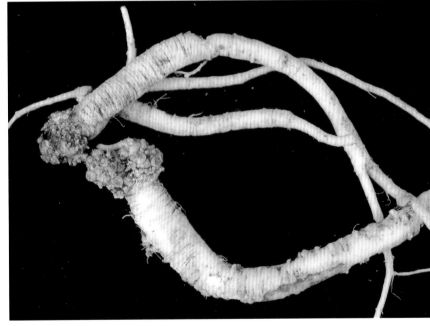

▲党参根

第三章
东北地区药用植物的入药部位

东北地区的药用植物种类十分丰富,如果按其入药部位的不同,可将全区的药用植物分为10类:

1. 根类:代表种类有人参、甘草、黄芪、党参、巴天酸模、皱叶酸模、孩儿参、北乌头、黄花乌头、蔓乌头、白头翁、朝鲜白头翁、山芍药、芍药、草芍药、地榆、小白花地榆、苦参、狼毒大戟、防风、峨参、龙胆、金刚龙胆、茜草、白薇、徐长卿、潮风草、紫草、北玄参、缬草、展枝沙参、轮叶沙参、薄叶荠苨、桔梗、藜芦、兴安藜芦等。

2. 根状茎类:代表种类有平贝母、天麻、穿龙薯蓣、荚果蕨、粗茎鳞毛蕨、多被银莲花、二歧银莲花、类叶升麻、兴安升麻、单穗升麻、大三叶升麻、蝙蝠葛、红毛七、齿瓣延胡索、全叶延胡索、落新妇、关苍术、朝鲜苍术、东风菜、黑三棱、大花卷丹、东北百合、毛百合、玉竹、毛筒玉竹、小玉竹、狭叶黄精、东北南星、朝鲜南星、半夏、鹿药等。

3. 藤茎类:代表种类有北马兜铃、木通马兜铃、山葡萄、卫矛、忍冬、接骨木、灯芯草等。

4. 皮类：代表种类有白鲜、黄檗、远志、刺五加、无梗五加、暴马丁香、花曲柳、水曲柳等。

5. 叶类：代表种类有有柄石韦、兴安杜鹃、牛皮杜鹃、迎红杜鹃、宽叶杜香、艾等。

6. 花类：代表种类有金莲花、短瓣金莲花、长瓣金莲花、刺蔷薇、红丁香、野菊、欧亚旋覆花、款冬、水烛、浅裂剪秋罗等。

7. 果实类：代表种类有胡桃楸、毛榛、榛、地肤、五味子、山刺玫、山楂、毛山楂、长白蔷薇、东北李、秋子梨、花楸树、赤瓟、蛇床、小窃衣、挂金灯、龙葵、曼陀罗、牛蒡、苍耳等。

8. 种子类：代表种类有红松、红蓼、芡实、菥蓂、葶苈、独行菜、东北杏、山杏、长梗郁李、苘麻、月见草、菟丝子、金灯藤、圆叶牵牛、小天仙子、平车前、车前、长叶车前、马蔺等。

9. 全草（株）类：代表种类有石松、卷柏、问荆、木贼、乌苏里瓦韦、东北多足蕨、水蓼、萹蓄、刺蓼、杂配藜、茖葱蒜、毛茛、石龙芮、白屈菜、费菜、吉林费菜、

▲平贝母鳞茎

▼东北南星块茎

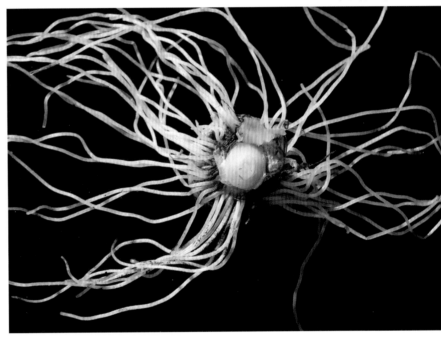

▼穿龙薯蓣根状茎

委陵菜、铁苋菜、东北堇菜、紫花地丁、黄海棠、赶山鞭、东北瑞香、点地梅、黄连花、蓬子菜、藿香、香薷、益母草、大花益母草、山菠菜、薄荷、山梗菜、黄花列当、列当、草苁蓉、高山著、黄花蒿、牡蒿、白莲蒿、茵陈蒿、狼杷草、鳢肠、长裂苦苣菜、山苦菜、兔儿伞、狗舌草、蒲公英、华蒲公英、东北蒲公英、白花蒲公英、铃兰、狗尾草、金色狗尾草等。

10. 树脂类：代表种类有臭冷杉、杉松、长白鱼鳞云杉、红皮云杉、黄花落叶松、红松、赤松、长白松等。

▲木通马兜铃藤茎

▲接骨木藤茎

▲市场上的花曲柳树皮

▲黄檗树皮

▲宽叶杜香叶

▼牛皮杜鹃叶

▲山刺玫花

▼迎红杜鹃花

▲赤飑果实

▲五味子果实　　　　　　　　　▼马蔺种子

▲ 木贼植株

▲乌苏里瓦韦植株

▲长白鱼鳞云杉树脂

▲红松树脂

▼月见草种子

▲列当植株

▲东北多足蕨植株

▲粗茎鳞毛蕨幼株

▲辽宁医巫闾山国家级自然保护区森林夏季景观

▲二色补血草群落

▲山杏群落

第四章
东北地区药用植物的临床用途

　　东北地区野生药用植物资源非常丰富，临床用途多种多样，其治疗疾病的效果较好。如果按其在临床上的应用，可将全区药用植物分为19类：

　　1. 解表药类: 代表种类有桑、辽细辛、汉城细辛、兴安升麻、大三叶升麻、单穗升麻、葛、白芷、北柴胡、防风、辽藁本、薄荷、香薷、百里香、野菊、石胡荽、牛蒡、苍耳、浮萍、紫萍、大秃马勃等。

　　2. 清热药类: 代表种类有木贼、葎草、水蓼、杠板归、马齿苋、白头翁、朝鲜白头翁、兴安白头翁、长瓣金莲花、芍药、草芍药、蝙蝠葛、细叶小檗、黄芦木、莲、委陵菜、苦参、铁苋菜、白鲜、黄檗、紫花地丁、东北堇菜、白蔹、挂金灯、龙胆、东北龙胆、三花龙胆、朝鲜龙胆、白薇、益母草、大花益母草、细叶益母草、黄芩、山菠菜、龙葵、败酱、地黄、北玄参、忍冬、青蒿、野菊、蒲公英、东北蒲公英、白花蒲公英、知母、老鸦瓣、鸭趾草、芦苇、谷精草、射干、马蔺等。

▲ 汉城细辛植株

▼ 藿香植株

3. 泻下药类: 代表种类有红松、大麻、欧李、圆叶牵牛、牵牛等。

4. 祛风湿药类: 代表种类有东北石松、槲寄生、宽叶荨麻、狭叶荨麻、红蓼、北乌头、辣蓼铁线莲、棉团铁线莲、红毛七、牻牛儿苗、老鹳草、瓜木、日本鹿蹄草、徐长卿、腺梗豨莶等。

5. 化湿药类: 代表种类有草木樨、关苍术和朝鲜苍术等。

6. 利湿药类: 代表种类有乌苏里瓦韦、有柄石韦、萹蓄、地肤、瞿麦、石竹、木通马兜铃、垂盆草、野葵、瘤毛獐牙菜、梓、车前、平车前、阴行草、茵陈蒿、东方泽泻、灯芯草、猪苓、茯苓等。

7. 行气药类: 代表种类有北马兜铃、玫瑰、木香、薤白等。

8. 消食药类: 代表种类有山楂、毛山楂、裂叶马兰等。

9. 驱虫药类: 代表种类有龙芽草、鹤虱、小窃衣等。

10. 活血化瘀药类: 代表种类有红蓼、麦蓝菜、堇叶延胡索、齿瓣延胡索、酢浆草、活血丹、细叶益母草、地笋、黑三棱等。

11. 止血药类: 代表种类有莲、地榆、荠、费菜、黄花瓦松、地锦、斑地锦、盐肤木、茜草、艾、刺儿菜、丝毛飞廉、宽叶香蒲、水烛、小香蒲、白茅、木耳等。

12. 化痰止咳平喘药类: 代表种类有桑、黄花乌头、北马兜铃、播娘蒿、葶苈、东北杏、山杏、兴安杜鹃、迎红杜鹃、曼陀罗、毛曼

▲牛皮杜鹃群落

▲兴安杜鹃群落

▲忍冬花

▼长瓣金莲花花

▼大秃马勃子实体

陀罗、天仙子、桔梗、紫菀、蹄叶橐吾、复序橐吾、旋覆花、欧亚旋覆花、款冬、平贝母、东北南星、朝鲜南星、天南星、半夏等。

13. 平肝熄风药类：代表种类有芍药、山芍药、草芍药、蒺藜、天麻等。

14. 安神药类：代表种类有油松、红松、偃松、远志、西伯利亚远志、缬草、黑水缬草、松杉灵芝等。

15. 补虚药类：代表种类有胡桃楸、桑、孩儿参、五味子、朝鲜淫羊藿、黄芪、沙棘、刺五加、珊瑚菜、蛇床、人参、菟丝子、金灯藤、枸杞、地黄、轮叶沙参、展枝沙参、党参、鳢肠、黄精、狭叶黄精、玉竹、毛筒玉竹、小玉竹、山丹、卷丹、东北百合、有斑百合、薯蓣、手参、银耳等。

16. 收涩药类：代表种类有莲、芡实、牛叠肚、库页悬钩子等。

17. 涌吐药类：代表种类有藜芦、毛穗藜芦、兴安藜芦、尖被藜芦等。

18. 攻毒杀虫收湿止痒药类：代表种类有狼毒大戟、林大戟、东北大戟、乳浆大戟等。

19. 拔毒化腐生肌药类：代表种类有臭冷杉、长白鱼鳞云杉、红皮云杉、黄花落叶松、红松等。

▲地黄植株

▼龙胆根

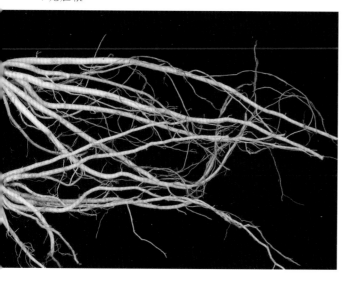

白薇根

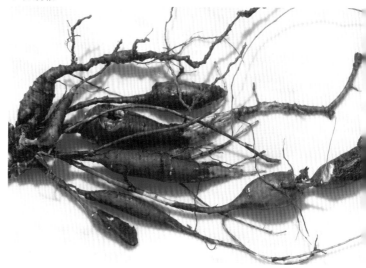

▲圆叶牵牛种子

▼红松种子

▲多被银莲花植株

▲北乌头根

▲槲寄生植株

▲宽叶红门兰植株

▲披针叶野决明植株

▲关苍术根状茎

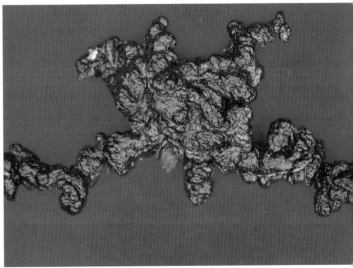

▲猪苓菌核

▲乌苏里瓦韦植株

▼茯苓菌核

▼金莲花植株

▲玫瑰花

▼薤白鳞茎

▲山楂果实

▼毛山楂果实

▲ 龙芽草嫩株

▼ 东方草莓果实

▲红蓼种子

▼堇叶延胡索块茎

▲木耳子实体

▼地榆根

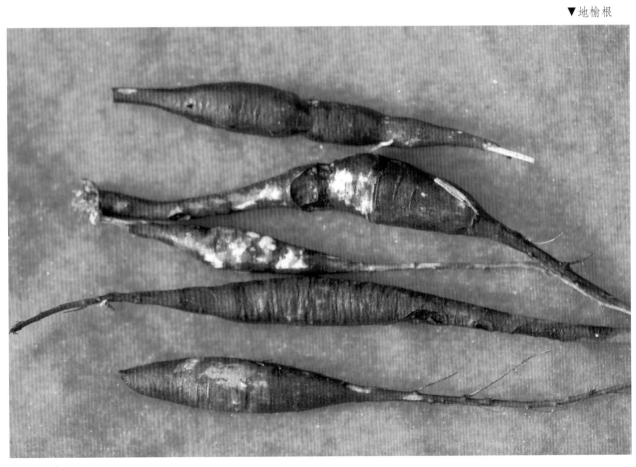

▲ 曼陀罗果实

▲ 北马兜铃果实

▲ 水烛花粉

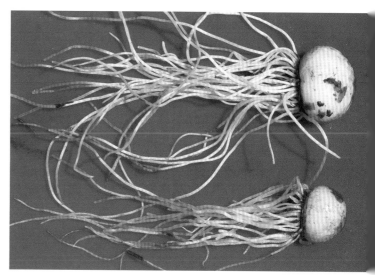

▲ 朝鲜南星块茎

▲ 天麻块茎

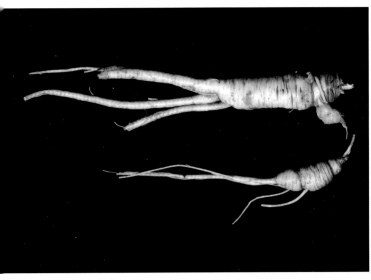
▲ 薄叶荠苨根

▲ 锁阳植株

▲辽吉侧金盏花植株

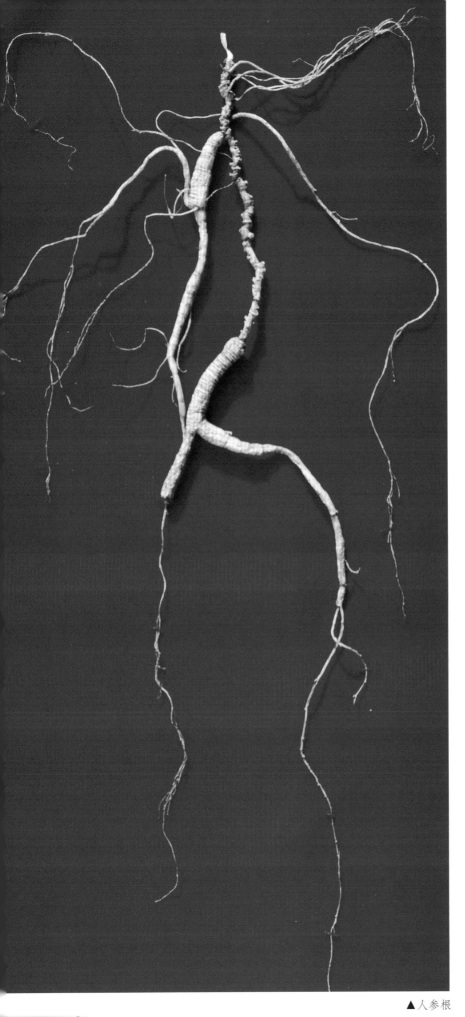

▼党参块茎

▲人参根

▲牛叠肚果实

▼手参块茎

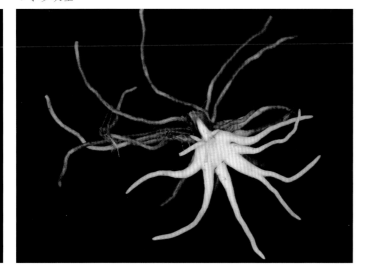

▼芡实种子

▲ 侧金盏花植株

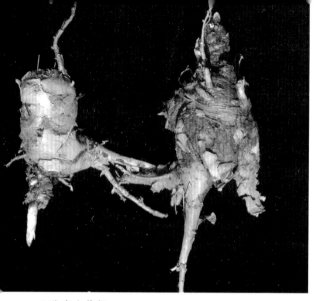

▲狼毒大戟根

▲辽细辛根

▲芍药植株

▲晾晒草苁蓉植株

▼晾晒甘野菊花序

▲晾晒枸杞果实

▼晾晒藿香花序

▲晾晒南蛇藤果实

▼晾晒乌苏里瓦韦植株

▲晾晒五味子果实

▼晾晒山刺玫果实

▲吉林省临江市四道沟镇露天晾晒的朝鲜淫羊藿植株

▲吉林省集安市清河人参市场一角

第五章
东北地区药用植物的
特点及民间利用

东北地区的药用植物资源十分丰富，其主要具有以下几个特点：

1. 药用种类多，分布范围广。

东北地区地域广袤，森林覆盖率高，生态环境优越，自然条件复杂。据初步统计：东北地区各类药用植物大约有 2 000 种。这里出产的野山参质量上乘，自古就有"长白人参甲天下"的美誉。东北石松、卷柏、木贼、粗茎鳞毛蕨、有柄石韦、槲寄生、萹蓄、红蓼、马齿苋、孩儿参、五味子、北乌头、多被银莲花、兴安升麻、白头翁、朝鲜淫羊藿、芍药、地榆、黄芪、葛根、苦参、白鲜、黄檗、防风、兴安杜鹃、徐长卿、白薇、茜草、山菠菜、益母草、地笋、薄荷、挂金灯、天仙子、党参、牛蒡、苍耳、东方泽泻、薤白、玉竹、黄精、穿龙薯蓣、灯芯草、东北南星、黑三棱、天麻等，是被《中华人民共和国药典》

▲辽宁省凤城市农贸市场中药材营销一角

重点收录的药材。

这些药用植物在东北地区分布范围极广。不论是在山坡、沟谷、河岸，还是在沼泽、池塘，都有它们分布的足迹。

2. 不受环境污染，是重要的"地道药材"产区。

东北地区森林覆盖率高，有的地方还有大面积的原始森林。绝大多数药用植物在山坡、沟谷、河岸等处自生自长，远离喧嚣的都市，不受农药、化肥、城市污水，以及工矿废水、废渣、废气等污染。因此，这里的药用植物绝大多数都具有较高的药用价值，是我国重要的"地道药材"产区，主要代表种类有辽细辛、北马兜铃、黄花乌头、兴安升麻、大三叶升麻、辣蓼铁线莲、棉团铁线莲、五味子、蝙蝠葛、狼毒大戟、白鲜、黄檗、刺五加、人参、辽藁本、防风、龙胆、东北龙胆、三花龙胆、紫草、车前、平车前、桔梗、关苍术、平贝母等。

3. 具有特殊的医疗功效。

▼内蒙古自治区阿尔山市农贸市场中药材营销一角

东北地区药用植物具有特殊的医疗功效。如：人参自古以来就被誉为"补虚第一要药"，是东北少数民族向中原王朝进贡的贡品。红松子仁含有亚油酸和亚麻酸等多不饱和脂肪酸，可调节血脂，软化血管和防治动脉粥样硬化，并能降低血脂和血液黏稠度，预防血栓形成。胡桃楸种仁含有 7.8% ～ 9.6% 的蛋白质，氨基酸含量高达 25%，其中人体必需的氨基酸占 7 种，含有 22 种无机盐，其中对人体有重要作用的钙、镁、磷、锌和铁等含量较高，长期食用可降低血脂、预防冠心病、改善脑循环、增强记忆力及使皮肤光润和头发变黑等。月见草油富含多不饱和脂肪酸——γ- 亚麻酸，具有降低血脂、抗脂肪肝、减肥、增强记忆力、抗血小板聚集、延缓肾衰过程、提高免疫功能和改善缺锌症状等功效，可辅助治疗癌症、硬皮病、酒精中毒、多动症、精神分裂症、急性肾衰竭、过敏性鼻炎、心血管疾病、糖尿病、哮喘、乳腺病、湿疹等。库页红景天清朝时期曾作为宫廷贡品，被康熙钦封为"仙赐草"，含苏氨酸、丝氨酸、谷氨酸、脯氨酸、甘氨酸、缬氨酸、赖氨酸及精氨酸等17种氨基酸，以及钙、磷、锌、铜、镁等20种无机盐，具有调节中枢神经系统、内分泌系统，调节能量代谢，强心，利尿，加强人体免疫调节和双向调节作用等功能，长期服用可提高人的抗疲劳、耐缺氧、耐寒冷、耐高温、抗辐射的能力，在东北地区享有"高山人参"的美誉。

▲吉林省抚松县万良镇野人参市场一角

东北地区的居民利用野生药用植物的历史十分悠久，在民间流传着许多治疗疾病的验方，特别是在一些偏远地区和缺医少药的地方，利用野生药用植物防病和治病已经成了一种常识。比如：用东北石松（土名：伸筋草）治疗筋骨麻木、风湿性关节炎等；用木贼（土名：锉草）治疗目赤肿痛、迎风流泪等；用乌苏里瓦韦（土名：石茶）治疗感冒、发热、咽喉肿痛等；长期食用红松子仁用于治疗四肢乏力、身体虚弱等；树舌灵芝（土名：老牛肝）用于治疗食道癌、慢性乙型肝炎、糖尿病等；长期食用胡桃楸（土名：山核桃）种仁用于治疗皮肤粗糙、头发早白等；把辽细辛（土名：细辛）的全株熬水漱口用于治疗牙龈肿痛；将皱叶酸模的根（土名：洋铁叶子）捣碎与面粉和在一起用于治疗偏头痛；把狭叶荨麻（土名：蜇麻子）的全株熬水用于治疗荨麻疹；将辣蓼铁线莲（土名：山辣椒秧子）的全草熬水漱口用于治疗鱼骨卡喉；把白头翁（土名：毛咕嘟花根）的根与鸡蛋煎在一起食用用于治疗痢疾；把黄芦木（土名：狗奶子根）的根浸泡在开水中用于治疗咽喉肿痛等；经常饮用五味子果实浸泡的酒用于治疗神经衰弱、失眠、健忘等；用山刺玫（土名：刺玫果）花蕾熬水喝用于治疗血稠；将长萼鸡眼草（土名：掐不齐）的全草捣碎敷在患处用于治疗跌打损伤；用老母鸡炖黄芪滋补身体；用狼毒大戟（土名：猫眼根子）的根治疗偏头痛和淋巴结结核及螨虫病；把白鲜（土名：八股牛）的根削成碎屑或碾成细末用于止血；服用紫椴（土名：椴树）花蜜治疗便秘；长期

▲黑龙江省五大连池市农贸市场中药材营销一角

▼黑龙江省东宁市农贸市场中药材营销一角

▲辽宁省桓仁县五里甸子镇露天晾晒的辽细辛根

饮用人参（土名：棒槌）根浸泡的酒治疗久病气虚、疲倦乏力等；把暴马丁香（土名：暴马子）的皮熬水喝用于治疗咳嗽、肺水肿和支气管哮喘等；饮用挂金灯（土名：红姑娘）的果实熬的水治疗咽喉肿痛；长期饮用草苁蓉（土名：不老草）全草浸泡的酒治疗阳痿早泄、腰膝冷痛等；饮用茜草（土名：六棱草）根浸泡熬的酒治疗腰腿酸痛；将接骨木（土名：马尿骚）的枝条捣碎敷在患处治疗脚部扭伤等；用赤爬（土名：气包）的果实治疗闪腰岔气；把高山薯（土名：锯齿草）的全草捣碎敷在患处用于治疗毒蛇咬伤；老母鸡炖党参用于治疗久病气虚、四肢无力等；用艾的全草熬水治疗因受潮皮肤上起的疙瘩；将中华小苦荬（土名：鸭子食）的全草熬水喝用于治疗血栓；长期食用蒲公英（土名：婆婆丁）用于治疗肝炎、乳腺炎、胆囊炎、上呼吸道感染等；将北重楼（土名：七叶一枝花）的全草捣碎敷在患处用于治疗毒蛇咬伤；长期饮用穿龙薯蓣（土名：穿龙骨）根状茎浸泡的酒治疗筋骨麻木、风湿性关节炎等；用天麻的块茎治疗肢体麻木、半身不遂等。

东北地区的居民很早就有采收野生药用植物的历史。每年的春季，人们开始采挖平贝母、辽细辛、汉城细辛、狼毒大戟、白头翁、朝鲜白头翁、粗茎鳞毛蕨、大叶柴胡、东北南星等植物。6月下旬，人们开始采挖天麻块茎，采收松杉灵芝、灵芝等的子实体，采收蓝靛果果实，采摘山蔷薇、刺蔷薇、大苞萱草、暴马丁香等植物的花瓣或花蕾。7月初，人们开始采收草苁蓉；特别是当接骨木果实变红的时候，一些"参把头"便带领一伙人远离村庄到深山老林中采挖人参。到了秋季，人们开始上山大规模地采集红松、胡桃楸、榛、毛榛、山楂、山荆子、秋子梨、山葡萄、五味子、挂金灯、牛叠肚等植物的果实或种子，采挖党参、

▼吉林省珲春市春化镇药材收购市场一角

黄芪、紫草、茜草、穿龙薯蓣、芍药、地榆、白鲜、朝鲜南星、龙胆、防风、蝙蝠葛、北马兜铃、黄芦木、北柴胡等植物的根或根状茎。在初冬，人们剥去黄檗、刺五加、暴马丁香、胡桃楸等植物的树皮或采收槲寄生的植株，等等。

这些药材被采回来后，人们会进行仔细分类。有的如天麻块茎、堇叶延胡索块茎、黄芦木根、北马兜铃根、乌苏里瓦韦全草、藿香全草、香薷全草、槭叶草根状茎、库页红景天根状茎、槲寄生茎叶、党参根、黄芪根、狼毒大戟根、皱叶酸模根、树舌灵芝子实体、桦剥管菌子实体、猴头菌子实体、木耳子实体、刺五加果实、赤爬果实、山楂果实、毛酸浆果实、笃斯越橘果实、暴马丁香花蕾、卷柏全草、东北石松全草等直接在市场上出售；有的如平贝母鳞茎、野山参根、北乌头根、黄花乌头根、辣蓼铁线莲根、辽细辛全草、汉城细辛全草、朝鲜淫羊藿地上部分、木通马兜铃茎、麻叶千里光全草、车前种子、月见草种子、白屈菜全草、木贼全草、粗茎鳞毛蕨根状茎、多被银莲花根状茎、穿龙薯蓣根状茎、玉竹根状茎、迎红杜鹃叶、兴安杜鹃叶、山刺玫果实、美味牛肝菌子实体、云芝子实体、猪苓菌核、长松萝枝状体、细叶杜香嫩叶、黄檗内皮等被卖到药材公司或直接被药厂收购；有的如茜草根、天麻块茎、手参块茎、草苁蓉全草、人参根等直接被泡在酒中用于治病健身；有的将益母草的地上部分切碎，与红糖熬在一起做成简易的"益母膏"，用于治疗妇科疾病。

▲灵芝子实体

第六章
东北地区珍稀濒危药用植物

　　东北地区野生药用植物虽然十分丰富，但由于近些年来人们大面积地毁林种参、围湖造田、盗伐森林等现象不断加剧，许多药用植物的自然储量急剧下降，种群的面积迅速萎缩，有的药用植物品种已经濒临灭绝。据初步统计，东北地区共有濒危野生药用植物300余种。

　　为了更好地掌握东北地区珍稀濒危野生药用植物的具体情况，为有关部门制定保护政策提供科学的理论依据，周繇教授经过30多年的野外调查研究，建立了包括蕴藏系数、濒危系数、遗传价值系数、利用价值系数、保护现状系数、繁殖难易系数和保护缓急程度等7项指标在内的定量评价珍稀濒危药用植物的指标体系，将东北地区的药用植物分为急需保护药用植物、需要保护药用植物和一般保护药用植物。

　　1. 急需保护药用植物: 代表种类有山楂海棠、对开蕨、草茱萸、朝鲜崖柏、长白松、倒根蓼、白山耧斗菜、箭报春、辽吉侧金盏花、长白山橐吾、甘草、长白乌头、长白棘豆、长白山龙胆、草苁蓉、高山乌头、玉玲花、长白山罂粟、金莲花、球果假水晶兰、荷包藤、转子莲、粉报春、吉林延龄草、刺参、人参、东亚岩高兰、天麻、灵芝等。

　　2. 需要保护药用植物: 代表种类有狭叶瓶尔小草、牛皮杜鹃、獐耳细辛、偃松、短瓣金莲花、圆叶鹿蹄草、东北红豆杉、天女花、知母、西伯利亚刺柏、臭菘、黑水罂粟、高山龙胆、长白虎耳草、杓兰、宽叶山柳菊、

▼白山耧斗菜植株　　　　　　　　　　　　　　　　　　▲对开蕨植株

六道木、莲、玫瑰、杜香、高山杜鹃、圆叶茅膏菜、日本臭菘、黄花乌头、宽叶红门兰、平贝母、茯苓、玉柏、大白花地榆、三桠乌药、库页红景天、沙苁蓉、睡莲、垂花百合、松口蘑、拟蚕豆岩黄芪、漏芦、芡实、槭叶草、汉城细辛、大叶子、黄筒花、黄芩、血红铆钉菇、绶草、刺楸等。

3. 一般保护药用植物：代表种类有忍冬、草芍药、旋蒴苣苔、盐肤木、长白红景天、羊肚菌、松杉灵芝、半夏、列当、大苞柴胡、远志、地黄、笃斯越橘、北马兜铃、款冬、辽细辛、美味牛肝菌、分株紫萁、老鸦瓣、山兰、芍药、木通马兜铃、无梗五加、辽藁本、越橘、白檀、山丹、睡菜、东北瑞香、珠芽蓼、猴头菌、红松、黄精、萍蓬草、野百合、硫黄菌、三花龙胆、大花杓兰、杜松、射干、省沽油、手参、阴行草、猪苓、刺五加、葛、山葡萄、防风、山梗菜、东北龙胆、黄芦木、荇菜、徐长卿、水芋、天南星、党参、桔梗、金顶侧耳、水曲柳、茖葱、黄檗、黄芪、苦参、侧耳、羊乳、胡桃楸、紫椴、葛枣猕猴桃、北柴胡、石耳、金露梅、野大豆、龙胆、穿龙薯蓣、花楸树、木耳、紫草等。

▲长白金莲花花

▲长白山罂粟植株

▼刺参植株　　▼人参根

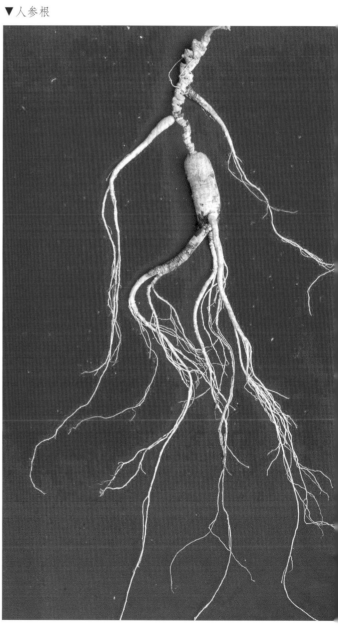

▲长白山龙胆植株

▼草苁蓉植株

▲东北红豆杉种子

▲睡莲花

▼莲植株

▼钝叶瓦松植株

▲天女花花

▼玉玲花花序

▲牛皮杜鹃花

▲高山龙胆植株

▼平贝母植株

▼沙苁蓉植株

▲ 硫黄菌子实体

▲ 红松植株

▲ 松杉灵芝子实体

▲ 石耳原植体

▲北马兜铃植株

▲箭报春植株

▲芍药花

▲花楸树果实

▲荇菜植株

▼高山龙胆花

▲大花杓兰植株

▼手参群落

▲ 宽叶红门兰群落与天山报春群落

▲市场上的树舌灵芝子实体

▲市场上的草苁蓉植株（鲜）

　　东北地区当地居民利用野生药用植物的历史非常悠久，在长期采集、加工、使用及对外贸易的过程中，由于受地域文化的影响，许多植物被冠以形象的俗名，形成了浓郁的地方医药文化。这些俗名不但容易记忆，而且还突出了一些植物的生态、生理及植物学特征等。如：人们根据猪苓菌核像野猪粪便的特点，称之为"野猪粪"；根据蜜环菌子实体喜欢长在榛灌丛下面的特点，称之为"榛蘑"；根据豹斑毒鹅膏菌子实体有剧毒，人或牲畜误食少量极易死亡的特点，称之为"蹬腿蘑"；根据亚侧耳子实体出现在深秋的特点，称之为"冻蘑"；根据金顶侧耳子实体寄生在榆属树干上并且呈黄色的特点，称之为"榆黄蘑"；根据东北石松可治疗风湿性关节炎的特点，称之为"伸筋草"；根据掌叶铁线蕨叶柄纤细像"铁丝"或"铜丝"的特点，称之为"铁丝草"或"铜丝草"；根据侧金盏花能在冰雪中绽放的特点，称之为"冰凌花"或"冰里花"；根据朝鲜淫羊藿植株分枝和叶的特点，称之为"三枝九叶草"；根据鼠李果实像乌鸦眼睛的特点，称之为"老鸹眼"；根据槲寄生植株冬天枝条呈绿色的特点，称之为"冬青"；根据人误食胶陀螺

▲ 市场上的穿龙薯蓣根状茎

▼ 市场上的党参根

▲ 市场上的短瓣金莲花花瓣

子实体有毒的子囊孢子，引起唇部向前突出像猪嘴的特点，称之为"拱嘴蘑"或"猪拱嘴"；根据乌苏里瓦韦喜欢长在岩石上的特点，称之为"石茶"；根据美味牛肝菌菌柄粗的特点，称之为"大腿蘑"；根据展枝唐松草嫩茎叶未展开前像猫爪的特点，称之为"猫爪子"；根据穿龙薯蓣嫩茎叶像车老板的鞭子梢的特点，称之为"鞭梢子菜"；根据接骨木全株的气味像马尿的特点，称之为"马尿骚"；根据黑熊贪食蓝靛果果实的特点，称之为"黑瞎子果"；根据山楂果实成熟时颜色红的特点，称之为"山里红"；根据升麻属植物地下根状茎具不规则空穴的特点，称之为"窟窿牙根"；根据关苍术的嫩苗叶子前端像枪头的特点，称之为"枪头菜"；根据辣蓼铁线莲幼苗味道辣的特点，称之为"山辣椒秧子"；根据匍枝毛茛幼叶像鸭掌的特点，称之为"鸭爪子"；根据舞鹤草叶像元宝的特点，称之为"元宝草"；根据落新妇幼苗像荞麦植株的特点，称之为"山荞麦秧子"；根据蕚苈幼叶像猫耳郭的特点，称之为"猫耳朵菜"；根据三角酢浆草植株味道酸和叶子像锄板的特点，称之为"酸锄板"；根据宽叶打碗花和圆叶牵牛花花冠像喇叭的特点，称之为"喇叭花"；根据桔梗花蕾像出家人的帽子的特点，称之为"和尚帽子"；根据蹄叶橐吾叶子像马蹄的特点，称之为"马蹄叶子"；根据牛蒡叶子大并且像猪耳郭的特点，称之为"老母猪耳朵"；根据猪牙花鳞茎像芋头的特点，称之为"山芋头"；根据牛尾菜幼卷须像龙须子的特点，称之为"龙须菜"；根据鹿药未展开花序像穈子果穗的特点，称之为"山穈子"；根据手参块茎肥厚分叉像胎儿手掌的特点，称之为"巴掌参"；根据菊芋块茎像姜，并且来自国外的特点，称之为"鬼子姜"；等等。

总之，这些植物的土名或俗名不但能够更好地帮助人们记忆，同时还有利于专家、学者与群众进行沟通和交流。

附：东北地区常见野生药用植物的俗名

蜜环菌（俗名：榛蘑，有些植物有很多俗名，在此仅用最常见的一个，下同）、念珠藻（地浆皮）、发菜（地毛菜）、橙盖鹅膏菌（鸡蛋黄蘑）、松口蘑（松茸）、榆生离褶伞（对子蘑）、黄伞（刺儿蘑）、猴头菌（猴头蘑）、硫黄菌（树鸡蘑）、羊肚菌（羊肚蘑）、美味牛肝菌（大腿蘑）、血红铆钉菇（松树伞）、墨汁鬼伞（柳树鹅）、云芝（千层蘑）、红鬼笔（狗尿苔）、马勃属的植物（马粪包）、卷柏（九死还魂草）、问荆（笔头菜）、木贼（锉草）、分株紫萁（牛毛广东）、荚果蕨（广东菜）、蕨（蕨菜）、东北蹄盖蕨（猴腿儿）、新蹄盖蕨（水蕨菜）、臭冷杉（臭松）、红皮云杉（红皮臭）、偃松（爬地松）、东北红豆杉（赤板松）、千金榆（半拉子）、蒙古栎（柞树）、榆树（家榆）、刺榆（刺叶子）、狭叶荨麻（蜇麻子）、宽叶荨麻（蜇麻子）、珠芽艾麻（蜇麻子）、萹蓄（猪牙菜）、水蓼（辣蓼）、红蓼（水红花子）、叉分蓼（酸浆）、酸模（酸鸡溜）、皱叶酸模（羊蹄叶子）、藜（灰菜）、杂配藜（大叶灰菜）、猪毛菜（扎蓬棵）、地肤（扫帚菜）、葎草（拉拉秧）、垂梗繁缕（鸡嘴子菜）、鹅肠菜（鸡肠菜）、大叶石头花（豆瓣菜）、银线草（灯笼菜）、反枝苋（苋菜）、凹头苋（苋菜）、马齿苋（马蛇子菜）、北马兜铃（后老婆罐根）、细辛属的植物（烟袋锅花）、红果类叶升麻（牤牛卡架）、多被银莲花（两头尖）、白头翁属的植物（毛骨头花根）、唐松草（狗爪子菜）、棉团铁线莲（山棉花）、五味子（山花椒芽）、天女花（山牡丹）、芡实（鸡头米）、黄芦木(狗奶子根)、鲜黄莲（细辛幌子）、红毛七（参舅子）、荷青花（大叶芹幌子）、白屈菜（土黄连）、垂果南芥（山芥菜）、荠（荠荠菜）、独行菜（荠荠菜幌子）、黄海棠（牛心菜）、槭叶草（碴巴菜）、大叶子（大脖梗子）、珍珠梅（王八脆）、地榆（黄瓜香）、野大豆（落豆秧）、刺槐（洋槐）、山黧豆（落豆

▲市场上的金刚龙胆花

▲市场上的黄芪根

▼市场上的狼毒大戟根（干）

▲ 市场上的黄芦木根

秧）、大山黧豆（落豆秧）、歪头菜（歪脖菜）、长萼鸡眼草（掐不齐）、花木蓝（山绿豆）、胡枝子（杏条）、朝鲜槐（高丽明子）、山野豌豆（透骨草）、山酢浆草（酸锄板）、酢浆草（酸锄板）、狼毒大戟（猫眼根子）、一叶萩（狗杏条）、白鲜（八股牛）、东北雷公藤（红藤子）、南蛇藤（合欢芽）、辽椴（椴树）、鸡腿堇菜（鸽子腿）、球果堇菜（山葫芦苗）、月见草（山芝麻）、灯台树（女儿木）、人参（棒槌）、辽东楤木（刺老芽）、东北土当归（草刺老芽）、刺五加（刺拐棒）、短梗五加（刺拐棒）、刺楸（刺儿楸）、东北羊角芹（小叶芹）、峨参（山胡萝卜缨子）、白芷（走马芹）、水芹（水芹菜）、短毛独活（黑瞎子芹）、短果茴芹（山芹菜）、红花变豆菜（碗儿芹）、赤瓟（气包）、兴安杜鹃（映山红花）、迎红杜鹃（映山红花）、黄连花（狗尾巴梢）、矮桃（红根草）、荇菜（水镜草）、暴马丁香（暴马子）、花曲柳（蜡树）、附地菜（黄瓜香）、山茄子（山茄秧子）、萝藦（咖喱瓢）、徐长卿（土细辛）、日本打碗花（喇叭花）、圆叶牵牛（喇叭花）、茜草（老鸹筋）、藿香（猫把蒿）、香薷（臭荆芥）、甘露子（螺蛳钻）、益母草（益母蒿芽）、细叶益母草（益母蒿芽）、薄荷（野薄荷）、地笋（地环儿）、蓝萼香茶菜（山苏子）、尾叶香茶菜（山苏子）、草苁蓉（不老草）、草本威灵仙（九轮草）、车前（车轱辘菜）、平车前（车轱辘菜）、

▲ 市场上的茜草根

败酱（长虫把）、梓（臭梧桐）、轮叶沙参（四叶菜）、展枝沙参（四叶菜）、聚花风铃草（山菠菜）、羊乳（山胡萝卜）、桔梗（和尚帽子）、高山蓍（鸡冠子菜）、紫菀（驴耳朵菜）、腺梗菊（小皮祆）、水蒿（柳蒿芽）、大籽蒿（白蒿芽）、黄花蒿（青蒿芽）、东风菜（大耳朵毛）、朝鲜苍术（枪头菜）、北苍术（枪头菜）、刺儿菜（刺菜）、大刺儿菜（刺菜）、婆婆针（小鬼叉）、山尖子（山尖菜）、丝毛飞廉（老牛锉）、烟管蓟（老牛锉）、山苦菜（鸭子食）、鸦葱（羊奶子）、东北鸦葱（羊奶子）、长裂苦苣菜（曲买菜）、狭苞橐吾（马蹄子叶）、蹄叶橐吾（马蹄子叶）、翅果菊（燕尾）、山牛蒡（山老母猪耳朵）、蒲公英（婆婆丁）、东北蒲公英（婆婆丁）、白花蒲公英（白婆婆丁）、苍耳（老苍子）、腺梗豨莶（粘苍子）、香蒲（蒲棒）、水烛（蒲棒）、宽叶香蒲（蒲棒）、芦苇（苇子）、鸭跖草（三荚子菜）、薤白（小根菜）、茖葱（寒葱）、猪牙花（母猪牙）、顶冰花（山葱）、大苞萱草（黄花苗子）、北黄花菜（黄花苗子）、小黄花菜（黄花苗子）、东北百合（羹匙菜）、毛百合（毛卷莲花根）、渥丹（山灯子）、东北玉簪（河白菜）、铃兰（山苞米）、玉竹（山铃铛根）、龙须菜（山苞米）、南玉带（山苞米）、卵叶扭柄花（黄瓜香）、藜芦属的植物（鹿莲）、马蔺（马兰花）、天南星属植物（大头参）、菖蒲（臭蒲子）、大花杓兰（狗卵子花）、红松（果松）、胡桃楸（山核桃）、毛榛（胡榛子）、软枣猕猴桃（软枣子）、狗枣猕猴桃（狗枣子）、葛枣猕猴桃（马枣子）、刺果茶藨子（灯笼果）、东北茶藨子（狗葡萄）、东方草莓（野草莓）、山刺玫（刺玫果）、刺蔷薇（刺玫果）、牛叠肚（婆婆头）、库页悬钩子（婆婆头）、山荆子（山丁子）、秋子梨（山梨）、东北杏（山杏）、东北李（山李子）、东北扁核木（扁担胡子）、色木槭（色树）、茶条槭（茶条子）、紫椴（椴树）、暴马丁香（暴马子）、杜香（白山茶）、笃斯越橘（甸果）、挂金灯（红姑娘）、龙葵（黑天天）、金银忍冬（王八骨头）、金花忍冬（王八骨头）、鸡树条（鸡屎条子）、稠李（臭李子）、越橘（牙疙瘩）、葛（葛条）、狗尾草（谷莠子）。

▲ 市场上的越橘及笃斯越橘果实

▲ 市场上的南蛇藤果实

▲ 市场上的天麻块茎（干）

▲市场上的白鲜根皮（干，切段）

▲市场上的北马兜铃根（干，切段）

▲市场上的草苁蓉植株（干）

▲市场上的赤瓟果实

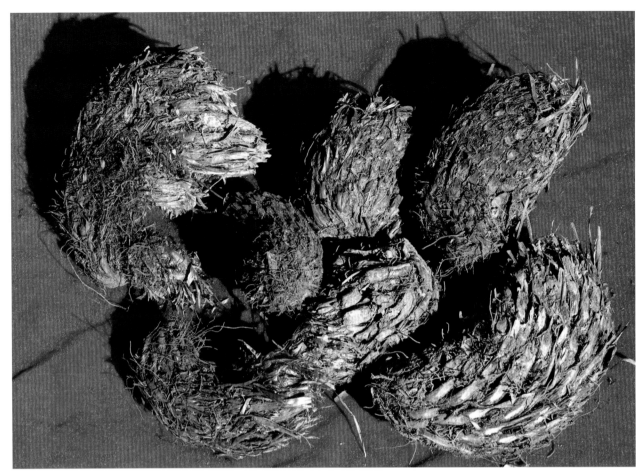

▲市场上的粗茎鳞毛蕨根状茎

▲市场上的大花卷丹鳞茎

▲市场上的地笋根状茎（干）

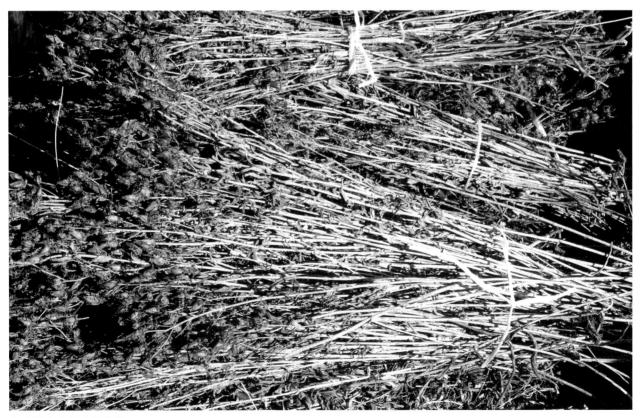

▲市场上的赶山鞭植株

▲市场上的高山蓍植株（干）

▲市场上的枸杞果实

▲市场上的挂金灯果实

▲市场上的过山蕨植株

▲ 市场上的孩儿参根

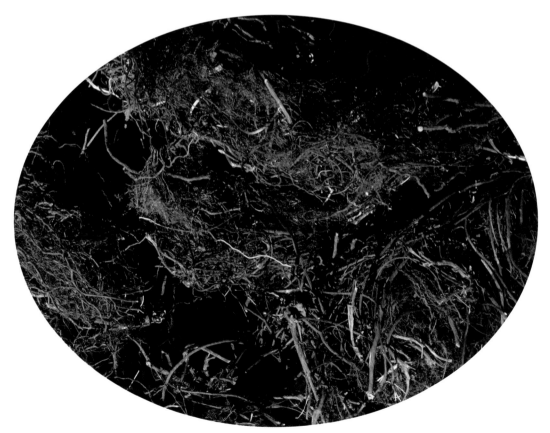

▲ 市场上的红毛七根状茎

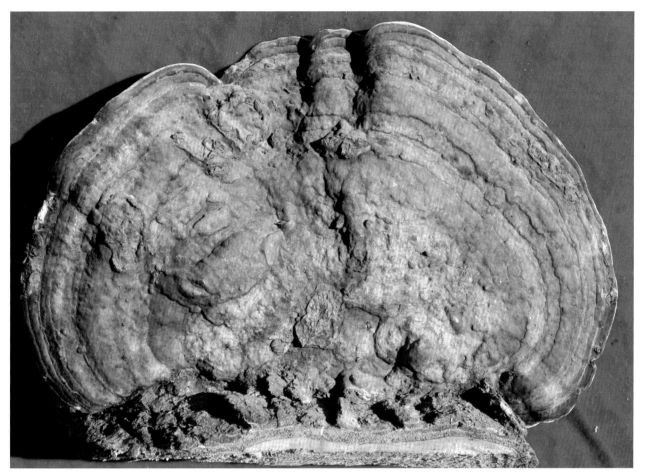

▲市场上的红缘拟层孔菌子实体

▲市场上的猴头菌子实体（鲜）

▲市场上的胡桃楸幼果（干）

▲市场上的槲寄生茎叶（干，切段）

▲市场上的桦剥管菌子实体

▲市场上的库页红景天根状茎（干）

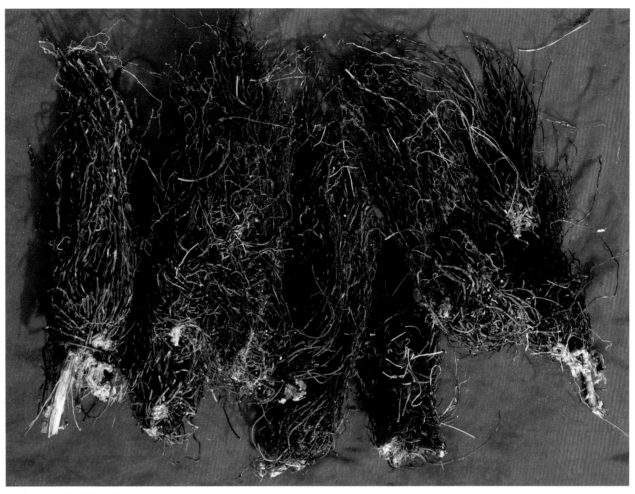
▲市场上的辣蓼铁线莲根

▲市场上的毛酸浆果实

▲市场上的木蹄层孔菌子实体

▲市场上的木贼植株

▲市场上的平贝母鳞茎

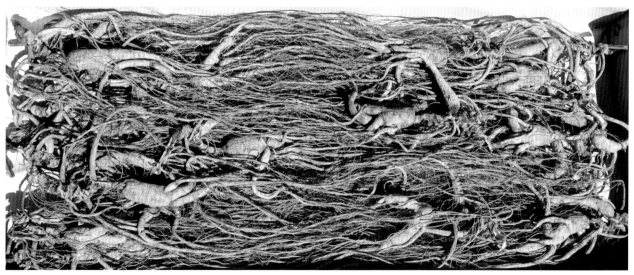

▲市场上的人参根

▲市场上的人参花序（干）

▲市场上的沙棘果实

▲市场上的山刺玫花蕾（干）

▲市场上的山楂果实

▲市场上的松杉灵芝子实体

▲市场上的锁阳植株

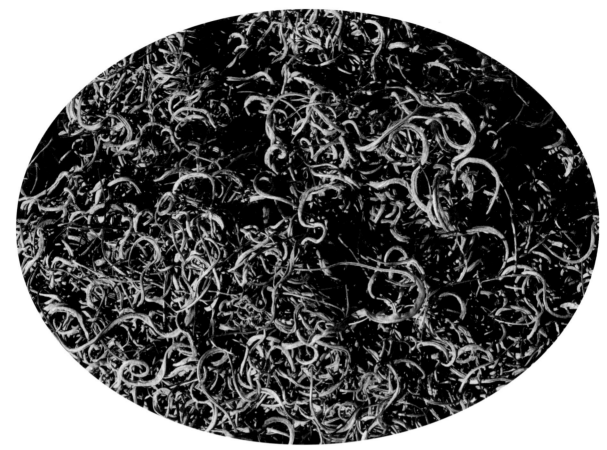

▲市场上的乌苏里瓦韦植株（干）

▲市场上的无梗五加果实

▲市场上的五味子果实

▲市场上的香薷植株（切段）

▲市场上的兴安杜鹃叶

▲市场上的雪地茶枝状体

▲ 市场上的羊乳根（剥皮）

▲ 市场上的云芝子实体

▲黑龙江省朗乡林业局小白林场钻山锥森林秋季景观

▲吉林省松江河林业局白西林场森林秋季景观

▲吉林长白山国家级自然保护区亚高山岳桦林带秋季景观

各　论

各论共介绍藻类药用植物、真菌药用植物、地衣药用植物、苔藓药用植物、蕨类药用植物、裸子药用植物及被子药用植物219科、801属、1 962个分类单元（含1 845种、76变种、41变型）。

▲内蒙古阿尔山国家地质公园森林秋季景观

▲内蒙古阿尔山国家地质公园森林秋季景观

▲吉林长白山国家级自然保护区天池湿地秋季景观

第八章
藻类植物

本章共收录 14 科、15 属、18 种藻类药用植物。

▲ 念珠藻藻体

▼ 念珠藻藻体

念珠藻科 Nostocaceae

本科共收录 1 属、2 种。

念珠藻属 *Nostoc* Vauch.

念珠藻 *Nostoc communae* Vaucher

别　　名　葛仙米

俗　　名　地瓜皮　地耳　地木耳　地浆皮

药用部位　念珠藻科念珠藻的藻体（入药称"葛仙米"）。

原 植 物　细胞呈球形，核小不明显，直径 4～6μm。由多数细胞连成念珠状藻丝，外围有胶质层。藻体由无数藻丝相互缠绕，外包胶鞘大型球状或不规则状群体，幼时球形，成熟时扁平如木耳状，最后变成多皱或破裂的有孔膜状体，近革质；湿润时蓝绿色，干燥后卷缩，呈灰黑色。藻丝上有无色透明的异形细胞，繁殖时丝状体由此处断开，形成新藻丝。

生　　境　生于山地林间潮湿地上或河边沙石间。

▲念珠藻藻体

▲市场上的念珠藻藻体

▲念珠藻藻体

分　　布	东北地区各地。全国绝大部分地区。朝鲜、蒙古、俄罗斯（西伯利亚中东部）。
采　　制	春、夏、秋三季雨后采收，除去杂质，晒干或烘干。
性味功效	味甘、淡，性寒。有清热收敛、益气明目、清膈利胃的功效。
主治用法	用于夜盲症、目赤红肿、久痢脱肛、烫火伤、丹毒、皮疹赤热、痔疮等。水煎服或煮食。外用研末调敷。
用　　量	50 ～ 100 g。

▲市场上的念珠藻藻体

附　方

（1）夜盲症：葛仙米60 g，鲜者适量，当菜常食。

（2）久痢脱肛：鲜葛仙米150 g，洗净后用白糖浸泡，取汁内服。

（3）烧烫伤：鲜葛仙米15 g，焙干研粉，菜油调敷患处，或加白糖15 g，芝麻油调敷患处。

◎参考文献◎

［1］钱信忠. 中国本草彩色图鉴（第五卷）[M]. 北京：人民卫生出版社，2003: 679.

［2］朱有昌. 东北药用植物 [M]. 哈尔滨：黑龙江科学技术出版社，1989: 1233.

［3］中国药材公司. 中国中药资源志要 [M]. 北京：科学出版社，1994: 3.

▲ 发菜藻体

▼ 发菜藻体

发菜 *Nostoc flagelliforme*（Berk. ex Curtis）Born. ex Flah

别　　　名	念珠藻
俗　　　名	地毛菜　猪毛菜
药 用 部 位	念珠藻科发菜的藻体。

原 植 物　藻体毛发状，平直或弯曲，棕色，干后呈棕黑色。往往许多藻体绕结成团，最大藻团直径达 0.5 mm；单一藻体干燥时宽 0.30 ~ 0.51 mm，吸水后黏滑而带弹性，直径可达 1.2 mm。藻体内的藻丝直或弯曲，许多藻丝几乎纵向平行排列在厚而有明显层理的胶质被内；单一藻丝的胶鞘薄而不明显，无色。细胞球形或略呈长球形，直径 4 ~ 6 μm，内含物呈蓝绿色。异形胞端生或间生，球形，直径 5 ~ 7 μm。

生　　　境　生于干旱和半干旱地区草地及沙地上。

分　　　布　内蒙古苏尼特左旗、苏尼特右旗、镶黄旗、正镶白旗、正蓝旗等地。河北、宁夏、甘肃、青海、陕西。俄罗斯、蒙古、捷克、斯洛伐克、法国、美国、墨西哥、摩纳哥、索马里及阿尔及利亚。

采　　　制　春、夏、秋三季雨后采收，除去杂质，晒干或烘干。

性味功效　有祛痰止咳、理气、利尿的功效。

主治用法　用于高血压、妇女血虚等。水煎服或煮食。

用　　　量　适量。

附　　　注　发菜是一种名贵的食用藻类，常年被掠夺性采收，其自然储量十分有限，被《国家重点保护野生植物名录（第一批）》定为国家一级重点保护植物，被《内蒙古珍稀濒危植物名录》定为二级保护植物。

◎参考文献◎

［1］江纪武．药用植物辞典［M］．天津：天津科学技术出版社，2005：525.

▲内蒙古科尔沁国家级自然保护区巴彦塔拉湿地秋季景观

石莼科 Ulvaceae

本科共收录 2 属、3 种。

浒苔属 *Enteromorpha*（Kink）Ag.

浒苔 *Enteromopha prolifera*（Muell.）J. Ag.

别　　名　育枝浒苔

俗　　名　海青菜

药用部位　石莼科浒苔的藻体。

原 植 物　藻体暗绿色或亮绿色，高 1～2cm，管状或扁压，主枝明显粗，分枝细长，其直径小于主枝，柄部渐尖细。分枝基部的细胞排成纵列，而上部纵列则不明显或不成纵列。表面观细胞直径 16μm 左右，圆形至多角形，细胞中不充满叶绿体，有一个淀粉核。藻体细胞单层，厚 15～18μm，可达 26μm，切面观细胞在单层藻体的中央。

生　　境　生长于中潮带的石沼中，全年均有生长，盛熟期为 3—6 月。

分　　布　辽宁庄河、长海、瓦房店、盖州、大连市区、营口市区、绥中、葫芦岛市区、兴城等地。全国绝大部分沿海地区。朝鲜、日本。

采　　制　春、夏、秋三季采收，除去杂质，晒干或烘干。

性味功效　味咸，性寒。有清热解毒、软坚散结的功效。

主治用法　用于口疗、背痛、甲沟炎、颈淋巴结肿大、瘿瘤等。水煎服。外用消肿排脓。

用　　量　适量。

◎参考文献◎

[1] 江纪武. 药用植物辞典 [M]. 天津：天津科学技术出版社，2005：293.

[2] 中国药材公司. 中国中药资源志要 [M]. 北京：科学出版社，1994：6.

▲ 石莼藻体

石莼属 *Ulva* L.

石莼 *Ulva lactuca* L.

▲ 石莼藻体

别　　名	菜石莼
俗　　名	海白菜　海青菜
药用部位	石莼科石莼的藻体。

原 植 物　藻体淡绿色至带黄绿色的膜状体，近似卵形、椭圆形或长卵形,固着器盘状。长10～30 cm,有的可达40 cm,宽8～25μm。体厚45μm左右，由两层细胞组成，切面观细胞呈亚方形。

生　　境　生长在海湾内中潮带及低潮带海湾的石沼或岩石上。春夏生长茂盛，黄渤海只见于4月。

分　　布　辽宁庄河、长海、瓦房店、盖州、大连市区、营口市区、绥中、葫芦岛市区、兴城等地。我国浙江至海南，以及黄海、渤海沿岸。朝鲜、日本。

采　　制　冬、春季采收，除去杂质，晒干或烘干。

性味功效　味甘，性平。有软坚散结、清热润燥、利小便的功效。

主治用法　用于瘿瘤、瘰疬、暑热烦渴、咽喉干痛、水肿、小便不利等。水煎服或煮食。

用　　量　30～60 g。

◎参考文献◎

[1] 江苏新医学院.中药大辞典（上册）[M].上海:上海科学技术出版社，1977:585-586.

[2] 朱有昌.东北药用植物 [M].哈尔滨:黑龙江科学技术出版社，1989:1234-1235.

[3] 中国药材公司.中国中药资源志要 [M].北京:科学出版社，1994:6.

▲ 孔石莼藻体

▲ 孔石莼藻体

孔石莼 *Ulva pertusa* Kjellm.

别　　名　菜石莼

俗　　名　海波菜 海条 猪母菜

药用部位　石莼科孔石莼的藻体。

原 植 物　藻体鲜绿色、碧绿色，单独或 2 ~ 3 株丛生，长 10 ~ 40 cm。固着器盘状，其附近有同心圆的皱纹。无柄，或不明显。藻体形状变异很大，卵形、椭圆形、披针形或圆形等，多不规则，边缘略皱或稍呈波状。体表面常有大小不等的不甚规则的圆形孔，随着藻体成长，几个小孔可连成一个孔，使藻体最后形成几个不规则裂片。藻体由两层细胞组成，

▲孔石莼藻体

切面观细胞为长方形，角圆，长为宽的 2 ~ 3 倍；边缘细胞为亚方形，长宽近似或略长。藻体基部厚度可达 500μm，中部厚度为 120 ~ 180μm，上部厚度为 70μm 左右，边缘较薄。

生　　境　多生于海湾内中、低潮带和大干潮线附近的岩石或石沼中，一般在海湾中较为繁茂。全年都有生长。

分　　布　辽宁庄河、长海、瓦房店、盖州、大连市区、营口市区、绥中、葫芦岛市区、兴城等地。河北、山东和江苏沿海。朝鲜、日本。

采　　制　春、夏季采收，除去杂质，晒干或烘干。

性味功效　味甘、平，性凉。有下水、利小便的功效。

主治用法　用于水肿、小便不利等。水煎服或煮食。

用　　量　适量。

◎参考文献◎

[1] 江纪武. 药用植物辞典 [M]. 天津：天津科学技术出版社，2005：831.

[2] 朱有昌. 东北药用植物 [M]. 哈尔滨：黑龙江科学技术出版社，1989：1235.

[3] 中国药材公司. 中国中药资源志要 [M]. 北京：科学出版社，1994：6.

▲内蒙古额尔古纳国家级自然保护区湿地夏季景观

松藻科 Codiaceae

本科共收录 1 属、1 种。

松藻属 *Codium* Stackh

刺松藻 *Codium fragile* （Sur.）Hariot

别　　名　水松　刺海松
俗　　名　鼠尾巴　鼠尾藻
药用部位　松藻科刺松藻的藻体（入药称"水松"）。
原 植 物　藻体暗绿色，海绵质，富汁液，幼时体被有白绒毛，老时脱落，高 10～30 cm。固着器为盘状或皮壳状，自基部向上呈叉状分枝，越向上分枝越多。枝圆柱状，直立，腋间狭窄，上部枝较下部枝细，顶端钝圆。整个藻体由多分枝、管状无隔膜的多核单细胞所组成。髓部为无色丝状体交织而成，分枝体的末端膨胀为棒状囊胞，多个囊胞形成一个连续的外栅栏状层。囊胞长为直径的 4～7 倍，顶端壁厚，幼时较尖锐，老时渐钝，顶端常有毛状突起。叶绿体小，盘状，无淀粉核。
生　　境　多生于低潮带的岩石上或石沼中。通常 5 月后能见到幼体，8—12 月间成熟，次年 1—2 月逐渐衰败。

分　　布　辽宁庄河、长海、瓦房店、盖州、大连市区、营口市区、绥中、葫芦岛市区、兴城等地。我国东部、南部沿海（长江口以南较少）。朝鲜、日本。

采　　制　夏、秋季采收，除去杂质，晒干或烘干。

性味功效　味甘、咸，性寒。有清热解毒、消肿利水、驱虫的功效。

主治用法　用于水肿、小便不利、蛔虫病等。水煎服。

用　　量　10～15 g。（鲜品：20～30 g）。

附　　注　刺松藻驱虫疗效较好，广东民间常将其煮水作为清凉饮料。

◎参考文献◎

［1］江苏新医学院. 中药大辞典（上册）[M]. 上海:
　　　上海科学技术出版社，1977: 514-515.

［2］朱有昌. 东北药用植物 [M]. 哈尔滨: 黑龙江科学
　　　技术出版社，1989: 1232.

［3］钱信忠. 中国本草彩色图鉴（第一卷）[M]. 北京:
　　　人民卫生出版社，2003: 643-644.

▼ 刺松藻藻体

▼ 刺松藻藻体

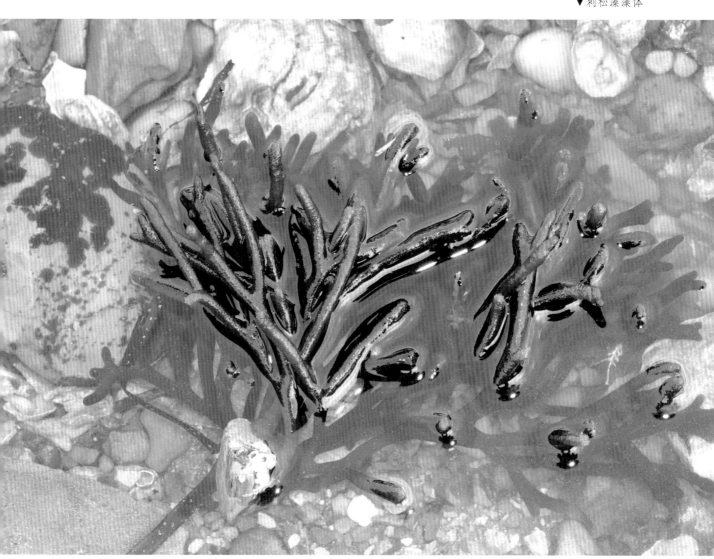

▲内蒙古自治区额尔古纳市乌兰山湿地夏季景观

萱藻科 Scytosiphonaceae

本科共收录 1 属、1 种。

萱藻属 *Scytosiphon* C. Ag.

萱藻 *Scytosiphon lomentarius*（Lyngb.）J. Ag.

俗　名　海麻线　海嘎线

药用部位　萱藻科萱藻的藻体。

原 植 物　藻体黄褐色至褐色，单条丛生，直立，管状，高 50～100 cm，直径 0.1～1.0 cm，幼时中实，不久变为中空。圆柱形，有时稍扁或扭曲，节部一般缢缩，但也有平滑无节的。藻体顶端尖细或钝圆，基部细。体内由髓部和内外皮层所组成。近体表 1～2 层细胞小，排列紧密，含色素体，向内为皮层细胞，大而无色，中间髓部细胞无色，由于逐渐发生分离，最后中央变成空腔。藻体成熟时，多室配子囊呈斑块状分布于体表。藻体固着器盘状。

生　境　生长在中、低潮带岩石上或石沼中，夏、秋季是生长旺季。

分　　布　辽宁庄河、长海、瓦房店、盖州、大连市区、营口市区、绥中、葫芦岛市区、兴城等地。全
国绝大部分沿海地区。朝鲜、日本。
采　　制　秋、冬季采收，除去杂质，晒干或烘干。
性味功效　味咸，性寒。有清热解毒、软坚散结、祛痰的功效。
主治用法　用于瘰疬、瘿瘤、干咳肺痨、咽喉痛等。水煎服。
用　　量　适量。

◎参考文献◎

[1] 江纪武. 药用植物辞典 [M]. 天津：天津科学技术出版社，2005:739.
[2] 中国药材公司. 中国中药资源志要 [M]. 北京：科学出版社，1994:9.

▼萱藻藻体

▲黑龙江多布库尔国家级自然保护区湿地夏季景观

▲绳藻藻体

绳藻科 Chordaceae

本科共收录 1 属、1 种。

绳藻属 *Chorda* Stackouse

绳藻 *Chorda filum*（L.）Lamx.

俗　名　海麻线　麻绳菜　海嘎子
药用部位　绳藻科绳藻的藻体。
原植物　藻体褐色,单条不分枝,丛生,高0.3～3.0 m,黏滑,绳状,有时扭曲呈螺旋状,两端逐渐窄细,上部中空,下部中实,由横隔膜把中空部分隔成许多腔。体壁由纵走的长细胞紧密结合而成;内侧由疏松的丝状细胞互相结合,形成横的隔壁;外层形成单细胞的隔丝、毛和游孢子囊。毛常密生于幼体表面;隔丝为棍棒状,顶端膨大,密集生长;游孢子囊椭圆形,单室,生在隔丝之间。
生　境　生于水中石上,夏、秋季是生长旺季。
分　布　辽宁庄河、长海、瓦房店、盖州、大连市区、营口市区、绥中、葫芦岛市区、兴城等地。山东沿海。朝鲜、日本、俄罗斯(西伯利亚中东部)。
采　制　秋、冬季采收,除去杂质,晒干或烘干。
性味功效　有软坚、祛痰、利尿、降压的功效。
主治用法　用于瘰疬、瘿瘤、高血压等。水煎服。
用　量　15～30 g。

◎参考文献◎

[1] 江纪武. 药用植物辞典 [M]. 天津: 天津科学技术出版社, 2005: 172.
[2] 中国药材公司. 中国中药资源志要 [M]. 北京: 科学出版社, 1994: 9.

▲黑龙江绰纳河国家级自然保护区湿地夏季景观

海带科 Laminariaceae

本科共收录 1 属、1 种。

海带属 *Laminaria* Lamx.

海带 *Laminaria japonica* Aresch.

俗　　名	江白菜
药用部位	海带科海带的藻体（入药称"昆布"）。

原 植 物　孢子体成熟时褐橄榄色，干燥后变为黑褐色，革质，一般长 2 ～ 4 m，有的可达 6 m，宽一般为 20 ～ 30 cm，有的可达 50 cm。孢子体分为固着器、柄部和叶片三部分，固着器由叉状的假根组成。柄部粗短，下部呈圆柱状，稍向上则呈椭圆形，再向上则变为扁平。叶片狭长，全缘，从中部向上逐渐变窄。叶片和叶柄的内部构造大致相同，可分为 3 层组织，外层为表皮，其次为皮层，中央为髓部。髓部有无色藻丝，髓丝细胞一端膨大为喇叭形，称喇叭管，在形态上很像高等植物的筛管。表皮下有 1 ～ 2 层黏液腔。孢子囊通常生于一年生海带叶片下部，呈近圆形的斑疤状。

生　　境　生长在低潮线下 2 ～ 3 m 深度的岩石上。

分　　布　辽宁庄河、长海、瓦房店、盖州、大连市区、营口市区、绥中、葫芦岛市区、兴城等地。山东、江苏、浙江、福建及广东沿海。朝鲜、日本、俄罗斯（西伯利亚中东部）。

▲市场上的海带藻体（鲜）

采　　制　夏、秋季采收，除去杂质，用水漂净，切成宽丝，晒干或烘干。

性味功效　味咸，性寒。有消痰软坚、泄热利水、止咳平喘、祛脂降压、散结抗癌的功效。

主治用法　用于瘿瘤、瘰疬、疝气下堕、咳喘、水肿、高血压、冠心病、肥胖症、睾丸肿痛、带下等。煎汤，煮熟、凉拌或糖浸食用，或做丸、散服。

用　　量　7.5 ~ 15.0 g。

附　　方　慢性气管炎：海带根 500 g，生姜 75 g，红糖适量。加水炼制成 450 ml 的浓糖浆。每次 15 ml，每天 3 次，饭后温开水送服，10 d 为一个疗程。

附　　注

（1）本品为《中华人民共和国药典》（2020 年版）收录的药材。

（2）海带根入药，可治疗气管炎、咳嗽、气喘、高血压、头晕等。

▼市场上的海带藻体（干）

（3）脾胃虚寒的人慎食，甲亢中碘过剩型病人忌食，孕妇与乳母不可过量食用海带。

◎参考文献◎

[1] 江苏新医学院.中药大辞典（上册）[M].上海：上海科学技术出版社，1977：1351-1352.

[2]《全国中草药汇编》编写组.全国中草药汇编（上册）[M].北京：人民卫生出版社，1975：521-522.

[3] 朱有昌.东北药用植物 [M].哈尔滨：黑龙江科学技术出版社，1989：1232.

▲内蒙古呼伦湖国家级自然保护区湿地秋季景观

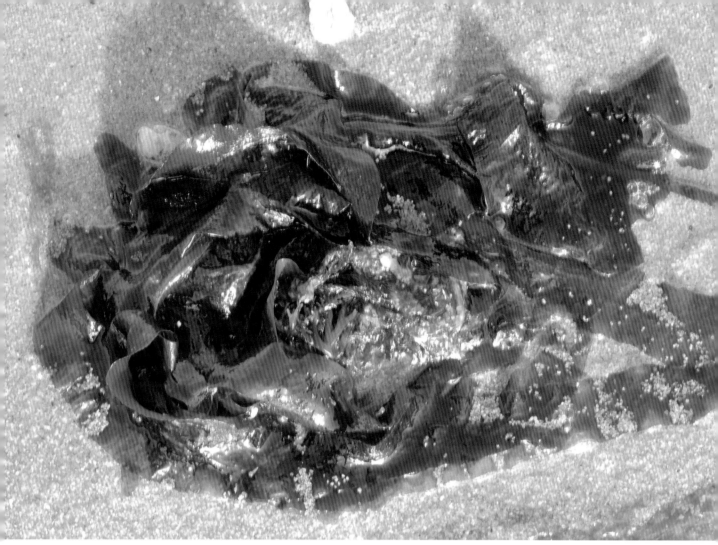

翅藻科 Alariaceae

本科共收录 1 属、1 种。

裙带菜属 *Undaria* Suringar

裙带菜 *Undaria pinnalifida*（Harv.）Sur.

俗　　名　海芥菜 昆布
药用部位　翅藻科裙带菜的藻体（入药称"昆布"）。
原 植 物　藻体褐色，整个轮廓呈长卵形或披针形，长 1.0 ~ 1.5 m，有时可达 2 m，宽 50 ~ 100 cm。
分为固着器、柄和叶片三部分。固着器为假根形叉状分枝，假根顶端粗大，固着于岩礁上。柄稍长，扁平，
中部略隆起。叶片有中肋，两侧羽状裂片，顶端常破腐，上面散布着许多黑色小斑点。藻体成熟时柄部
两侧生有木耳状的重叠褶皱，肉厚，富黏质，有光泽，称为孢子叶，其上密生棒状的孢子囊，囊间夹生
隔丝，丝上冠一大黏块。内部构造分三层，即表层、皮层和髓部。表层细胞小，位于最外层，排列紧密。
皮层细胞较大，甚疏松。表层和皮层间有许多黏液细胞，常分泌黏液渗出叶面。

生　　境	生长在风浪不太大、水质较肥的海湾内大干潮线下 1～5 m 深处的岩石上。风浪直接冲击的陡岩礁上也能生长，生长季节为 10 月至翌年 7 月。
分　　布	辽宁庄河、长海、瓦房店、盖州、大连市区、营口市区、绥中、葫芦岛市区、兴城等地。山东、福建、浙江及台湾沿海。朝鲜、日本、俄罗斯（西伯利亚中东部）。
采　　制	夏、秋季采收，除去杂质，晒干或烘干。
性味功效	味咸，性寒。有化痰、软坚散结、利尿通淋的功效。
主治用法	用于瘿瘤、瘰疬、肝脾肿大、水肿、睾丸肿痛、带下等。煎汤、煮熟、凉拌、糖浸食用，或做丸、散服。
用　　量	10～15 g。

◎参考文献◎

［1］江苏新医学院. 中药大辞典（上册）[M]. 上海：上海科学技术出版社，1977：1351-1352.

［2］《全国中草药汇编》编写组. 全国中草药汇编（上册）[M]. 北京：人民卫生出版社，1975：521-522.

［3］朱有昌. 东北药用植物 [M]. 哈尔滨：黑龙江科学技术出版社，1989：1233.

▼裙带菜藻体

▲黑龙江太平沟国家级自然保护区湿地秋季景观

▲ 海蒿子生殖枝

马尾藻科 Sargassaceae

本科共收录 1 属、1 种。

马尾藻属 *Sargassum*（Turn.）C. Ag.

▲ 海蒿子藻体

海蒿子 *Sargessum confussum* C. Ag.

别　　名	海藻 大叶海藻 海藻菜
俗　　名	大蒿子 三角藻
药用部位	马尾藻科海蒿子的藻体（入药称"海藻"）。
原植物	藻体褐色，一般高30～60 cm，固着器盘状。主干生于固着器上，圆柱状，单生，偶有2～3生。

主枝自主干侧出互生。侧枝自主干的叶腋间生出。幼枝上和主干幼期均生有短小的刺状突起。初生叶披针形、倒卵形或倒披针形，长5～7 cm，宽2～12 mm；次生叶线形、披针形、倒披针形、倒卵形、狭匙形或羽状分裂，从叶腋长出许多丝状叶的小枝。从丝状叶腋间生出生殖托或生殖枝。气囊多生在末枝上，幼期为纺锤形或倒卵形，顶端有针形突起，成熟时球形、亚球形，顶端圆滑或具尖突起，少数冠有小叶，

囊径 2 ~ 5 mm。生殖托圆柱状，总状排列于生殖小枝上，雌雄异株。

生　　境　生于近海潮间带石沼中或大干潮线下 1 ~ 4 m 深处的岩石上。为多年生藻类，全年生长，9—10 月可见生殖托。

分　　布　辽宁庄河、长海、瓦房店、盖州、大连市区、营口市区、绥中、葫芦岛市区、兴城等地。河北、山东、江苏沿海。朝鲜、日本、俄罗斯（西伯利亚中东部）。

采　　制　夏、秋季采收，除去杂质，晒干或烘干。

性味功效　味苦、咸，性寒。有软坚、散结、利水、消痰、泄泻的功效。

主治用法　用于瘿瘤、瘰疬、睾丸肿痛、痰饮水肿、慢性气管炎、脚气等。水煎服。

用　　量　7.5 ~ 15.0 g。

附　　注

（1）不宜与甘草同用，脾胃虚寒者忌食用。

（2）本品为《中华人民共和国药典》（2020 年版）收录的药材。

◎ 参考文献 ◎

[1] 江苏新医学院 . 中药大辞典（下册）[M]. 上海：上海科学技术出版社，1977：1933-1935.

[2]《全国中草药汇编》编写组 . 全国中草药汇编（上册）[M]. 北京：人民卫生出版社，1975：650-651.

[3] 中国药材公司 . 中国中药资源志要 [M]. 北京：科学出版社，1994：11.

▼海蒿子藻体

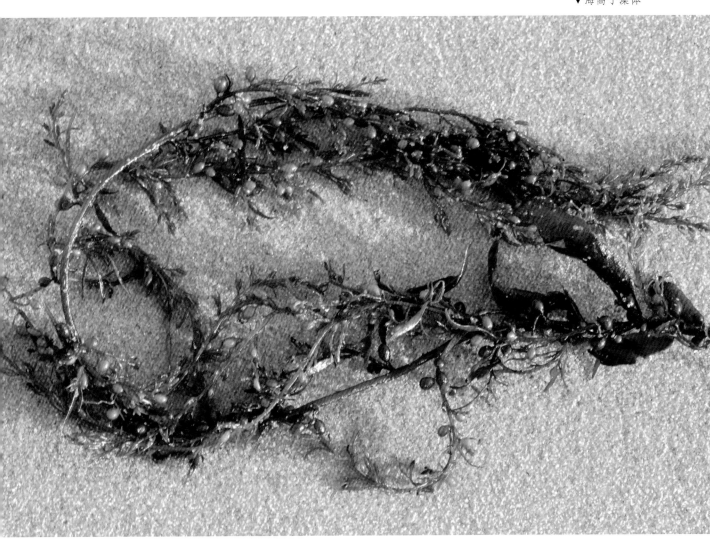

▲内蒙古大兴安岭汗马国家级自然保护区湿地秋季景观

▲圆紫菜藻体

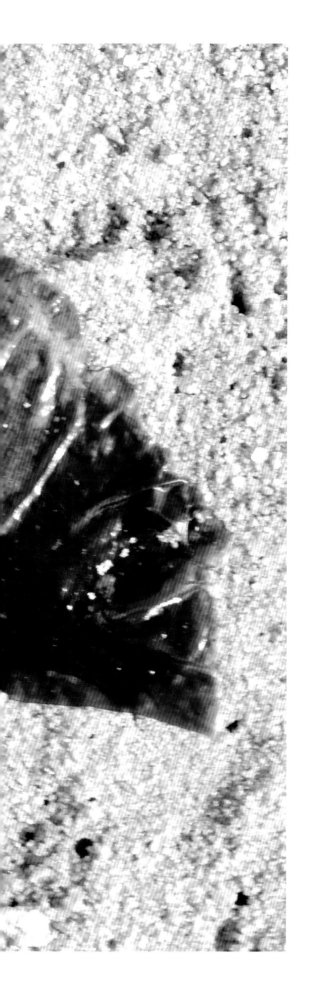

红毛藻科 Bangiaceae

本科共收录 1 属、1 种。

紫菜属 *Porphyra* C. Ag.

圆紫菜 *Porphyra suborbiculata* Kjellm

药用部位 红毛藻科圆紫菜的藻体。

原植物 藻体紫红、紫或紫蓝色。膜质，形态变化很大，呈卵形、披针形或不规则的圆形等。高 20 ~ 30 cm，少数可达 60 cm，宽 10 ~ 18 cm，少数可达 30 cm 以上。基部楔形、圆形或心形。边缘多少有皱褶，平滑无锯齿。藻体比较薄，厚 20 ~ 33 μm，切面观细胞高 15 ~ 25 μm，宽 15 ~ 24 μm，单层，色素体单一，中位。附着细胞呈卵形或长棒形。雌雄异株或同株。精子囊具有 64 个精子，表面观 16 个，共 4 层。果孢子囊具有 8 个果孢子，表面观 4 个，共 2 层。

生境 多生长在水质营养丰富和比较平静的内湾里，以及中潮带的岩石上。藻体出现于 11 月，到次年 5 月，盛期为 1—3 月。

分布 辽宁庄河、长海、瓦房店、盖州、大连市区、营口市区、绥中、葫芦岛市区、兴城等地。山东、浙江、福建、江苏沿海。朝鲜、日本、俄罗斯(西伯利亚中东部)。

采制 冬、春季采收，除去杂质，晒干或烘干。

性味功效 味甘、咸，性寒。有化痰软坚、清热利尿的功效。

主治用法 用于瘿瘤、脚气、水肿、淋病等。水煎服。

用量 适量。

◎ 参考文献 ◎

[1] 江苏新医学院.中药大辞典（下册）[M].上海：上海科学技术出版社，1977：2348.

[2] 朱有昌.东北药用植物 [M].哈尔滨：黑龙江科学技术出版社，1989：1233-1234.

[3] 中国药材公司.中国中药资源志要 [M].北京：科学出版社，1994：13.

▲吉林波罗湖国家级自然保护区湿地秋季景观

石花菜科 Gelidiaceae

本科共收录 1 属、1 种。

石花菜属 *Gelidium* Lamx.

石花菜 *Gelidium amansii*（Lamx.）Lamx.

俗 名 海冻菜 红丝 凤尾

药用部位 石花菜科石花菜的藻体。

原 植 物 藻体红带紫色，软骨质，丛生，高 10 ~ 30 cm，主枝亚圆柱形、侧扁，羽状分枝 4 ~ 5 次，互生或对生，分枝稍弯曲，也有平直，无规律，各分枝末端急尖，宽 0.5 ~ 2.0 mm。髓部由无色丝状细胞组成，皮层细胞产生许多根状丝，细胞内充满胶质。藻体成熟时在末枝上生有多数四分孢子囊，十字形分裂，精子囊和囊果均在末枝上生成，囊果两面突出，果孢子囊为棍棒状。藻体固着器假根状。

生 境 生长在近海低潮线下 2 ~ 3 m 深度的岩石上。

分 布 辽宁庄河、长海、瓦房店、盖州、大连市区、营口市区、绥中、葫芦岛市区、兴城等地。山东、江苏、浙江、福建及台湾沿海。朝鲜、日本、俄罗斯（西伯利亚中东部）。

采　　制　夏、秋季采收，除去杂质，晒干或烘干。

性味功效　味咸，性寒。有清热解毒、化瘀散结、缓下、驱蛔的功效。

主治用法　用于肠炎、腹泻、肾盂肾炎、瘿瘤、肿瘤、痔疮出血、慢性便秘、蛔虫症等。水煎服。

用　　量　15 ~ 30 g。

◎参考文献◎

［1］钱信忠.中国本草彩色图鉴（第二卷）[M].
　　　北京：人民卫生出版社，2003:100-101.

［2］朱有昌.东北药用植物[M].哈尔滨：黑
　　　龙江科学技术出版社，1989:1232.

［3］中国药材公司.中国中药资源志要[M].
　　　北京：科学出版社，1994:13.

▲ 石花菜藻体

▼ 石花菜藻体

▲ 内蒙古图牧吉国家级自然保护区湿地秋季景观

▲珊瑚藻藻体

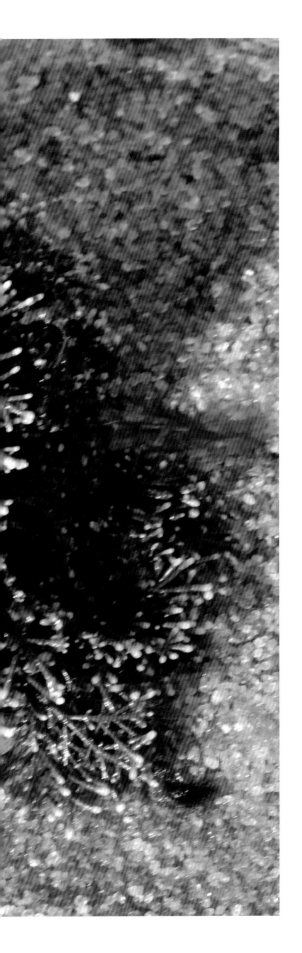

珊瑚藻科 Corallinaceae

本科共收录1属、1种。

珊瑚藻属 *Corallina* L.

珊瑚藻 *Corallina officinalis* L.

药用部位 珊瑚藻科珊瑚藻的藻体。

原植物 藻体直立丛生，钙质化，略带粉红色，高3~6 cm。主枝及侧枝均具关节，其上对生出羽状分枝或小枝，节间基部圆柱形，上端略广展，枝顶端的节间圆柱状，顶端略平；次生分枝狭窄，圆柱形，节间不钙化。

生境 生活于中潮带岩礁上或石沼内，沿海略有分布。

分布 辽宁庄河、长海、瓦房店、盖州、大连市区、营口市区、绥中、葫芦岛市区、兴城等地。全国绝大部分沿海地区。朝鲜、日本、俄罗斯（西伯利亚中东部）。

采制 夏、秋季采收，除去杂质，晒干或烘干。

性味功效 有驱蛔虫的作用。

主治用法 用于蛔虫病。煎汤内服。

用量 适量。

◎参考文献◎

[1] 江纪武. 药用植物辞典 [M]. 天津：天津科学技术出版社，2005:205.

[2] 中国药材公司. 中国中药资源志要 [M]. 北京：科学出版社，1994:15.

▲内蒙古根河源乌力库玛国家湿地公园夏季景观

隐丝藻科 Endocladiaceae

本科共收录1属、2种。

蜈蚣藻属 *Gloiopetis* C. Ag.

蜈蚣藻 *Grateloupia filicina*（Wulf.）C. Ag.

别　　名　海赤菜

俗　　名　牛毛菜

药用部位　隐丝藻科蜈蚣藻的藻体。

原 植 物　藻体红紫色，胶质黏滑，丛生，高7～30 cm，主干单一至顶，亚圆柱形略扁，宽2～8 cm，不规则羽状分枝1～3次，互生、对生或偏生。内皮层有众多星状细胞，髓部由纵列藻丝交织，成长的藻体有时部分或全部中空。藻体因生境不同，外形变化甚大，根据其变异可分为四个型：标准型、长枝型、中空型及节荚型。成熟的囊果，突出于体表呈颗粒状。固着器小盘状。

生　　境　生长在潮间带的石沼或泥沙滩的碎石上。四分孢子囊和囊果出现时间为6月到翌年1月。

分　　布　辽宁庄河、长海、瓦房店、盖州、大连市区、营口市区、绥中、葫芦岛市区、兴城等地。河北、山东、江苏、浙江、福建、广东、台湾沿海。朝鲜、日本、俄罗斯（西伯利亚中东部）。

采　　制　夏、秋季采收，除去杂质，晒干或烘干。

性味功效　味咸，性寒。有清热、解毒、驱虫的功效。

主治用法　用于喉炎、肠炎、风热咽喉痛、蛔虫病等。水煎服或研末。

用　　量　15～30 g。

◎参考文献◎

[1] 江纪武.药用植物辞典[M].天津：天津科学技术出版社，2005：367.

[2] 中国药材公司.中国中药资源志要[M].北京：科学出版社，1994：15.

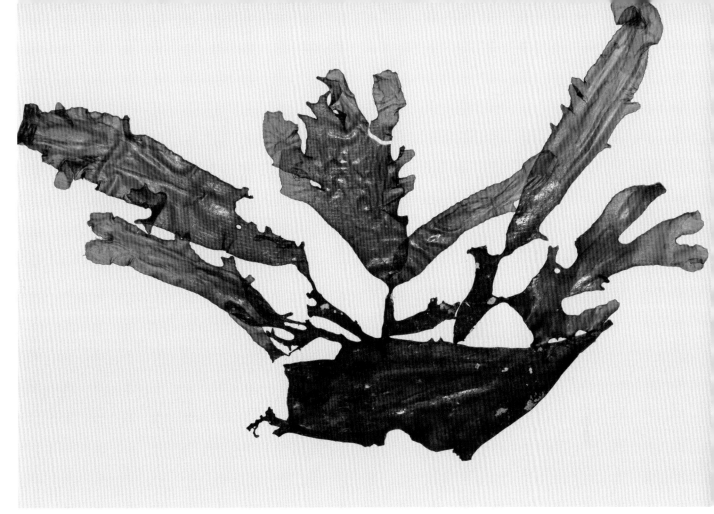

▲舌状蜈蚣藻藻体

舌状蜈蚣藻 *Grateloupia livida*（Harv.）Yamada

别　　名	海赤菜

别　　名 海赤菜

俗　　名 牛毛菜

药用部位 隐丝藻科舌状蜈蚣藻的藻体。

原 植 物 藻体红紫色，质柔软或稍硬，丛生，高 15～30 cm，宽约 1 cm，扁平，带片状，单一或叉状分枝 1～2 次，末端尖细，基部渐成细柄，有时在短柄两侧或表面生出副枝。囊果球形，突出于体表。

生　　境 生长在潮间带的石沼或泥沙滩的碎石上。

分　　布 辽宁庄河、长海、瓦房店、盖州、大连市区、营口市区、绥中、葫芦岛市区、兴城等地。河北、山东、江苏、浙江、福建、广东、台湾沿海。朝鲜、日本、俄罗斯（西伯利亚中东部）。

采　　制 夏、秋季采收，除去杂质，晒干或烘干。

性味功效 味咸，性寒。有清热、解毒、驱虫的功效。

主治用法 用于咽喉肿痛、腹痛腹泻、湿热痢疾、蛔虫病等。水煎服或研末。

用　　量 9～12 g。

◎参考文献◎

［1］江纪武．药用植物辞典 [M]．天津：天津科学技术出版社，2005: 367.

［2］中国药材公司．中国中药资源志要 [M]．北京：科学出版社，1994: 15.

▲黑龙江省嘉荫县黑龙江河流湿地秋季景观

育叶藻科 Phyllophoraceae

本科共收录1属、1种。

叉枝藻属 *Gymnogongrus* Mart.

叉枝藻 *Gymnogongrus flabelliformis* Harv.

别　　名	丝藻　软骨红藻　扁形叉枝藻
俗　　名	扁枝子　鲍鱼菜　猪毛菜
药用部位	育叶藻科叉枝藻的藻体。

原 植 物　藻体紫红色，直立，丛生，软骨质，扁圆，高4～10cm，宽1.0～1.5mm。二叉分枝3～4次，呈扇形。内层细胞小，髓部细胞大，界限明显。囊果球形，生在顶端分枝上，3～4个排成一列，在枝的两面隆起；四分孢子生在小枝上，呈不规则的四面锥形分裂。固着器小盘状。

生　　境　多生于中潮带的岩石上或石沼中。

分　　布　辽宁庄河、长海、瓦房店、盖州、大连市区、营口市区、绥中、葫芦岛市区、兴城等地。全国绝大部分沿海地区。朝鲜、日本。

采　　制　夏、秋季采收，除去杂质，晒干或烘干。

性味功效　味甘、咸，性寒。有清热祛火的功效。

主治用法　用于慢性便秘。水煎服。

用　　量　9～15g。

◎参考文献◎

[1] 江苏新医学院. 中药大辞典（上册）[M]. 上海：上海科学技术出版社，1977: 514-515.

▲叉枝藻藻体

▲黑龙江大沾河湿地国家级自然保护区秋季景观

松节藻科 Rhodomelaceae

本科共收录 1 属、1 种。

软骨藻属 *Chondria* Mart.

粗枝软骨藻 *Chondria crassicaulis* Harvey

药用部位 松节藻科粗枝软骨藻的藻体。

原 植 物 藻体圆柱形，老的有时扁圆，下部细，中央粗，暗绿色至红褐色，软骨质、肉质，丛生，高 10 ~ 15 cm，宽 2 ~ 4 mm，主枝扁圆柱形，不规则向各方分枝，基部缢缩，小分枝由叶腋或顶端生出，单生或集生，生出的地方稍凹，长 1.5 ~ 3.0 mm，宽 0.75 ~ 1.00 mm。每个分枝顶端常有单一或 4 个球芽，末端钝圆。四分孢子囊生于小枝末端。固着器盘状。

生 境 多生于低潮带岩石上。

分 布 辽宁庄河、长海、瓦房店、盖州、大连市区、营口市区、绥中、葫芦岛市区、兴城等地。河北、山东、江苏、浙江及台湾沿海。朝鲜、日本。

采 制 夏、秋季采收，除去杂质，晒干或烘干。

性味功效 味咸，性微寒。有驱虫的功效。

主治用法 用于蛲虫病、蛔虫病等。水煎服。

用 量 9 ~ 15 g。

◎参考文献◎

[1] 江苏新医学院. 中药大辞典（上册）[M]. 上海: 上海科学技术出版社, 1977: 514-515.

▲ 粗枝软骨藻藻体

▲黑龙江省大兴安岭地区呼中区小白山森林秋季景观

▲内蒙古自治区绰尔林业局大黑山森林秋季景观

▲吉林长白山国家级自然保护区森林秋季景观

第九章
菌类植物

本章共收录 42 科、92 属、191 种、2 变种药用菌类植物。

▲黑龙江胜山国家级自然保护区森林秋季景观

▲ 林下裂叶榆的腐木上生长的金顶侧耳子实体

▲ 金顶侧耳子实体

侧耳科 Pleurotaceae

本科共收录 4 属、10 种。

侧耳属 *Pleurotus*（Fr.）Quél.

金顶侧耳 *Pleurotus citrinopileatus* Sing.

别　　名　金顶蘑　榆蘑
俗　　名　榆黄蘑　玉皇蘑
药用部位　侧耳科金顶侧耳的子实体（入药称"榆蘑"）。
原 植 物　子实体一般中等大。菌盖直径 3 ~ 10 cm，漏斗形，草黄色至鲜黄色，边缘内卷，光滑。菌肉白色。菌褶白色或带浅粉红色，延生，密，不等长，往往在柄上形成沟状条纹。菌柄长 2 ~ 10 cm，粗 0.5 ~ 1.5 cm，偏生，白色，内实，往往基部相连。孢子印烟灰色至淡紫色，光滑，圆柱形，（7.5 ~ 9.5）μm ×（2.0 ~ 4.0）μm，具囊体。
生　　境　寄生于榆属的枯立木、倒木、伐桩及原木上，群生或丛生。
分　　布　东北林区各地。河北、内蒙古、广东、香港、西藏。朝鲜、俄罗斯（西伯利亚中东部）。

市场上的金顶侧耳子实体

▲ 金顶侧耳子实体

采　制	夏、秋季采收金顶侧耳子实体，除去杂质，鲜用或晒干。
性味功效	味甘，性温。有滋补强壮的功效。
主治用法	用于虚弱、痿病、痢疾等。水煎服或研末服。
用　量	3 ~ 5 g。
附　方	治痢疾：榆蘑 45 g，焙干，研细末，日服 2 次。

▲ 金顶侧耳子实体

◎ 参考文献 ◎

[1] 江苏新医学院. 中药大辞典（下册）
　　[M]. 上海：上海科学技术出版社，
　　1977：2438.

[2] 严仲铠，李万林. 中国长白山药用植
　　物彩色图志 [M]. 北京：人民卫生出
　　版社，1997：38-39.

[3] 中国药材公司. 中国中药资源志要 [M].
　　北京：科学出版社，1994：39.

▲ 金顶侧耳子实体

▲白黄侧耳子实体

白黄侧耳 *Pleurotus cornucopiae*（Paul.：Pers.）Rolland

药用部位　侧耳科白黄侧耳的子实体。

原植物　子实体中等至较大。菌盖直径 5～13 cm，初期扁半球形，伸展后基部下凹，幼时铅灰色，后渐呈灰白至近白色，有时稍带浅褐色，边缘薄，平滑，幼时内卷，后期常呈波形。菌肉白色，稍厚，菌褶白色至近白色，延生而在菌柄上交织，宽，稍密。菌柄短，2～5 cm，粗 0.6～2.5 cm，偏生或侧生，内实，光滑，往往基部相连。孢子印淡紫色，孢子无色，光滑，长方椭圆形，（7.0～11.0）μm×（3.5～4.5）μm。

生　境　生于阔叶树的树干上，近覆瓦状丛生。

分　布　东北林区各地。华北、华东、华中、西北、西南。朝鲜、蒙古、俄罗斯（西伯利亚中东部）。

▼白黄侧耳子实体

采　制　秋、冬季采收，除去杂质，晒干或烘干。

主治用法　用于腰腿疼痛、手足麻木及筋络不适。水煎服。

用　量　适量。

◎参考文献◎

[1] 中国药材公司. 中国中药资源志要 [M]. 北京：科学出版社，1994：39.

[2] 江纪武. 药用植物辞典 [M]. 天津：天津科学技术出版社，2005：621.

[3] 卯晓岚. 中国大型真菌 [M]. 郑州：河南科学技术出版社，2002：62.

▲ 侧耳子实体

侧耳 *Pleurotus ostreatus*（Jacq. : Fr.）Kummer

别　　名	北风菌　糙皮侧耳
俗　　名	平菇
药用部位	侧耳科侧耳的干燥子实体。
原 植 物	子实体中等至大型,寒冷季节子实体色调变深。菌盖直径5～21 cm,扁半球形,后平展,有后檐,白色至灰白色、青灰色,有条纹。菌肉白色,厚。菌褶白色,延生,在菌柄上交织,稍密至稍稀。菌柄长1～3 cm,粗1～2 cm,短或无,侧生,白色,内实,基部常有绒毛。孢子无色,光滑,近圆柱形,（7.0～10.0）μm×（2.5～3.5）μm。
生　　境	寄生于阔叶树的枯立木、倒木、伐桩及原木上。群生或丛生。
分　　布	东北林区各地。华北、华东、华中、西北、西南。朝鲜、蒙古、俄罗斯（西伯利亚中东部）。
采　　制	秋、冬季采收,除去杂质,晒干或烘干。
性味功效	味甘,性温。有追风散寒、舒筋活络的功效。
主治用法	用于腰腿疼痛、手足麻木、筋络不舒、阳痿遗精、腰膝无力、痢疾等。水煎服。
用　　量	30～60 g。

▼ 市场上的侧耳子实体

◎参考文献◎

[1] 钱信忠．中国本草彩色图鉴（第三卷）[M]．北京：人民卫生出版社，2003：307-308.

[2] 严仲铠，李万林．中国长白山药用植物彩色图志 [M]．北京：人民卫生出版社，1997：39.

[3] 中国药材公司．中国中药资源志要 [M]．北京：科学出版社，1994：39.

▲肺形侧耳子实体

肺形侧耳 *Pleurotus pulmonarius*（Fr.）Quél.

俗 名 小平菇

药用部位 侧耳科肺形侧耳的子实体。

原 植 物 子实体中等大。菌盖直径 4～8 cm，可达 10 cm，扁半球形至平展，倒卵形至肾形或近扇形，白色、灰白色至灰黄色，表面光滑，边缘平滑或稍呈波状。菌肉白色，靠近基部稍厚。菌褶白色，延生，稍密，不等长。菌柄很短或几无，白色，有绒毛，后期近光滑，内部实心至松软。孢子无色，透明，光滑，近圆柱形，（8.1～10.7）μm×（3.0～5.1）μm。

▼肺形侧耳子实体

生 境 寄生于阔叶树倒木、枯树干或木桩上，丛生。

分 布 东北林区各地。西藏、河南、广西、陕西、广东、新疆。朝鲜、俄罗斯（西伯利亚中东部）。

采 制 秋、冬季采收，除去杂质，晒干或烘干。

性味功效 抗癌。

用 量 适量。

◎参考文献◎

[1] 戴玉成，图力古尔. 中国东北野生食药用真菌图志 [M]. 北京：科学出版社，2006:187-188.

[2] 卯晓岚. 中国大型真菌 [M]. 郑州：河南科学技术出版社，2000:65.

▲月夜菌子实体

月夜菌 *Pleurotus japonicus* Kawam

别　　名　毒侧耳　发光菌　日本侧耳

药用部位　侧耳科月夜菌的子实体。

原 植 物　子实体中等至大型。菌盖半圆形至肾形，直径 10 ～
27 cm，扁平，长成后边缘内卷或稍向上反卷，幼时盖表面肉桂色或
黄色，后呈现暗紫或紫褐色。菌肉污色，不等长。菌柄很短，具菌环，
破开菌柄后靠近基部菌肉中有一块暗紫色斑。孢子印白色稍带紫色。
孢子无色，光滑，近圆柱形，直径 10 ～ 16 μm。

生　　境　寄生于阔叶树的枯立木、倒木、伐桩及原木上，往往数
个叠生在一起。

分　　布　吉林长白山各地。福建、湖南、贵州。朝鲜、日本、俄
罗斯（西伯利亚中东部）。

采　　制　秋、冬季采收，除去杂质，晒干或烘干。

性味功效　抗癌。

用　　量　适量。

附　　注　子实体有剧毒，误食 1 h 后出现中毒症状，主要症状是
呕吐、腹泻、眩晕、胸闷、呼吸缓慢、脉弱、心音微弱、嗜睡等，
严重者会因心脏停止跳动而死亡。

▲月夜菌子实体（侧）

◎ 参考文献 ◎

[1] 严仲铠，李万林．中国长白山药用植物彩色图志 [M]．北京：人民卫生出版社，1997: 34.

[2] 中国药材公司．中国中药资源志要 [M]．北京：科学出版社，1994: 36.

[3] 卯晓岚．中国大型真菌 [M]．郑州：河南科学技术出版社，2000: 79.

▲ 亚侧耳子实体

▲ 市场上的亚侧耳子实体（干）

亚侧耳属 *Hohenbuehelia* Schulzer

亚侧耳 *Hohenbuehelia serotina* （Pers.: Fr.）Sing.

俗　　名　元蘑 冻蘑 黄蘑

药用部位　侧耳科亚侧耳的子实体。

原 植 物　子实体中等至稍大。菌盖直径 3 ~ 12 cm，扁半球形至平展、半圆形或肾形，黄绿色，黏，有短柔毛，边缘光滑。菌肉白色，厚。菌褶白色至淡黄色，仅延生，稍密。菌根很短或几无，侧生。孢子小，无色，光滑，腊肠形，（4.0 ~ 5.5）μm×（1.0 ~ 1.6）μm。囊体梭形，中部膨大，（29 ~ 45）μm×（10 ~ 15）μm。

生　　境　寄生于椴属的枯立木、倒木、伐桩及原木上，榆、槭、柳及赤杨等树种活立木的干基部上，群生或丛生。

分　　布　东北林区各地。华北、华东、华中、西北、西南。朝鲜、蒙古、俄罗斯（西伯利亚中东部）。

采　　制　秋、冬季采收，除去杂质，晒干或烘干。

主治用法　用于腰腿疼痛、手足麻木、筋骨不舒、风

▲ 亚侧耳子实体

湿及痢疾等。水煎服。

用 量 适量。

附 注 亚侧耳的子实体易与同属极毒的月夜菌的子实体相混淆，其主要区别是月夜菌盖面幼时呈黄色至肉桂色，长成时盖面暗紫至紫褐色，潮湿时才有黏性，无紫色斑纹。菌柄上有菌环，菌褶疏松，夜间发磷光，应注意区别。

▼ 亚侧耳子实体

▲ 亚侧耳子实体

▲ 市场上的亚侧耳子实体（鲜）

◎参考文献◎

[1] 严仲铠，李万林．中国长白山药用植物彩色图志 [M]．北京：人民卫生出版社，1997：33-34．

[2] 戴玉成，图力古尔．中国东北野生食药用真菌图志 [M]．北京：科学出版社，2006：129-131．

[3] 卯晓岚．中国大型真菌 [M]．郑州：河南科学技术出版社，2000：70．

▲ 紫革耳子实体

▲ 紫革耳子实体

革耳属 Panus Fr.

紫革耳 Panus torulosus（Pers.）Fr.

别　　名	光革耳　贝壳状革耳
药用部位	侧耳科紫革耳的子实体。
原 植 物	子实体一般中等大。菌盖宽 4 ~ 13 cm，半肉质至革质，形状各异，扁平，漏斗形至近圆形，具扁生柄或侧生柄，初期有细绒毛或小鳞片，后变光滑并具有不明显的辐射状条纹，紫灰色至菱色，边缘内卷，往往

呈波浪状。菌肉近白色，稍厚。菌褶延生，窄，稍密至较稀，近白色至淡紫色。柄长 1 ~ 4 cm，粗 0.5 ~ 2.0 cm，内实，质韧，有淡紫色至淡灰色绒毛。孢子印白色。孢子无色，光滑，椭圆形，（6 ~ 7）μm×3μm。囊体无色，棒形，（30.0 ~ 40.0）μm×（7.0 ~ 7.5）μm。

生　　境	生于柳、杨及桦等阔叶树的腐木上，丛生。
分　　布	吉林长白山各地。河南、陕西、甘肃、云南、西藏。朝鲜、俄罗斯（西伯利亚中东部）。
采　　制	夏、秋季采收，除去杂质，晒干或烘干。
性味功效	味苦，性温。有追风散寒、舒筋活络的功效。
主治用法	用于腰腿疼痛、手足麻木、筋络不适、四肢抽搐等症。制成的"舒筋丸"，日服2次，每次1 ~ 2丸。
用　　量	适量。

◎ 参考文献 ◎

[1] 严仲铠，李万林. 中国长白山药用植物彩色图志 [M]. 北京：人民卫生出版社，1997：38.

[2] 中国药材公司. 中国中药资源志要 [M]. 北京：科学出版社，1994：38.

[3] 卯晓岚. 中国大型真菌 [M]. 郑州：河南科学技术出版社，2000：72.

香菇属 *Lentinus* Fr.

香菇 *Lentinus edodes*（Berk.）Sing.

俗　　名	花菇　香菌
药用部位	侧耳科香菇的子实体（入药称"香蕈"）。
原 植 物	子实体较小至稍大。菌盖直径 5 ~ 12 cm，

可达 20 cm，扁半球形至稍平展，表面菱色、浅褐色、深褐色至深肉桂色，有深色鳞片，而边缘鳞片常呈浅色至污白色，以及有毛状物或絮状物。菌肉

▲ 香菇子实体

▼ 市场上的香菇子实体

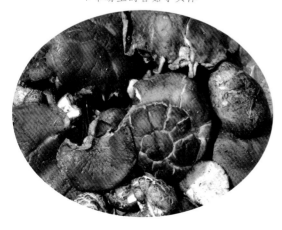

白色，稍厚或厚，细密。菌褶白色，弯生，密，不等长。菌柄长 3 ~ 8 cm，粗 0.5 ~ 1.5 cm，中生至偏生，白色，长弯曲。菌环以下有纤毛状鳞片，纤维质，内实，菌环易消失，白色。孢子无色，光滑，椭圆形至卵圆形，（4.5 ~ 7.0）μm ×（3.0 ~ 4.0）μm。

生　　境　寄生于蒙古栎等阔叶树的倒木上，单生或群生。

▲香菇子实体

分　　布	吉林安图、临江、通化、集安等地。华东、华南、西南、西北。朝鲜。
采　　制	夏、秋季采收，除去杂质，晒干或烘干。
性味功效	味甘，性平。有化痰、理气、助食的功效。
主治用法	用于佝偻病、乳蛾、麻疹不透、高血压、贫血、小便失禁、毒菌中毒。水煎服。
用　　量	10 ~ 15 g。

▲香菇子实体

▲市场上的香菇子实体

◎参考文献◎

[1]江苏新医学院.中药大辞典（下册）[M].上海：上海科学技术出版社，1977：1677-1678.

[2]严仲铠，李万林.中国长白山药用植物彩色图志[M].北京：人民卫生出版社，1997：34-35.

[3]中国药材公司.中国中药资源志要[M].北京：科学出版社，1994：37.

▲ 香菇子实体

▲豹皮香菇子实体

豹皮香菇 *Lentinus lepideus*（Fr. : Fr.）Fr.

别　　名	洁丽香菇　鳞香菇
药用部位	侧耳科豹皮香菇的子实体。
俗　　名	豹皮菇

原 植 物　子实体中等大。菌盖直径5～15 cm，扁半球形，后渐平展或中部下凹，淡黄色，有深色或浅色大鳞片。菌肉白色。菌褶白色，延生，宽，稍稀，褶缘锯齿状，不等长。菌柄短，长3～7 cm，粗0.8～3.0 cm，近圆柱形且弯曲有鳞片，偏生，内实。孢子印白色。孢子无色，光滑，近圆柱状，（8.0～13.0）μm×（3.5～5.0）μm。

生　　境　寄生于针叶树的腐木上，近丛生。

分　　布　东北林区各地。河北、陕西、江苏、安徽、江西、福建、台湾。朝鲜、俄罗斯（西伯利亚中东部）。

采　　制　秋季采收，除去杂质，晒干或烘干。

性味功效　味甘，性平。有益气补虚的功效。

主治用法　用于气血虚弱、纳谷不香、贫血、病后体虚等。水煎服。

用　　量　适量。

▼豹皮香菇子实体

◎参考文献◎

[1] 钱信忠. 中国本草彩色图鉴（第四卷）[M]. 北京：人民卫生出版社，2003：181-182.

[2] 朱有昌. 东北药用植物 [M]. 哈尔滨：黑龙江科学技术出版社，1989：1247-1248.

[3] 中国药材公司. 中国中药资源志要 [M]. 北京：科学出版社，1994：37.

▲北方小香菇子实体

北方小香菇 *Lentinellus ursinus*（Fr.）Kühner

药用部位 侧耳科北方小香菇的子实体。

原植物 子实体小至中等大。菌盖直径3～10 cm，近肾形或贝形，暗褐色、肉桂色或红褐色，半肉质，稍韧，表面干，有细绒毛。边缘薄而色浅，较光滑，有浅裂瓣。菌肉强韧，色浅至白色，后色深，厚0.15 cm。菌褶白色、乳黄色至棕灰色，由近似菌柄状的基部发出，呈放射状。孢子无色，光滑，近球形至宽椭圆形，（3.0～4.5）μm×（2.0～3.5）μm。

生境 寄生于桦树等阔叶树腐木上，覆瓦状生长。

分布 吉林长白山各地。河北、四川。朝鲜、俄罗斯（西伯利亚中东部）。

采制 秋季采收，除去杂质，晒干或烘干。

性味功效 抗癌。

用量 适量。

◎参考文献◎

[1] 卯晓岚. 中国大型真菌 [M].
郑州：河南科学技术出版社，
2000: 78.

▲北方小香菇子实体

▲吉林省通化市金厂镇金厂岭森林秋季景观

▲ 裂褶菌子实体

▼ 裂褶菌子实体

裂褶菌科 Schizophyllaceae

本科共收录 1 属、1 种。

裂褶菌属 Schizophyllum Fr.

裂褶菌 Schizophyllum commune Fr.

别　　名　鸡毛菌

俗　　名　树花　白参

药用部位　裂褶菌科裂褶菌的子实体。

原 植 物　子实体小，侧耳状，无柄盖形或有柄状基部，通常覆瓦状叠生或左右连生。菌盖直径 0.6 ~ 4.2 cm。扇形或肾形，白色至灰白色。质韧，被有绒毛或粗毛，具有多数裂瓣。菌肉白色，薄。菌褶窄，从基部呈辐射状生出，白色或灰白色，有时淡紫色，沿边缘纵裂而反卷。菌柄短或无。孢子无色，棍状，（5.0～5.5）μm×2μm。

生　　境	寄生于阔叶树或针叶树的枯枝及腐木上。
分　　布	东北林区各地。全国绝大部分地区。朝鲜、蒙古、俄罗斯（西伯利亚中东部）。
采　　制	夏、秋季采收，除去杂质，晒干或烘干。
性味功效	味甘，性平。有滋补、强身的功效。
主治用法	用于神经衰弱、食欲不振、头昏耳鸣、肾气不足、阳痿早泄、月经量少及出虚汗等。水煎服。
用　　量	9～16g。

▲ 裂褶菌子实体

◎参考文献◎

[1] 朱有昌. 东北药用植物 [M]. 哈尔滨：黑龙江科学技术出版社，1989：1248.
[2] 中国药材公司. 中国中药资源志要 [M]. 北京：科学出版社，1994：39.
[3] 戴玉成，图力古尔. 中国东北野生食药用真菌图志 [M]. 北京：科学出版社，2006：195-196.

▼ 裂褶菌子实体

▲吉林省汪清林业局地阴沟林场森林秋季景观

▲橙盖鹅膏菌幼子实体

▼橙盖鹅膏菌子实体

鹅膏菌科 Amanitaceae

本科共收录1属、5种、1变种。

鹅膏属（毒伞属）*Amanita* Pers.

橙盖鹅膏菌 *Amanita caesarea* （Scop.）Pers.

别　　名	橙盖伞 橙盖鹅膏 黄罗伞
俗　　名	鸡蛋黄蘑 黄鹅蛋菌
药用部位	鹅膏菌科橙盖鹅膏菌的子实体。
原 植 物	子实体大型。菌盖直径 5.5 ~ 20.0 cm，初期卵圆形至

钟形，后渐平展，中间稍凸起，鲜橙黄色至橘红色，边缘具明显条纹，光滑，稍黏。菌肉白色。菌褶黄色，离生，较厚，不等长。菌柄长 8 ~ 25 cm，粗 1 ~ 2 cm，圆柱形，淡黄色，往往具橙黄色花纹或鳞片，内部松软至空心。菌环生于菌柄上部，淡黄色，膜质，

▲ 橙盖鹅膏菌子实体

下垂，上面具细条纹。菌托大，苞状，白色，有时破裂而成片附着在菌盖表面。孢子印白色。孢子无色，光滑，宽椭圆形、卵圆形，（10.0 ~ 126.0）μm×（6.0 ~ 8.5）μm。

生　境　生于针阔叶林地上，散生或单生。

分　布　东北林区各地。江苏、安徽、福建、河南、四川、云南、广东、西藏。朝鲜、蒙古、俄罗斯（西伯利亚中东部）。

采　制　夏、秋季采收，除去杂质，晒干或烘干。

性味功效　味苦，性温，有毒。有舒筋活络、追风散寒、抗癌的功效。

用　量　适量。

▼ 市场上的橙盖鹅膏菌子实体

◎ 参考文献 ◎

[1] 严仲铠，李万林. 中国长白山药用植物彩色图志 [M]. 北京：人民卫生出版社，1997：41.

[2] 中国药材公司. 中国中药资源志要 [M]. 北京：科学出版社，1994：40.

[3] 卯晓岚. 中国大型真菌 [M]. 郑州：河南科学技术出版社，2000：81.

圈托鹅膏菌 *Amanita ceciliae*（Berk. & Br.）Bas

别　　名	金疣鹅膏 圈托柄菇
药用部位	鹅膏菌科圈托鹅膏菌的子实体。

▲圈托鳞鹅膏菌子实体

原植物 子实体一般中等大。菌盖直径5～13 cm，初期钟形，后半球形至平展，淡土黄色至灰褐色，具易脱落的灰褐色至灰黑色粉质颗粒，稍黏，边缘具明显条纹。菌肉白色，薄。菌褶白色或稍带灰色，较密，离生，不等长。菌柄细长，圆柱形，长11～18 cm，粗1～2 cm，上部白色，下部灰色，具深色纤毛状小鳞片并往往形成花纹，内部松软至空心，基部稍膨大。菌托由2～3圈深灰色粉质环带组成。孢子印白色。孢子无色，近球形，光滑，（12～15）μm×（10～12）μm。

生　境 夏、秋季在林中地上，单生或散生。

分　布 吉林长白山各地。河北、安徽、江苏、福建、云南、海南、广东、西藏、四川。朝鲜、蒙古、俄罗斯(西伯利亚中东部)。

采　制 夏、秋季采收，除去杂质，晒干或烘干。

性味功效 抗湿疹。

用　量 适量。

◎参考文献◎

[1]卯晓岚.中国大型真菌[M].郑州：河南科学技术出版社，2000：82.

▲ 毒蝇鹅膏菌子实体

毒蝇鹅膏菌 *Amanita muscaria*（L.）Lam.

别　　名	蟾斑红毒伞 毒蝇伞 蛤蟆菌

俗　　名 捕蝇菌 毒蝇菌

药用部位 鹅膏菌科毒蝇鹅膏菌的子实体。

原植物 子实体较大。菌盖直径 6 ~ 20 cm，鲜红色或橘红色，有白色或稍带黄色的颗粒状鳞片，边缘有明显的短条棱。菌肉白色，靠近盖表皮处红色。菌褶纯白色，离生，密，不等长。菌柄长 12 ~ 25 cm，粗 1.0 ~ 2.5 cm，纯白色，膜质。菌托由数圈白色絮状颗粒组成。孢子印白色。孢子无色，光滑，内含油滴，宽卵圆形，（8.6 ~ 10.4）μm×（6.0 ~ 8.8）μm。

生　　境 生于林地上，单生或散生。

分　　布 东北林区各地。四川、西藏。朝鲜、俄罗斯（西伯利亚中东部）。

采　　制 夏、秋季采收，除去杂质，晒干或烘干。

性味功效 味苦，性温。有毒。有舒筋活络、追风散寒、抗癌的功效。

用　　量 适量。

附　　注 子实体有剧毒，误食 2 ~ 4 h 后出现中毒症状，主要症状是大量出汗、流泪、流涎、瞳孔缩小、顽固性呕吐、腹痛和泻肚，脉搏先快而后慢，谵语、幻觉、痉挛、呼吸困难，最后昏迷，严重者一昼夜内死亡。

▲毒蝇鹅膏菌幼子实体

▲毒蝇鹅膏菌子实体

◎参考文献◎

[1] 严仲铠，李万林．中国长白山药用植物彩色图志 [M]．北京：人民卫生出版社，1997:41.

[2] 中国药材公司．中国中药资源志要 [M]．北京：科学出版社，1994:42.

[3] 卯晓岚．中国大型真菌 [M]．郑州：河南科学技术出版社，2000:92.

▲ 豹斑毒鹅膏菌子实体

▼ 豹斑毒鹅膏菌幼子实体

豹斑毒鹅膏菌 *Amanita pantherina* （DC.）Krombh.

别　　名　豹斑毒伞 豹斑鹅膏

药用部位　鹅膏菌科豹斑毒鹅膏菌的子实体。

原 植 物　子实体中等大。菌盖直径 7.5 ~ 14.0 cm，初期扁半球形，后期渐平展，褐色或棕褐色，有时污白色，散布白色至污白色的小斑块或颗粒状鳞片，老后部分脱落，边缘有明显的条棱，湿时表面黏。菌肉白色。菌褶白色，离生，不等长。菌柄长 5 ~ 17 cm，粗 0.8 ~ 2.5 cm，圆柱形，表面有小鳞片，内部松软至空心，基部膨大，有几圈环带状的菌托。菌环一般生长在中下部。孢子印白色。孢子无色，光滑，宽椭圆形，（10.0 ~ 12.5）μm×（7.2 ~ 9.3）μm。

生　　境　生于阔叶林或针叶林中地及高山苔原带上，单生或散生。

分　　布　东北林区各地。华北、华南、华东。朝鲜、俄罗斯（西伯利亚中东部）、蒙古。

附　　注

（1）本区尚有 1 变种：

橙豹斑毒鹅膏菌 var. *formosa*（Pers.）Gonn. & Rabenh.。其他与原种同。

（2）其采制、性味功效、主治用法及用量同毒蝇鹅膏菌。

▲橙豹斑毒鹅膏菌子实体

▲豹斑毒鹅膏菌子实体

（3）子实体有剧毒，误食后0.5~6.0 h发病，主要症状为副交感神经兴奋、呕吐、腹泻、大量出汗、流泪、流涎、瞳孔缩小、感光消失、脉搏减慢、呼吸障碍、体温下降、四肢发冷等，中毒严重时出现幻视、谵语、抽搐、昏迷，甚至发生肝损害、出血和死亡。

◎参考文献◎

[1] 江纪武. 药用植物辞典 [M]. 天津：天津科学技术出版社，2005：40.

[2] 卯晓岚. 中国大型真菌 [M]. 郑州：河南科学技术出版社，2000：95.

▲白毒鹅膏菌子实体

白毒鹅膏菌 *Amanita verna*（Bull.）Lam.

▲白毒鹅膏菌幼子实体

别　　名	白毒伞　毒伞

药用部位　鹅膏菌科白毒鹅膏菌的子实体。

原 植 物　子实体中等大，纯白色。菌盖直径 7 ～ 12 cm，初期卵圆形，伞开后期近平展，表面光滑。菌肉白色。菌褶离生，稍密，不等长。菌柄细长，长 9 ～ 12 cm，粗 2.0 ～ 2.5 cm，圆柱形，基部膨大呈球形，内部实心或松软。菌环生在菌柄上部。菌托肥厚，近苞状或浅杯状。孢子印白色。孢子无色，光滑，近球形，（8.0 ～ 12.0）μm×（6.2 ～ 10.0）μm。

生　　境　生于阔叶林、针叶林的林下或林缘，单生或散生。

分　　布　东北林区各地。华北、华南、华东。朝鲜、俄罗斯（西伯利亚中东部）、蒙古。

附　　注

（1）子实体有剧毒，含毒肽或毒伞肽。误食后数小时或 2 ～ 3 d 发病，主要症状为腹部剧痛、恶心、呕吐、大便水样或带血。短时期内病情迅速恶化，出现肝大、黄疸直至肝部萎缩、精神烦躁、谵语、呼吸加快、闭尿、昏迷、瞳孔放大或缩小、全身疼痛、出血、呼吸衰竭等，甚至突然死亡。

（2）其采制、性味功效、主治用法及用量同毒蝇鹅膏菌。

▼白毒鹅膏菌子实体

◎参考文献◎

［1］江纪武.药用植物辞典[M].天津：天津科学技术出版社，2005：40.

［2］卯晓岚.中国大型真菌[M].郑州：河南科学技术出版社，2000：103.

▲吉林长白山国家级自然保护区森林秋季景观

▲ 白环黏奥德蘑子实体

白蘑科 Tricholomataceae

本科共收录 15 属、31 种。

奥德蘑属 *Oudemansiella* Speg.

▲ 白环黏奥德蘑子实体（背）

白环黏奥德蘑 *Oudemansiella mucida*（Schrad.）Höhn.

别　　名	黏小奥德蘑
药用部位	白蘑科白环黏奥德蘑的子实体。
原 植 物	子实体中等大。菌盖直径 4 ~ 10 cm，半球形至渐平

展，水浸状，黏滑或胶黏，边缘具稀疏而不明显条纹。菌肉白色，软，薄。菌褶白色，略带粉色，直生至弯生，宽，稀，不等长。菌柄长 4 ~ 6 cm，粗 0.3 ~ 1.0 cm，圆柱形，白色，基部膨大带灰褐色，纤维质，内实。菌环生于柄的上部，白色，膜质。孢子无色，光滑，近球形，（16.0 ~ 22.9）μm×（15.0 ~ 20.0）μm。褶缘和褶侧囊体无色，梭形至长筒形，顶端钝圆，（65.7 ~ 113.8）μm×（17.7 ~ 20.2）μm。

生　　境	生长在林地或倒木、腐木上，群生或近丛生，有时单生。
分　　布	吉林长白山各地。黑龙江各地。河北、山西、福建、广西、陕西、云南、西藏。朝鲜、俄罗斯（西伯利亚中东部）。
采　　制	夏、秋季采收，除去杂质，晒干或烘干。
性味功效	抗癌。
用　　量	适量。

◎ 参考文献 ◎

[1] 卯晓岚. 中国大型真菌 [M]. 郑州：河南科学技术出版社，2000: 110.

▲宽褶奥德蘑子实体

宽褶奥德蘑 *Oudemansiella platyphylla*（Pers.）M. M. Moser

药用部位　白蘑科宽褶奥德蘑的子实体。

原植物　子实体中等至较大。菌盖直径 5 ~ 12 cm，扁半球形至平展，灰白色至灰褐色，湿润时水浸状，光滑或具深色细条纹，边缘平滑且往往裂开或翻起。菌肉白色，薄。菌褶白色，初期直生后变弯生或近离生，很宽，稀，不等长。菌柄长 5 ~ 12 cm，粗 1.0 ~ 1.5 cm，白色至灰褐色，具纤毛和纤维状条纹，表皮脆骨质，基部往往有白色根状菌丝索。孢子无色，光滑，卵圆至宽椭圆形，（7.7 ~ 10.0）μm×（6.2 ~ 8.9）μm。褶缘囊体无色，袋状至棒状，（30 ~ 55）μm×（5 ~ 10）μm。

生境　寄生于阔叶树腐木上，单生或近丛生。

分布　东北林区各地。江苏、浙江、福建、山西、四川、青海、西藏、云南。朝鲜、俄罗斯（西伯利亚中东部）。

附注　其他同白环黏奥德蘑。

◎参考文献◎

［1］卯晓岚. 中国大型真菌［M］. 郑州：河南科学技术出版社，2000：110.

▲宽褶奥德蘑子实体（侧）

▲ 条柄蜡蘑子实体

蜡蘑属 *Laccaria* Berk. et Br.

条柄蜡蘑 *Laccaria proxima* （Boud.）Pat.

别　　名	柄条蜡蘑
药用部位	白蘑科条柄蜡蘑的子实体。

原 植 物　子实体一般较小。菌盖直径 2 ~ 6 cm，扁半球形至近平展，中部稍下凹，淡土红色，具细小鳞片，湿润时水浸状，边缘近波状，并具细条纹。菌肉淡肉红色，薄。菌褶淡肉红色，稀，宽，厚，直生至延生，不等长。菌柄细长，柱形，长 8 ~ 12 cm，粗 0.2 ~ 0.9 cm，同菌盖色或棕黄色，有纤维状纵条纹，具丝光，往往扭曲，内部松软，基部色浅并有白色绒毛。孢子无色，近卵圆形至近球形，具细小刺，（7.6 ~ 9.5）μm×（6.3 ~ 8.1）μm。

生　　境　生于林地上，单生或群生。

分　　布　东北林区各地。河北、山西、青海、新疆、云南。朝鲜、蒙古、俄罗斯（西伯利亚中东部）。

采　　制　夏、秋季采收，除去杂质，晒干或烘干。

性味功效　抗癌。

用　　量　适量。

◎参考文献◎

［1］中国药材公司．中国中药资源志要［M］．北京：科学出版社，1994：36.

［2］江纪武．药用植物辞典［M］．天津：天津科学技术出版社，2005：437.

［3］卯晓岚．中国大型真菌［M］．郑州：河南科学技术出版社，2000：116.

▲红蜡蘑子实体

红蜡蘑 *Laccaria laccata* （Scop.）Cooke

别　名	漆蜡蘑
药用部位	白蘑科红蜡蘑的子实体。

原 植 物　子实体一般小。菌盖直径 1 ~ 5 cm，薄，近扁半球形，后渐平展，中央下凹成脐状，肉红色至淡红褐色，湿润时水浸状，干燥时呈蛋壳色，边缘波状或瓣状并有粗条纹。菌肉粉褐色，薄。菌褶同菌盖色，直生或近延生，稀疏，宽，不等长，附有白色粉末。菌柄长 3 ~ 8 cm，粗 0.2 ~ 0.8 cm，同菌盖色，圆柱形或稍扁圆，下部常弯曲，纤维质，韧，内部松软。孢子印白色。孢子无色或带淡黄色，圆球形，具小刺，7.5 ~ 12.6 μm。

生　境　在林中地上或腐枝层上散生或群生，有时近丛生。

分　布　东北林区各地。河北、江苏、浙江、江西、广西、山西、海南、台湾、西藏、青海、四川、云南、新疆。朝鲜、蒙古、俄罗斯（西伯利亚中东部）。

采　制　夏、秋季采收，除去杂质，晒干或烘干。

性味功效　抗癌。

用　量　适量。

▼红蜡蘑子实体

◎参考文献◎

[1] 中国药材公司. 中国中药资源志要 [M]. 北京:
　　科学出版社，1994: 36.

[2] 江纪武. 药用植物辞典 [M]. 天津: 天津科学
　　技术出版社，2005: 437.

[3] 卯晓岚. 中国大型真菌 [M]. 郑州: 河南科学
　　技术出版社，2000: 116.

脐菇属 *Xeromphalina* Kuhner & Maire

黄干脐菇 *Xeromphalina campanella*（Batsch.）Kühner & Maire

药用部位 白蘑科黄干脐菇的子实体。

原植物 子实体小。菌盖直径 1.0 ~ 2.5 cm，最大不超过 3 cm，初期半球形，中部下凹成脐状，后边缘展开近似漏斗状，橙黄色至橘黄色，表面湿润，光滑，边缘具明显的条纹。菌肉黄色，膜质，很薄。菌褶黄白色，后呈污黄色，直生至明显延生，密至稀疏，稍宽，不等长，褶间有横脉相连。菌柄长 1.0 ~ 3.5 cm，粗 0.2 ~ 0.3 cm，往往上部稍粗，呈黄色，下部暗褐色至黑褐色，基部有浅色毛，内部松软至空心。孢子无色，光滑，椭圆形，（5.6 ~ 7.6）μm×（2.0 ~ 3.3）μm，无淀粉反应。囊体无色，棒状或瓶状，（30.0 ~ 35.0）μm×（8.9 ~ 10.2）μm。

生　　境 寄生林中腐朽的木桩上，大量群生至丛生。

分　　布 东北林区各地。华北、华东、华中、西北、西南、朝鲜、蒙古、俄罗斯（西伯利亚中东部）。

采　　制 夏、秋季采收，除去杂质，晒干或烘干。

性味功效 抗癌。

用　　量 适量。

◎参考文献◎

[1] 卯晓岚. 中国大型真菌 [M]. 郑州: 河南科学技术出版社, 2000: 117.

▲ 黄干脐菇子实体

▲ 金针菇子实体（侧）

冬菇属 *Flammulina* Karst.

金针菇 *Flammulina velutipes* （Curt. : Fr.）Sing.

▲ 金针菇子实体

别　　名	毛柄金钱菌 构菌 冬菇
俗　　名	冬蘑
药用部位	白蘑科金针菇的干燥子实体。
原 植 物	子实体一般小。菌盖直径 1.5 ~ 7.0 cm，幼时扁半球形，后渐平展，黄褐色或淡黄褐色，中部肉桂色，边缘乳黄色并有细条纹，较黏，湿润时黏滑。菌肉白色，较薄。菌褶白色至乳白色或微带肉粉色，弯生，稍密，不等长。菌柄长 3 cm，具黄褐色或深黄褐色短绒毛，纤维质，内部松软，基部往往延伸似假根并紧靠在一起。孢子无色或淡黄色，光滑，长椭圆形，（6.5 ~ 7.8）μm×（3.5 ~ 4.0）μm。
生　　境	寄生于柳属等阔叶树活立木、腐木及伐桩上或根部，丛生。
分　　布	东北林区各地。华北、华东、华中、西北、西南。朝鲜、蒙古、俄罗斯（西伯利亚中东部）。
采　　制	早春、晚秋采收，除去杂质，晒干或烘干。
性味功效	味微苦、稍咸，性寒。有清热利湿、健脾和胃的功效。
主治用法	用于肝炎、慢性胃炎、胃肠道溃疡。
用　　量	10 ~ 30 g。

◎ 参考文献 ◎

［1］钱信忠. 中国本草彩色图鉴（第三卷）[M]. 北京：人民卫生出版社，2003：221-222.

［2］朱有昌. 东北药用植物 [M]. 哈尔滨：黑龙江科学技术出版社，1989：1247.

［3］戴玉成，图力古尔. 中国东北野生食药用真菌图志 [M]. 北京：科学出版社，2006：46-47.

▲ 洁小菇子实体

▲ 洁小菇子实体

小伞属 *Mycena*（Pers.）Roussel

洁小菇 *Mycena pura*（Pers.）P. Kumm.

| 别　　名 | 粉紫小菇 |

别　　名　粉紫小菇

药用部位　白蘑科洁小菇的子实体。

原 植 物　子实体小型带紫色。菌盖直径 2 ~ 4 cm，扁半球形，后稍伸展，淡紫色或淡紫红色至丁香紫色，湿润，边缘具条纹。菌肉淡紫色，薄。菌褶淡紫色，较密，直生或近弯生，往往褶间具横脉，不等长。菌柄近柱形，长 3 ~ 5 cm，粗 0.3 ~ 0.7 cm，同菌盖色或稍淡，光滑，空心，基部往往多具绒毛。孢子印白色。孢子无色，光滑，椭圆形，（6.4 ~ 7.5）μm×（3.5 ~ 4.5）μm。囊体近梭形至瓶状，顶端钝，（46 ~ 55）μm×（10 ~ 16）μm。

生　　境　生于林中地上和腐枝层或腐木上，丛生、群生或单生。

分　　布　东北林区各地。山西、陕西、台湾、香港、广东、海南、四川、青海、甘肃、新疆、西藏。朝鲜、俄罗斯（西伯利亚中东部）。

采　　制　夏、秋季采收，除去杂质，晒干或烘干。

性味功效　抗癌。

用　　量　适量。

◎ 参考文献 ◎

［1］江纪武. 药用植物辞典 [M]. 天津：天津科学技术出版社，2005：533.

［2］卯晓岚. 中国大型真菌 [M]. 郑州：河南科学技术出版社，2000：122.

▲乳白口蘑子实体

口蘑属 *Tricholoma* （Fr.）Staude

乳白口蘑 *Tricholoma album* （Schaeff.：Fr.）Kumm.

别　　名	白口蘑
药用部位	白蘑科乳白口蘑的子实体。
原植物	子实体较小或中等，白色。菌盖直径 5 ~ 12 cm，扁半球形至近平展，白色至污白色，边缘平滑内卷。菌肉白色或乳白色，较薄。菌褶白色，弯生，较密，边缘波状，不等长。菌柄长 5 ~ 7 cm，粗 1 ~ 2 cm，圆柱形，白色至乳黄色，粗糙，中部以上具短纤毛状鳞片，内实，基部稍膨大。孢子印白色。孢子无色，光滑，卵圆形至宽椭圆形，（7.7 ~ 10.0）μm×（5.0 ~ 5.5）μm。
生　　境	生于混交林地上，群生或散生，有时近丛生或形成蘑菇圈。
分　　布	吉林长白山各地。陕西、湖南、青海。朝鲜、俄罗斯（西伯利亚中东部）。
采　　制	夏、秋季采收，除去泥沙，晒干或烘干。
性味功效	抗癌。
用　　量	适量。

◎参考文献◎

［1］中国药材公司．中国中药资源志要［M］．北京：科学出版社，1994：40.
［2］江纪武．药用植物辞典［M］．天津：天津科学技术出版社，2005：819.
［3］卯晓岚．中国大型真菌［M］．郑州：河南科学技术出版社，2000：124.

▲松口蘑子实体（已开伞）

松口蘑 *Tricholoma matsutake* （S. Ito et Imai）Sing.

别　　名	松蕈
俗　　名	松茸 松蘑
药用部位	白蘑科松口蘑的子实体。

原 植 物　子实体中等至较大。菌盖直径 5～15 cm，扁半球形至近平展，污白色，具黄褐色至栗褐色平伏的纤毛状鳞片，表面干燥。菌肉白色，厚，具特殊气味。菌褶白色或稍带乳黄色，弯生，密，不等长。

▼松口蘑幼子实体

菌柄较粗壮，长 6.0～13.5 cm，粗 2.0～2.6 cm，菌环以上污白色并有粉粒，环以下具栗褐色纤毛状鳞片，内实，基部有时稍膨大。菌环上面白色，下面与菌柄同色，丝膜状，生于菌柄的上部。孢子印白色。孢子无色，光滑，宽椭圆形至近球形，（6.5～7.5）μm×（4.5～6.2）μm。

生　　境　生于赤松、红松、黄花落叶松、油松和蒙古栎等林中的地上，群生、散生或形成蘑菇圈。

分　　布　黑龙江东宁、宁安、鸡东等地。吉林龙井、安图、和龙、珲春、靖宇、抚松等地。辽宁宽甸。安徽、台湾、四川、甘肃、山西、贵州、云南、西藏。朝鲜、俄罗斯（西伯利亚中东部）。

采　　制　秋季采收，除去泥沙，晒干或烘干。

▲ 松口蘑子实体（未开伞）

性味功效	味甘，性平。有益肠胃、理气止痛、化痰的功效。
主治用法	用于腰腿疼痛、手足麻木、筋骨不舒、痰多气短、大便干燥、溲浊不禁等。水煎服或研末服。
用　　量	6 ~ 15 g。

◎ 参考文献 ◎

［1］江苏新医学院 . 中药大辞典（上册）[M] . 上海：上海科学技术出版社，1977：1258-1259.

［2］钱信忠 . 中国本草彩色图鉴（第三卷）[M] . 北京：人民卫生出版社，2003：217-218.

［3］严仲铠，李万林 . 中国长白山药用植物彩色图志 [M] . 北京：人民卫生出版社，1997：40-41.

▲ 市场上的松口蘑子实体（已开伞）

▲ 市场上的松口蘑子实体（未开伞）

▲假松口蘑子实体

假松口蘑 *Tricholoma bakamatsutake* Hongo

别　　名　傻松口蘑　假松茸　青杠松茸　青杠菌

药用部位　白蘑科假松口蘑的子实体。

原 植 物　子实体中等或稍大。菌盖直径 6 ～ 10 cm，半球形，后平展，中部微凹，中部栗褐色，被褐色平伏的鳞片和绒毛，盖缘内卷，有絮状绒片。菌肉白色，味清香。菌褶白色，弯生。菌环膜质，环缘上仰，环以下有近轮生的褐色鳞片。担子棒状，（21.0 ～ 25.0）μm×（5.0 ～ 7.5）μm。孢子近球形，（5.5 ～ 7.0）μm×（4.5 ～ 5.5）μm。囊状体烧瓶状，（22.0 ～ 31.0）μm×（4.5 ～ 9.5）μm。

▼假松口蘑子实体

生　　境　生于赤松、油松和蒙古栎等林中的地上，群生或散生。

分　　布　吉林龙井、安图、和龙、珲春、通化等地。河南、四川、云南。朝鲜、俄罗斯（西伯利亚中东部）。

采　　制　夏、秋季采收，除去杂质，晒干或烘干。

性味功效　抗癌。

用　　量　适量。

◎参考文献◎

[1] 卯晓岚. 中国大型真菌 [M]. 郑州：河南科学技术出版社，2000: 125.

▲皂味口蘑子实体

皂味口蘑 *Tricholoma saponaceum* P. Kumm.

别　　名　皂腻口蘑

药用部位　白蘑科皂味口蘑的子实体。

原 植 物　子实体小至中等大。菌盖直径 3 ~ 12 cm，半球形至近平展，中部稍凸起，湿润时黏，幼时白色、污白色，后期带灰褐色或浅绿灰色，边缘向内卷且平滑。菌肉白色，伤处变橘红色，稍厚。菌褶白色，伤处变红，弯生，不等长，中等密至较密。菌柄长 5 ~ 12 cm，粗 1.2 ~ 2.5 cm，白色，往往向下膨大至近纺锤形，基部根状，内部松软。孢子无色，光滑，椭圆形至近卵圆形，（5.6 ~ 9.6）μm ×（3.8 ~ 5.3）μm。

生　　境　生于松林或混交林中地上，群生。

分　　布　吉林长白、抚松、安图等地。新疆、云南。朝鲜、俄罗斯（西伯利亚中东部）。

附　　注　其他同假松口蘑。

◎参考文献◎

［1］江纪武. 药用植物辞典［M］. 天津：天津科学技术出版社，2005：819.

［2］卯晓岚. 中国大型真菌［M］. 郑州：河南科学技术出版社，2000：134.

▲凸顶口蘑子实体

凸顶口蘑 *Tricholoma virgatum*（Fr.）Kummer

别　　名	条纹口蘑

药用部位　白蘑科凸顶口蘑的子实体。

原 植 物　子实体较小。菌盖直径 4 ~ 6 cm，最大的特点是菌盖中央明显凸出，呈乳头状，表面灰色至灰褐色，中部色较深，具放射状条纹，边缘向内卷。菌肉白色或部分带肉色。菌褶白色至灰白色，初期边缘常有黑点，弯生，不等长。菌柄较长，最长可达 15 cm，粗 1.2 cm，基部膨大，表面近白色或较盖色浅，具有纵条纹。孢子印白色。孢子无色，宽椭圆形至近球形，（6.0 ~ 7.5）μm×（5.5 ~ 6.0）μm。

生　　境　生于林中地上，散生或群生。

分　　布　吉林长白山各地。山西、四川。朝鲜、俄罗斯（西伯利亚中东部）。

采　　制　夏、秋季采收，除去泥沙，晒干或烘干。

性味功效　抗癌。

用　　量　适量。

◎参考文献◎

［1］江纪武 . 药用植物辞典 [M] . 天津：天津科学技术出版社，2005：819.

［2］中国药材公司 . 中国中药资源志要 [M] . 北京：科学出版社，1994：40.

［3］卯晓岚 . 中国大型真菌 [M] . 郑州：河南科学技术出版社，2000：138.

杯伞属 *Clitocybe*（Fr.）Staude

杯伞 *Clitocybe infundibuliformis*（Schaeff. : Fr.）Quél.

别　　名	杯菌　漏斗形杯伞

别　　名　杯菌　漏斗形杯伞

俗　　名　酒盅蘑

药用部位　白蘑科杯伞的子实体。

原 植 物　子实体小至中等大。菌盖直径 5～10 cm，中部下凹至漏斗状，往往幼时中央具小凸尖，浅黄褐色或肉色，干燥，薄，微有丝状柔毛，后变光滑，边缘平滑且呈波状。菌肉白色，薄。菌褶白色，延生，稍密，薄，窄，不等长。菌柄长 4～7 cm，粗 0.5～1.2 cm，圆柱形，白色或近似菌盖色，光滑，内部松软，基部膨大且有白色绒毛。孢子印白色。孢子无色，光滑，近卵圆形，（5.6～7.5）μm×（3.0～4.5）μm。

生　　境　生于林地上或山坡草丛中，单生或群生。

分　　布　东北林区各地。河北、陕西、甘肃、西藏、青海、新疆。朝鲜、俄罗斯（西伯利亚中东部）。

采　　制　夏、秋季采收，除去杂质，晒干或烘干。

性味功效　有利肝脏、益肠胃、抗癌的功效。

▲ 杯伞子实体

▼ 市场上的杯伞子实体

主治用法 用于肝炎、慢性胃炎等。水煎服。

用　量 适量。

◎参考文献◎

[1] 中国药材公司 . 中国中药资源志要 [M]. 北京：科学出版社，1994：36.

[2] 江纪武 . 药用植物辞典 [M]. 天津：天津科学技术出版社，2005：194.

[3] 卯晓岚 . 中国大型真菌 [M]. 郑州：河南科学技术出版社，2000：153.

▲浅白绿杯伞子实体

浅白绿杯伞 *Clitocybe odora* var. *alba* Large

别　　名　青白蘑

药用部位　白蘑科浅白绿杯伞的子实体。

原 植 物　子实体较小，白色带黄绿色。菌盖直径 2 ～ 7 cm，幼时半球形、扁半球形，后期稍扁平至扁平，中部稍下凹或有凸起，白色，部分带浅黄绿色，顶部往往呈现浅黄褐色，表面平滑，边缘条纹无或不明显。菌肉白色，稍厚，具香气味。菌褶白色至乳白色或稍带粉红色，直生或稍延生，不等长。菌柄长 2 ～ 5 cm，粗 0.5 ～ 0.7 cm，稍弯曲，白色或黄色，下部略带浅褐色，具纤毛状鳞片，基部常有白色绒毛，实心至空心。孢子无色，光滑，宽椭圆形或近卵圆形，（5.5 ～ 7.0）μm ×（3.5 ～ 5.0）μm。担子具 4 小梗。

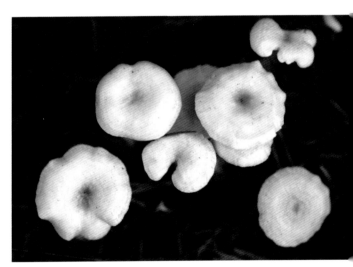

▲浅白绿杯伞子实体

生　　境　生于阔叶树林地上或枯枝落叶层上，单生或群生。

分　　布　东北林区各地。陕西。朝鲜、俄罗斯（西伯利亚中东部）。

附　　注　其采制、性味功效、主治用法及用量同杯伞。

◎ 参考文献 ◎

[1] 戴玉成，图力古尔 . 中国东北野生食药用真菌图志 [M]. 北京：科学出版社，2006：30-31.

[2] 卯晓岚 . 中国大型真菌 [M]. 郑州：河南科学技术出版社，2000：155.

▲棒柄杯伞子实体

棒柄杯伞 *Clitocybe clavipes*（Pers.）P. Kumm.

药用部位	白蘑科棒柄杯伞的子实体。

原植物　子实体一般中等大。菌盖直径3～8 cm，扁平，中部下凹，呈漏斗状，中央很少具小凸起，表面干燥，灰褐色或煤褐色，中部色暗，光滑无毛，初期边缘明显内卷。菌肉白色，质软。菌褶白黄色，明显延生，薄，稍稀或密，不等长。菌柄向上渐细，向基部膨大，呈棒状，长3～7 cm，粗0.8～1.5 cm，基部膨大处可达3 cm，无毛光滑，同盖色或稍浅，内部实心。孢子印白色。孢子椭圆形，光滑，（4.5～7.5）μm×（3.5～4.5）μm。

生　境　生于林地上，单生或群生。

分　布　吉林通化、集安等地。广东、四川、西藏。朝鲜。

采　制　夏、秋季采收，除去杂质，晒干或烘干。

性味功效　浸出物有抗菌抑菌作用。

用　量　适量。

◎参考文献◎

[1] 江纪武. 药用植物辞典 [M]. 天津：天津科学技术出版社，2005:194.

[2] 卯晓岚. 中国大型真菌 [M]. 郑州：河南科学技术出版社，2000:153.

▲水粉杯伞子实体（侧）

水粉杯伞 *Clitocybe nebularis* （Batsch. : Fr.）Kummer

别　　名	水粉蕈　烟云杯伞
药用部位	白蘑科水粉杯伞的子实体。

原 植 物　子实体较大。菌盖 4 ~ 13 cm，颜色常常多变化，呈现灰褐色、烟灰色至近淡黄色，干时稍变白。菌盖边缘平滑、无条棱，但有时呈波浪状或近似花瓣状。菌褶窄而密，污白色，稍延生。菌柄长 5 ~ 9cm，粗达 3 cm，表面白色，基部往往膨大。孢子印白色。孢子光滑、无色，椭圆形，（5.5 ~ 7.5）μm×（3.5 ~ 4.0）μm。

生　　境	生于林地上，散生或群生。
分　　布	东北林区各地。河南、山西、四川、青海。

朝鲜。

采　　制	夏、秋季采收，除去杂质，晒干或烘干。
性味功效	抗癌。
用　　量	适量。

◎参考文献◎

[1] 戴玉成，图力古尔 . 中国东北野生食药用真菌
　　图志 [M] . 北京：科学出版社，2006：27-30.

[2] 江纪武 . 药用植物辞典 [M] . 天津：天津科学技
　　术出版社，2005：194.

[3] 卯晓岚 . 中国大型真菌 [M] . 郑州：河南科学技
　　术出版社，2000：153.

▲水粉杯伞子实体

▲ 肉色杯伞子实体

肉色杯伞 *Clitocybe geotropa*（Bull.）Quél.

▲ 市场上的肉色杯伞子实体

药用部位 白蘑科肉色杯伞的子实体。

原 植 物 子实体中等至大型。菌盖直径 4 ~ 15 cm，扁平，中部下凹，呈漏斗状，中央往往有小凸起，表面干燥，幼时带褐色，老时呈肉色或淡黄褐色并具毛，边缘内卷不明显。菌肉近白色，厚，紧密，味温和。菌褶近白色或同菌盖色，延生，不等长，密，比较宽。菌柄细长，上部较细，长 5 ~ 12 cm，粗 1.5 ~ 3.0 cm，白色或带黄色，或同盖色，表面有条纹，呈纤维状，内部实心。孢子印白色。孢子无色，光滑，近球形或宽卵圆形，（6.4 ~ 10.2）μm×（4.0 ~ 6.0）μm。

生 境 生于林地上，散生或群生。

分 布 东北林区各地。山西、四川、云南、西藏。朝鲜。

采 制 夏、秋季采收，除去杂质，晒干或烘干。

性味功效 有利肝脏、益肠胃、抗癌的功效。

主治用法 用于肝炎、慢性胃炎等。水煎服。

用 量 适量。

▲ 肉色杯伞子实体

◎ 参考文献 ◎

[1] 中国药材公司. 中国中药资源志要 [M]. 北京: 科学出版社，1994: 36.

[2] 江纪武. 药用植物辞典 [M]. 天津: 天津科学技术出版社，2005: 194.

[3] 卯晓岚. 中国大型真菌 [M]. 郑州: 河南科学技术出版社，2000: 152.

▲香杯伞子实体

▼香杯伞子实体

香杯伞 *Clitocybe odora*（Bull.）P. Kumm.

药用部位 白蘑科香杯伞的子实体。

原植物 子实体小至中等。菌盖直径 2 ~ 8 cm，幼时扁半球形，后扁平，中部凸起或稍下凹或稍平，边缘内卷，表面湿润或呈水浸状，带灰绿色，后期褪为污白色，边缘平滑或有不明显条纹。菌肉白色，稍薄，具特殊的强烈香气。菌褶延生，不等长，稍密，白色至污白色或变暗。菌柄圆柱形或基部稍粗，有时弯曲，长 2.5 ~ 6.0 cm，粗 0.5 ~ 0.8 cm，同盖色，往往上部有粉末，向下有条纹，基部有白色绒毛，内部松软至空心。孢子无色，光滑，椭圆形，（7.0 ~ 7.5）μm×（4.5 ~ 5.0）μm。孢子印白色。

生　境 生于林中腐殖落叶层上，散生或群生。

分　布 东北林区各地。山西。朝鲜。

采　制 夏、秋季采收，除去杂质，晒干或烘干。

性味功效 抗癌。

用　量 适量。

◎参考文献◎

[1] 卯晓岚. 中国大型真菌 [M]. 郑州: 河南科学技术出版社，2000: 155.

▲ 斜盖伞子实体

斜盖伞属 *Clitopilus*（Fr. ex Rabenh.）P. Kumm.

斜盖伞 *Clitopilus prunulus*（Scop.）P. Kumm.

别　　名　斜盖菇
药用部位　白蘑科斜盖伞的子实体。
原 植 物　子实体小或中等大。菌盖直径 3 ~ 8 cm，幼时扁半球形，后渐平展。中部下凹，近浅盘状，白色或污白色，表面似有细粉末至平滑，部分有条纹，湿时黏，边缘波状或花瓣状及内卷。菌肉白色，细嫩，气味香，中部稍厚而边缘薄。菌褶白色至粉红色，延生，稍密，较窄，不等长，边缘近波状。菌柄短，长 2 ~ 4 cm，粗 0.4 ~ 1.0 cm，弯曲，稍扁生，白色至污白色，往往向下部渐细，内部实心至松软。孢子印粉肉色。孢子无色，有 6 条纵的肋状隆起，横面观似六角形，宽椭圆形或近纺锤形，（9.0 ~ 13.0）μm ×（5.5 ~ 6.5）μm。
生　　境　生于蒙古栎等杂木林的林地上，散生或群生。
分　　布　东北林区各地。朝鲜、俄罗斯（西伯利亚中东部）。
采　　制　夏、秋季采收，除去杂质，晒干或烘干。
性味功效　抗癌。
用　　量　适量。

◎参考文献◎

［1］戴玉成，图力古尔. 中国东北野生食药用真菌图志 [M]. 北京：科学出版社，2006: 32-33.
［2］卯晓岚. 中国大型真菌 [M]. 郑州：河南科学技术出版社，2000: 157.

▲ 斑玉蕈子实体

玉蕈属 *Hypsizygus* Singer

斑玉蕈 *Hypsizygus marmoreus* （Peck）H. E. Bigelow

别　　名　真姬菇

俗　　名　蟹味菇

药用部位　白蘑科斑玉蕈的子实体。

原 植 物　子实体中等至较大。菌盖直径 3 ~ 15 cm，幼时扁

▲ 斑玉蕈子实体

半球形，后稍平展，中部稍突起，污白色至浅灰白黄色，表面平滑，水浸状，中间有浅褐色隐印斑纹（似大理石花纹）。菌肉白色，稍厚。菌褶污白色，近直生，密或稍稀，不等长。菌柄细长，长 3 ~ 11 cm，粗 0.5 ~ 1.0 cm，稍弯曲，表面白色，平滑或有纵条纹，实心，往往丛生而基部相连或分叉。孢子印白色。孢子无色，光滑，宽椭圆形或近球形，（4.0 ~ 5.5）μm×（3.5 ~ 4.2）μm。

生　　境　寄生于阔叶树枯木、伐桩及倒腐木上，丛生。

分　　布　吉林通化、临江、集安等地。辽宁宽甸、桓仁、新宾等地。山西。朝鲜、日本、俄罗斯（西伯利亚中东部）。

采　　制　夏、秋季采收，除去杂质，晒干或烘干。

性味功效　抗癌。

用　　量　适量。

◎参考文献◎

[1] 卯晓岚. 中国大型真菌 [M]. 郑州：河南科学技术出版社，2000:158.

离褶伞属 *Lyophyllum* Karst.

簇生离褶伞 *Lyophyllum aggregatum*（Schaeff. ex Secr.）Kühn.

药用部位 白蘑科簇生离褶伞的子实体。

原 植 物 菌盖直径5～10 cm，扁半球形，后平展，稍凸或平凹，表面呈灰色或灰黑至褐棕色，光滑无毛或有隐纤毛状条纹，干时光亮，边缘薄，波状或有开裂。菌肉中部厚而边缘薄，白色或带黄色，气味温和。菌褶白色或带黄色至带微粉肉色，稍宽，密，直生至延生，不等长。菌柄弯曲，下部膨大，（6.0～10.0）μm×（0.4～1.5）μm，稀有偏生，白色而下部深色，顶部粉末状，内实。孢子印白色。孢子无色，光滑，球形至近球形，4～7μm，无囊体。

生　　境 生于林中地上，往往丛生或群生。

分　　布 吉林长白山各地。江苏、青海。朝鲜、俄罗斯（西伯利亚中东部）。

采　　制 夏、秋季采收，除去杂质，晒干或烘干。

性味功效 抗癌。

用　　量 适量。

◎参考文献◎

[1] 卯晓岚. 中国大型真菌 [M]. 郑州：河南科学技术出版社，2000：158.

▲墨染离褶伞子实体

墨染离褶伞 *Lyophyllum semitale*（Fr.）Kohner

药用部位　白蘑科墨染离褶伞的子实体。

原植物　子实体较小。菌盖直径 3 ～ 6 cm，近半球形或近钟形，中部有时稍微下凹，表面温润似水浸状，灰褐色、褐鼠色、浅褐色，干燥时色变浅，光滑无毛或具隐纤毛。菌肉白色或带灰色，伤时变黑色。菌褶直生至弯生，白色至带灰色，伤处变黑色，不等长，稀，宽，边缘波浪状。菌柄长 2 ～ 6 cm，粗0.5 ～ 1.5 cm，灰白色，纤维质，上部近等粗，下部至基部膨大且有白色毛，内部实心，后变空心。孢子印白色。孢子近卵圆形至宽椭圆形，光滑，无色，（6.0 ～ 10.0）μm×（4.0 ～ 5.0）μm。

生　境　在林中地上成丛生长。

分　布　东北林区各地。青海、西藏。朝鲜、俄罗斯（西伯利亚中东部）。

采　制　夏、秋季采收，除去杂质，晒干或烘干。

性味功效　有宣肺益气、清热解毒、抗癌的功效。

主治用法　用于透发麻疹。水煎服。

用　量　适量。

▼墨染离褶伞子实体

◎参考文献◎

[1] 中国药材公司. 中国中药资源志要 [M]. 北京：
　　科学出版社，1994：38.

[2] 江纪武. 药用植物辞典 [M]. 天津：天津科学
　　技术出版社，2005：486.

[3] 卯晓岚. 中国大型真菌 [M]. 郑州：河南科学
　　技术出版社，2000：161.

▲ 榆生离褶伞子实体

▲ 榆生离褶伞子实体

榆生离褶伞 *Lyophyllum ulmarium* （Bull.）Kühner

别　　名　榆干离褶菌　榆侧耳　榆干侧耳

俗　　名　对子蘑　白玉菇

药用部位　白蘑科榆生离褶伞的子实体。

原 植 物　子实体中等至较大。菌盖直径 7 ~ 15 cm，扁半球形，中部浅赭石色，边缘浅黄色，逐渐平展，光滑，有时龟裂。菌肉白色，厚。菌褶白色或近白色，弯生，宽，稍密。菌柄长 4 ~ 9 cm，粗 1 ~ 2 cm，偏生，往往弯曲，白色，内实。孢子无色，球形或近球形，5 ~ 6 μm。

生　　境　寄生于榆属或其他阔叶树干上，近丛生或丛生。

分　　布　东北林区各地。青海。朝鲜、俄罗斯（西伯利亚中东部）。

采　　制　夏、秋季采收，除去杂质，晒干或烘干。

性味功效　有滋补强壮、止痢的功效。

主治用法　用于治疗虚弱、痿病、痢疾等症。水煎服。

用　　量　适量。

◎参考文献◎

［1］严仲铠，李万林. 中国长白山药用植物彩色图志［M］. 北京：人民卫生出版社，1997：35-36.

［2］戴玉成，图力古尔. 中国东北野生食药用真菌图志［M］. 北京：科学出版社，2006：122-123.

［3］卯晓岚. 中国大型真菌［M］. 郑州：河南科学技术出版社，2000：162.

▲ 栎小皮伞子实体

小皮伞属 *Marasmius* Fr.

栎小皮伞 *Marasmius dryophilus*（Bull. : Fr.）Karst.

▲ 栎小皮伞子实体

别　　名	栎金钱菌
药用部位	白蘑科栎小皮伞的子实体。

原 植 物　子实体较小。菌盖直径2.5～6.0 cm，菌盖幼时扁半球形、中凸形，成熟时平展，有时中部略下凹。菌盖表面黄褐色或带紫红褐色，一般呈乳白色，表面平滑，无环带。菌褶窄而密。菌柄细长，长4～8 cm，粗0.3～0.5 cm，上部白色或浅黄色，而靠近基部黄褐色至带有红褐色。孢子印白色。孢子无色，光滑，椭圆形，（5.0～7.0）μm×（3.0～3.5）μm。

生　　境	生于阔叶林内腐质土或落叶层上，群生或散生。
分　　布	东北地区各地。华北、华东。朝鲜、俄罗斯（西伯利亚中东部）。
采　　制	夏、秋季采收，除去杂质，晒干或烘干。
性味功效	抗癌。
用　　量	适量。

◎ 参考文献 ◎

[1] 卯晓岚. 中国大型真菌 [M]. 郑州：河南科学技术出版社，2000：177.

▲ 栎小皮伞子实体

▲栎小皮伞子实体

香蘑属 *Lepista*（Fr.）W. G. Smith

肉色香蘑 *Lepista irina*（Fr.）Bigelow

俗　　名　趟子蘑

药用部位　白蘑科肉色香蘑的子实体。

原 植 物　子实体中等至稍大。菌盖直径5～13 cm，扁平球形至近平展，表面光滑，干燥，初期边缘絮状且内卷，带白色或淡肉色至暗黄白色。菌肉较厚，柔软，白色至带浅粉色。菌褶白色至淡粉色，密或较密，直生至延生，不等长。菌柄长4～8 cm，粗1.0～2.5 cm，同菌盖色，表面纤维状，内实，上部粉状，下部多弯曲。孢子印带粉红色或淡粉黄色。孢子无色，椭圆形至宽椭圆形，粗糙至近光滑，（7.0～10.2）µm×（4.0～5.0）µm。

生　　境　生在草地、树林中地上，群生或散生，往往形成蘑菇圈。

分　　布　黑龙江林区各地。吉林林区各地。山西、陕西。朝鲜、俄罗斯（西伯利亚中东部）。

采　　制　夏、秋季采收，除去杂质，晒干或烘干。

性味功效　抗癌。

用　　量　适量。

◎ 参考文献 ◎

[1] 卯晓岚. 中国大型真菌 [M]. 郑州：河南科学技术出版社，2000：178.

紫丁香蘑 *Lepista nuda*（Bull. : Fr.）Cooke

别　　名	裸口蘑　紫晶蘑
俗　　名	趟子蘑

▼ 紫丁香蘑子实体

药用部位　白蘑科紫丁香蘑的子实体。

原 植 物　子实体一般中等大。菌盖直径 3.5 ~ 10.0 cm，半球形至平展，有时中部下凹，亮紫色或丁香紫色，后变至褐紫色，光滑，湿润，边缘内卷，无条纹。菌肉淡紫色。菌褶褐紫色，直生至稍延生，往往边缘呈小锯齿状，密，不等长。菌柄长 4 ~ 9 cm，粗 0.5 ~ 2.0 cm，圆柱形，同菌盖色，初期上部有絮状粉末，下部光滑或具纵条纹，内实，基部稍膨大。孢子印肉粉色。孢子椭圆形，近光滑至具小麻点，（5.0 ~ 7.5）μm ×（3.0 ~ 5.0）μm。

生　　境　生于松林或混交林中地上，群生，有时近丛生或单生。

▲紫丁香蘑子实体

分　布　东北林区各地。山西、福建、青海、新疆、西藏、云南。朝鲜、俄罗斯（西伯利亚中东部）。

采　制　夏、秋季采收，除去杂质，晒干或烘干。

性味功效　味甘，性平。有维持机体正常糖代谢之功效，又可预防脚气病。

用　量　适量。

◎参考文献◎

[1] 戴玉成，图力古尔．中国东北野生食药用真菌图志 [M]．北京：科学出版社，2006:116-117.

[2] 中国药材公司．中国中药资源志要 [M]．北京：科学出版社，1994:37.

[3] 卯晓岚．中国大型真菌 [M]．郑州：河南科学技术出版社，2000:179.

▲市场上的紫丁香蘑子实体

白桩菇属 *Leucopaxillus* Bours

白桩菇 *Leucopaxillus candidus*（Bres.）Sing.

别　　名　白壳杯菌

药用部位　白蘑科白桩菇的子实体。

原 植 物　子实体较大。菌盖直径 7 ~ 15 cm，扁半球形，平展后中部下凹，白色，光滑，边缘平滑内卷。菌肉白色，较厚。菌褶白色，稠密，窄，近延生，不等长。菌柄近柱状，白色，长 5 ~ 7 cm，粗 2 ~ 3 cm，光滑，内实。孢子无色，光滑，椭圆形，（5.0 ~ 6.3）μm×（3.0 ~ 4.0）μm。

生　　境　生于针叶林地上，单生或散生。

分　　布　黑龙江林区各地。吉林林区各地。山西、青海。朝鲜、俄罗斯（西伯利亚中东部）。

采　　制　夏、秋季采收，除去杂质，晒干或烘干。

性味功效　有宣肺益气、清热解表、抗癌等功效。对革兰阳性菌、革兰阴性菌有抑制作用。

主治用法　用于透发麻疹。

用　　量　适量。

◎ 参考文献 ◎

[1] 中国药材公司 . 中国中药资源志要 [M]. 北京：科学出版社，1994：37.

[2] 江纪武 . 药用植物辞典 [M]. 天津：天津科学技术出版社，2005：455.

[3] 卯晓岚 . 中国大型真菌 [M]. 郑州：河南科学技术出版社，2000：181.

假蜜环菌属 *Armillariella*（Karst.）Karst.

假蜜环菌 *Armillariella tabescens*（Scop. : Fr.）Sing.

俗　　名	榛蘑
药用部位	白蘑科假蜜环菌的子实体（入药称"亮菌"）。
原 植 物	子实体一般中等大。菌盖直径 2.8 ~ 8.5 cm，幼时扁半球形，后渐平展，有时边缘稍翻起，蜜黄色或黄褐色，老后锈褐色，往往中部色深并有纤毛状小鳞片，不黏，菌肉白色或带乳黄色。菌褶白色至污白色，或稍带暗肉粉色，近延生，稀疏。菌柄细长，长 2 ~ 13 cm，粗 0.3 ~ 0.9 cm，上部污白色，中部以下灰褐色至黑褐色，有时扭曲，具平行丝状纤毛，内部松软，变至空心，无菌环。孢子印近白色。孢子无色，光滑，宽椭圆形至近卵圆形，（7.5 ~ 10.0）μm×（5.3 ~ 7.5）μm。
生　　境	寄生于树干基部、根部或倒木上，群生或丛生。
分　　布	东北林区各地。华北、华东、西北、西南。朝鲜、蒙古、俄罗斯（西伯利亚中东部）。
采　　制	夏、秋季采收，除去杂质，晒干或烘干。
性味功效	味甘，性寒。有强筋健骨、祛风活络、清目益胆、利肠胃的功效。
主治用法	用于腰腿疼痛、佝偻病、夜盲症、咳嗽、胆囊炎、肝炎、中耳炎、阑尾炎等。水煎服。

▲假蜜环菌子实体

▼市场上的假蜜环菌子实体

用　量　煎剂：每次50 ml，每日3次。片剂：每次10片，每日3次。

◎参考文献◎

［1］江苏新医学院．中药大辞典（下册）[M]．上海：上海科学技术出版社，1977：1716．

［2］中国药材公司．中国中药资源志要[M]．北京：科学出版社，1994：36．

［3］卯晓岚．中国大型真菌[M]．郑州：河南科学技术出版社，2000：187．

蜜环菌属 *Armillaria*（Fr. : Fr.）Staude

蜜环菌 *Armillaria mellea*（Vahl）P. Kumm.

别 名	蜜色环蕈 根索蕈 栎蕈菌
俗 名	榛蘑
药用部位	白蘑科蜜环菌的子实体。

原 植 物 子实体一般中等大。菌盖直径4 ~ 14 cm，淡土黄色、蜂蜜色至浅黄褐色，老后棕褐色。菌肉白色。菌褶白色或稍带肉粉色，老后常出现暗褐色斑点，直生至延生，稍稀。菌柄细长，长5 ~ 13 cm，粗0.6 ~ 1.8 cm，圆柱形，稍弯曲，同菌盖色，有纵条纹和毛状小鳞片，纤维质，内菌柄的上部幼时常呈双层，松软，后期带奶油色。孢子印白色。孢子无色或稍带黄色，光滑，椭圆形或近卵圆形，（7.0 ~ 11.3）µm×（5.0 ~ 7.5）µm。

▲蜜环菌子实体

▲市场上的蜜环菌子实体

生　境　生于针叶或阔叶树等多种树干基部、根部或倒木上，群生或丛生。

分　布　东北林区各地。华北、华东、西北、西南。朝鲜、蒙古、俄罗斯（西伯利亚中东部）。

采　制　夏、秋季采收，除去杂质，晒干或烘干。

性味功效　味甘，性温。有舒筋活络、强筋壮骨的功效。

主治用法　用于腰腿疼痛、风湿性关节炎、佝偻病、夜盲症、羊痫疯、神经衰弱、高血压、冠心病、动脉血管硬化、眩晕综合征及皮肤干燥等。水煎服或研末。

用　量　50～100 g。

◎参考文献◎

[1] 江苏新医学院. 中药大辞典（下册）[M]. 上海：上海科学技术出版社，1977：2522.

[2] 严仲铠，李万林. 中国长白山药用植物彩色图志 [M]. 北京：人民卫生出版社，1997：32-33.

[3] 卵晓岚. 中国大型真菌 [M]. 郑州：河南科学技术出版社，2000：186.

▲高卢蜜环菌子实体

高卢蜜环菌 *Armillaria gallica* Maxim. & Romagn.

俗　　名 榛蘑

药用部位 白蘑科高卢蜜环菌的子实体。

原 植 物 子实体中等至较大。菌盖直径 3～8 cm，初期半球形至钟形，后期圆形。菌盖表面新鲜时为灰橘黄色至暗褐色，有橘黄色至暗褐色鳞片；鳞片尖端直立并反卷，菌盖表面干后为黄褐色至红褐色，无环带，粗糙。菌肉新鲜时乳白色，无环带，干后软木栓质。菌褶密，不等长，通常延生，质脆。菌柄有菌环，菌柄幼时基部膨大，成熟后多等粗，长 5～13 cm，粗 0.4～1.0 cm，近柱形，菌

▼高卢蜜环菌幼子实体

▲高卢蜜环菌子实体

▲市场上的高卢蜜环菌子实体

柄基部有时密布浅黄色纤毛。担孢子椭圆形。孢子无色，$(8.1 \sim 10.0)\,\mu\mathrm{m} \times (5.5 \sim 6.5)\,\mu\mathrm{m}$。

生　境　寄生于阔叶树活立木根部、倒木、腐木及伐桩上，群生稀单生。

分　布　东北林区各地。华北。朝鲜、俄罗斯（西伯利亚中东部）。

附　注　其采制、性味功效、主治用法及用量同蜜环菌。

◎参考文献◎

［1］戴玉成，图力古尔．中国东北野生食药用真菌图志［M］．北京：科学出版社，2006: 4-5.

▲ 奥氏蜜环菌子实体

奥氏蜜环菌 *Armillaria ostoyae* （Romagn.）Herink

别　　名	鳞盖蜜环菌
俗　　名	榛蘑
药用部位	白蘑科奥氏蜜环菌的子实体。
原 植 物	子实体中等至较大。菌盖直径 3 ~ 15 cm，

初期半球形至钟形，后变为凸镜形；成熟时圆形，平展；

▼ 市场上的奥氏蜜环菌子实体（干）

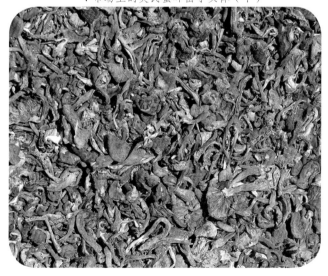

▲ 市场上的奥氏蜜环菌幼子实体（鲜）

菌盖表面新鲜时浅橙色、橙褐色、红褐色，有黑褐色鳞片；鳞片尖端直立并反卷，菌盖表面干后黄褐色至红褐色，无环带，粗糙。菌肉新鲜时乳白色。菌褶密，不等长，通常延生，质脆。菌柄

▲奥氏蜜环菌子实体

具有菌环，长 3 ~ 17 cm，粗 0.5 ~ 2.2 cm；菌柄幼时基部膨大，成熟后多等粗，纤维质；菌柄上有白色或浅黄色的绒毛状菌幕残留物，基部密布浅黄色纤毛。担孢子椭圆形。孢子无色，光滑，（8.0 ~ 10.8）μm ×（5.6 ~ 7.0）μm。

生　境	寄生于针、阔叶树活立木根部、倒木、腐木及伐桩上，群生稀单生。
分　布	东北林区各地。华北。朝鲜、俄罗斯（西伯利亚中东部）。
附　注	其采制、性味功效、主治用法及用量同蜜环菌。

◎参考文献◎

［1］戴玉成，图力古尔. 中国东北野生食药用真菌图志 [M]. 北京：科学出版社，2006: 6-7.

▲市场上的奥氏蜜环菌子实体（鲜）

▲奥氏蜜环菌幼子实体

▲ 奥氏蜜环菌幼子实体

▲吉林长白山国家级自然保护区高山苔原带夏季景观

▲ 野蘑菇子实体

蘑菇科 Agaricaceae

本科共收录2属、5种。

蘑菇属 *Agaricus* L.

野蘑菇 *Agaricus arvensis* Schaeff. ex Fr.

别　　名	四孢蘑菇
药用部位	蘑菇科野蘑菇的子实体。

原 植 物　子实体中等至大型。菌盖直径6～20 cm，初半球形，后扁半球形至平展，近白色，中部污白色，光滑，边缘常开裂，有时出现纵沟和细纤毛。菌肉白色，较厚。菌褶初期粉红色，后变褐色至黑褐色，离生，较密，不等长。菌柄长4～12 cm，粗1.5～3.0 cm，与菌盖同色，初期中部实心，后变空心，伤后不变色，有时基部略膨大。菌环双层，白色，膜质，稍后大，生于菌柄上部，易脱落。孢子褐色，光滑，椭圆形至卵圆形，（7.0～9.5）μm×（4.0～6.0）μm。褶缘囊体淡黄色，近纺锤形，较稀疏，（25.0～37.8）μm×（5.0～7.0）μm。

生　　境	生于草地、路旁及田野等处，单生及群生。
分　　布	黑龙江部分地区。河南、山西、陕西、云南、甘肃、青海、西藏。俄罗斯（西伯利亚中东部）。
采　　制	春、夏、秋三季采收，晒干或烘干。
性味功效	味咸，性温。有祛风散寒、舒筋活络的功效。
主治用法	用于风寒湿痹、腰腿疼痛、手足麻木等。水煎服。
用　　量	10～20 g。

◎参考文献◎

[1] 钱信忠. 中国本草彩色图鉴（第四卷）[M]. 北京：人民卫生出版社，2003：460-461.

[2] 中国药材公司. 中国中药资源志要 [M]. 北京：科学出版社，1994：41.

[3] 卯晓岚. 中国大型真菌 [M]. 郑州：河南科学技术出版社，2000：206.

双孢蘑菇 *Agaricus bisporus* （J. E. Lange）Imbach

别　　名　二孢蘑菇

俗　　名　蘑菇

药用部位　蘑菇科双孢蘑菇的子实体。

原 植 物　子实体中等大。菌盖宽 5 ~ 12 cm，初半球形，后平展，白色，光滑，略干渐变黄色，边缘初期内卷。菌肉白色，厚，伤后略变淡红色，具蘑菇特有的气味。菌褶初粉红色，后变褐色至黑褐色，密，窄，离生，不等长。菌柄长 4.5 ~ 9.0 cm，粗 1.5 ~ 3.5 cm，白色，光滑，具丝光，近圆柱形，内部松软或中实。菌环单层，白色，膜质，生于菌柄中部，易脱落。孢子褐色，光滑，多生 2 担子，罕生 1 担孢子，椭圆形，（6.0 ~ 8.5）μ m×（5.0 ~ 6.0）μ m。

生　　境　生于林地、草地、路旁及田野等处，单生及群生。

分　　布　东北地区各地。全国绝大部分地区。朝鲜、俄罗斯（西伯利亚中东部）。

采　　制　春、夏、秋三季采收，晒干或烘干。

性味功效　味甘，性平。有消食和胃、养心安神的功效。

主治用法　用于消化不良、心烦、失眠、原发性高血压、心慌、心悸、神经衰弱、传染性肝炎、乳汁不足等。水煎服。

用　　量　3 ~ 9 g。

附　　方

（1）治消化不良：每日食双孢蘑菇新鲜子实体 150 ~ 240 g，炒、煮食均可。

（2）治高血压：每日食双孢蘑菇新鲜子实体 180 ~ 300 g，炒、煮食均可，分两次服用。

（3）治乳汁不足：每日食双孢蘑菇新鲜子实体 100 ~ 200 g，炒、煮食均可。

◎ 参考文献 ◎

[1] 钱信忠. 中国本草彩色图鉴（第五卷）[M]. 北京：人民卫生出版社，2003：537-538.

[2] 朱有昌. 东北药用植物 [M]. 哈尔滨：黑龙江科学技术出版社，1989：1249.

[3] 卯晓岚. 中国大型真菌 [M]. 郑州：河南科学技术出版社，2000：207.

▲ 蘑菇子实体

蘑菇 *Agaricus campestris* L.: Fr.

别　　名	四孢蘑菇
药用部位	蘑菇科蘑菇的子实体（入药称"四孢蘑菇"）。
原 植 物	子实体中等至稍大。菌盖直径3～13 cm，初扁半球形，后近平展，有时中部下凹，白色至乳白色，光滑，后期具丛毛状鳞片，干燥时边缘开裂。菌肉白色，厚。菌褶初粉红色，后变褐色至黑褐色，离生，较密，不等长。菌柄较短粗，长1～9 cm，粗0.5～2.0 cm，圆柱形，有时稍弯曲，白色，近光滑或略有纤毛，中实。菌环单层，白色膜质，生于菌株中部，易脱落。孢子褐色，光滑，椭圆形至广椭圆形，（6.5～10.0）μm×（5.0～6.5）μm。
生　　境	生于草地、路旁、田野、堆肥场及林间空地等处，单生及群生。
分　　布	东北地区各地。华北、西北、西南。朝鲜、蒙古、俄罗斯（西伯利亚中东部）。
采　　制	春、夏、秋三季采收，晒干或烘干。
性味功效	味甘，性凉。有化痰、理气、益肠胃的功效。
主治用法	用于脚气病、食欲不振、消化不良、乏力、贫血、乳汁稀少、牙龈出血、毛细血管破裂出血等。水煎服。
用　　量	100～150 g。

◎参考文献◎

［1］江苏新医学院. 中药大辞典（下册）[M]. 上海：上海科学技术出版社，1977：2712-2713.

［2］钱信忠. 中国本草彩色图鉴（第二卷）[M]. 北京：人民卫生出版社，2003：162-163.

［3］严仲铠，李万林. 中国长白山药用植物彩色图志[M]. 北京：人民卫生出版社，1997：43-44.

▲双环林地蘑菇子实体

双环林地蘑菇 *Agaricus placomyces* Peck

别　　名　双环蘑菇　双环白林地菇　双环菇

药用部位　蘑菇科双环林地蘑菇的子实体。

原 植 物　子实体中等至稍大。菌盖直径 3 ~ 14 cm，初期扁半球形，后平展，近白色，中部淡褐色至灰褐色，覆有纤毛组成的褐色鳞片，边缘有时纵裂或有不明显的纵沟。菌肉白色，较薄，具有双孢蘑菇气味。菌褶初期近白色，很快变为粉红色，后呈褐色，离生，稠密，不等长。菌柄长 4 ~ 10 cm，粗 0.4 ~ 1.5 cm，白色，光滑，内部松软，后变中空，基部稍膨大，伤后变淡黄色，后恢复原状。菌环白色，后渐变为淡黄色，膜质，边缘呈双层，表面光滑，下面略呈海绵状，生于菌柄中上部，干后有时直立在菌柄上，易脱落。孢子褐色，光滑，椭圆形至广椭圆形，（5.0 ~ 6.5）μm×（3.5 ~ 5.0）μm。褶缘囊体无色至淡黄色，棒状。

生　　境　生于杨、柳树根旁，群生或丛生。

分　　布　东北林区各地。河北、山西、山东、甘肃、陕西、四川、云南、湖南、广东、广西、西藏、贵州、台湾、香港、福建、浙江、江苏。朝鲜、蒙古、俄罗斯（西伯利亚中东部）。

采　　制　秋季采收，晒干或烘干。

▼双环林地蘑菇子实体

性味功效　有化痰、理气、益肠胃的功效。

主治用法　用于脚气病、食欲不振、消化不良、乏力等。水煎服。

用　　量　适量。

◎参考文献◎

[1] 江纪武. 药用植物辞典 [M]. 天津：天津科学技术出版社，2005：25.

[2] 卯晓岚. 中国大型真菌 [M]. 郑州：河南科学技术出版社，2000：216.

▲金盖鳞伞子实体

鳞伞属 *Phaeolepiota* Maire ex Konrad & Maubl

金盖鳞伞 *Phaeolepiota aurea* （Matt.）Maire

药用部位 蘑菇科金盖鳞伞的子实体。

原植物 子实体中等至大型，黄色。菌盖直径 5 ~ 15 cm，初期半球形、扁半球形，后期较平展，中部凸起或有褶，金黄、橘黄色，密布粉粒状颗粒，老后边缘有不明显条纹。菌肉白色带黄色，厚。菌褶初期白色带黄色，后变黄褐色，直生，较密，不等长，褶皱状或有小锯齿。菌柄细长，长 5 ~ 15 cm，粗 1.5 ~ 3.0 cm，圆柱形，基部膨大，有橘黄至黄褐色纵向排列的颗粒状鳞片。菌环膜质，大，上表面光滑，近白色，下表面有颗粒并同菌柄连在一起，不易脱落。孢子长纺锤形，（11 ~ 14）μm×（4 ~ 6）μm。

生　境 生于针叶林或阔叶混交林中地上，散生或群生，有时近丛生。

分　布 吉林长白、抚松、安图等地。福建、甘肃、陕西、西藏。朝鲜、俄罗斯（西伯利亚中东部）。

采　制 夏、秋季采收，除去杂质，晒干或烘干。

性味功效 抗癌。

用　量 适量。

▲金盖鳞伞子实体

◎ 参考文献 ◎

［1］卯晓岚. 中国大型真菌 [M]. 郑州：河南科学技术出版社，2000：204.

▲金盖鳞伞子实体

▲吉林省汪清县春化镇兰家大峡谷地下森林秋季景观

▲ 墨汁鬼伞子实体

▼ 墨汁鬼伞子实体

鬼伞科 Coprinaceae

本科共收录 1 属、5 种。

鬼伞属 Coprinus Pers. ex Gray

墨汁鬼伞 *Coprinus atramentarius*（Bull.）Fr.

俗　　名 柳树蘑 柳树钻 柳树鹅 柳蘑 雷窝子 鸡腿蘑

药用部位 鬼伞科墨汁鬼伞的子实体（入药称"鬼盖"）。

原 植 物 子实体小或中等大。菌盖直径 4 cm 或更大些，初期卵形至钟形，当开伞时一般开始液化，流出墨汁状汁液；未开伞前顶端钝圆，有灰褐色鳞片，边缘灰白色，具有条沟棱，似花瓣状。菌肉初期白色，后变灰白色。菌褶开始灰白色至灰粉色，最后成汁液，离生，很密，相互拥挤，不等长。菌柄长 5 ～ 15 cm，粗 1.0 ～ 2.2 cm，向下渐粗，环以下又渐变细，污白色，表面光滑，内部空心。孢子黑褐色，光滑，椭圆形至宽椭圆形，多而细长，（7 ～

▲墨汁鬼伞子实体

10）μm×（5～6）μm。

生　境	生于杨、柳树根旁，树干基部及附近地上，群生或丛生。
分　布	东北地区各地。华北、西北、西南。朝鲜、蒙古、俄罗斯（西伯利亚中东部）。
采　制	春、夏、秋三季采收，除去泥土，洗净，鲜用。
性味功效	味甘，性平。有益肠胃、理气、化痰、解毒、消肿的功效。
主治用法	用于小儿癫痫、消化不良、无名肿毒、恶疮等。水煎服或煮食。外用研末加醋调敷。
用　量	30 g。外用适量。
附　注	

（1）此菌具有速腐性，采集后应立即药用，不能存放。

（2）此菌与白酒、啤酒或小米饭同吃会引起中毒，主要表现为精神不安、心跳加快、耳鸣、发冷、四肢麻木、脸色苍白等。

▼市场上的墨汁鬼伞子实体

◎参考文献◎

[1] 钱信忠. 中国本草彩色图鉴（第五卷）[M]. 北京：人民卫生出版社，2003：461-462.

[2] 江苏新医学院. 中药大辞典（下册）[M]. 上海：上海科学技术出版社，1977：1692-1693.

[3] 严仲铠，李万林. 中国长白山药用植物彩色图志 [M]. 北京：人民卫生出版社，1997：44-45.

▲毛头鬼伞子实体　　▼毛头鬼伞子实体

毛头鬼伞 *Coprinus comatus*（O. F. Müll.）Pers.

药用部位　鬼伞科毛头鬼伞的子实体。

原植物　子实体较大。菌盖直径 3～5 cm，高达 9～11 cm，圆柱形。当开伞后菌褶边缘很快化成墨汁状液体，表面褐色至深褐色，并随着菌盖长大而断裂成较大型鳞片。菌肉白色。菌柄较细长，长 7～25 cm，粗 1～2 cm，圆柱形，向下渐粗，白色。孢子光滑，椭圆形，（12.5～16.0）μm×（7.5～9.0）μm。囊体无色，棒状，顶部钝圆。

生　境　生于田野、林缘、道旁及住宅附近的地上，群生或丛生。

分　布　东北地区各地。华北、西北、西南。朝鲜、蒙古、俄罗斯（西伯利亚中东部）。

采　制　夏、秋季采收，除去杂质，鲜用。

性味功效　味甘，性平。有提神、益胃、消食、化痔的功效。

主治用法　用于胃痛、食少纳呆、消化不良、痔疮、头晕、头沉等。水煎服。

用　量　30 g。

▲毛头鬼伞子实体

▼市场上的毛头鬼伞子实体

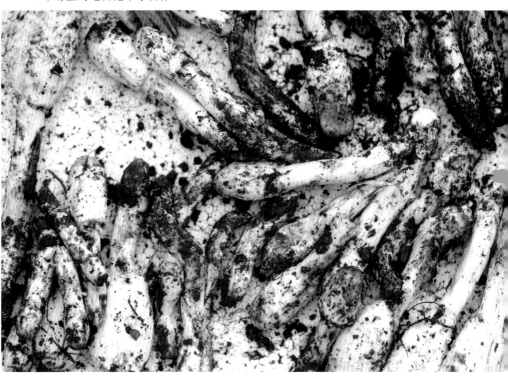

◎参考文献◎

[1] 严仲铠，李万林.中
国长白山药用植物彩
色图志 [M].北京：
人民卫生出版社，
1997：45-46.

[2] 中国药材公司.中国
中药资源志要 [M].
北京：科学出版社，
1994：42.

[3] 卯晓岚.中国大型真
菌 [M].郑州：河南
科学技术出版社，
2000：226.

▲ 晶粒鬼伞子实体

晶粒鬼伞 *Coprinus micaceus*（Bull.）Fr.

药用部位　鬼伞科晶粒鬼伞的子实体。

原 植 物　子实体小。菌盖直径 2 ~ 4 cm 或稍大，初期卵圆形、钟形、斗笠形，污黄色至黄褐色，表面有白色颗粒状晶体，中部红褐色，边缘有显著的条纹或棱纹，后期平展而反卷，有时瓣裂。菌肉白色，薄。菌褶初期黄白色，后变黑色而与菌盖同时化为墨汁状，离生，密，窄，不等长。菌柄长 2 ~ 11 cm，粗 0.3 ~ 0.5 cm，圆柱形，白色，具丝光，较韧，中空。孢子印黑色。孢子光滑，卵圆形至椭圆形，（7.0 ~ 10.0）μm×（5.0 ~ 5.5）μm。褶侧和褶缘囊体无色，透明，短圆柱形，有时呈卵圆形。

▼ 晶粒鬼伞子实体

生　　境　寄生于阔叶林中树根部地上，群生或丛生。

分　　布　东北地区各地。华北、西北、西南。朝鲜、蒙古、俄罗斯（西伯利亚中东部）。

采　　制　夏、秋季采收，除去杂质，鲜用。

性味功效　抗癌。

用　　量　适量。

◎参考文献◎

[1] 中国药材公司.中国中药资源志要 [M].北京：科学出版社，1994：42.

[2] 江纪武.药用植物辞典 [M].天津：天津科学技术出版社，2005：205.

[3] 卯晓岚.中国大型真菌 [M].郑州：河南科学技术出版社，2000：227.

▲晶粒鬼伞子实体

▲绒白鬼伞子实体

绒白鬼伞 *Coprinus lagopus* Fr.

别　　名	白绒鬼伞
药用部位	鬼伞科绒白鬼伞的子实体。

原 植 物　子实体细弱，较小。菌盖初期圆锥形至钟形，后渐平展，薄，直径 2.5 ~ 4.0 cm，初期有白色绒毛，后渐脱落，变为灰色，并有放射状棱纹达菌盖顶部，边缘最后反卷。菌肉白色，膜质。菌褶白色、灰白色至黑色，离生，狭窄，不等长。菌柄细长，白色，长可达 10 cm，粗 0.3 ~ 0.5 cm，质脆，有易脱落的白色绒毛状鳞片，柄中空。孢子椭圆形，黑色，光滑，（9.0 ~ 12.5）μm×（6.0 ~ 9.0）μm。褶侧囊体大，袋状。

生　　境	生于肥土或林地上。
分　　布	东北地区各地。全国绝大部分地区。朝鲜、俄罗斯（西伯利亚中东部）。
采　　制	夏、秋季采收，除去杂质，鲜用。
性味功效	抗癌。
用　　量	适量。

◎ 参考文献 ◎

［1］卯晓岚. 中国大型真菌 [M]. 郑州：河南科学技术出版社，2000：226.

▲ 褶纹鬼伞子实体

褶纹鬼伞 *Coprinus plicatilis*（Curtis）Fr.

药用部位 鬼伞科褶纹鬼伞的子实体。

原 植 物 子实体小。菌盖直径 0.8 ~ 2.5 cm，初期扁半球形，后平展，中部扁平，膜质，褐色，浅棕灰色，中部近栗色，有明显的辐射状长条棱，光滑。菌肉白色，很薄。菌褶较稀，狭窄，生于柄顶端，呈明显的离生。菌柄长 3.0 ~ 7.5 cm，粗 2 ~ 3 mm，圆柱形，白色，中空，表面有光泽，脆，基部稍膨大。孢子宽卵圆形，光滑，黑色，（8 ~ 13）μm ×（6 ~ 10）μm。褶侧和褶缘有囊体。

生　　境 生于林中地上，单生或群生。

分　　布 东北地区各地。甘肃、江苏、山西、四川、西藏、香港。朝鲜、俄罗斯（西伯利亚中东部）。

采　　制 夏、秋季采收，除去杂质，鲜用。

性味功效 有祛痰理气、消肿解毒、益肠胃的功效。

主治用法 用于疔毒痈疖、消化不良等。水煎服。

用　　量 适量。

◎ 参考文献 ◎

[1] 江纪武. 药用植物辞典 [M]. 天津：天津科学技术出版社，2005：205.

[2] 卯晓岚. 中国大型真菌 [M]. 郑州：河南科学技术出版社，2000：229.

▲黑龙江呼中国家级自然保护区森林秋季景观

▲田头菇子实体

粪锈伞科 Bolbitiaceae

本科共收录 1 属、1 种。

田头菇属 *Agrocybe* Fayod

田头菇 *Agrocybe praecox*（Pers. : Fr.）Fayod

别　　名 白环锈伞

药用部位 粪锈伞科田头菇的子实体。

原 植 物 子实体一般稍小。菌盖直径 2 ~ 8 cm，扁半球形，后渐平展，乳白色至淡黄色，边缘平滑，初期内卷，常有菌幕残片，稍黏，有时干后龟裂。菌肉白色、较厚。菌褶直生或近弯生，锈褐色，不等长。菌柄长 3.5 ~ 8.5 cm，粗 0.3 ~ 1.0 cm，白色，后变污白色，圆柱形，有粉末状鳞片，基部稍膨大，并具有白色绒毛。菌环生于柄之上部，白色，膜质，易脱落。孢子印暗褐色。孢子锈色，平滑，椭圆形，往往一端平截，（10.0 ~ 15.0）μm ×（6.5 ~ 8.0）μm。褶缘囊体较少，无色，棒形或顶端稍细，（10 ~ 55）μm ×（10 ~ 13）μm。褶侧囊体纺锤状，（45.0 ~ 66.5）μm ×（15.0 ~ 17.0）μm。

生　　境 生于田野、山坡及草地上，散生或群生至近丛生。

分　　布 东北地区各地。河北、山西、甘肃、江苏、陕西、湖南、广东、四川、青海、新疆、西藏。朝鲜、俄罗斯（西伯利亚中东部）。

采　　制 夏、秋季采收，除去杂质，鲜用。

性味功效 抗癌。

用　　量 适量。

◎ 参考文献 ◎

[1] 中国药材公司 . 中国中药资源志要 [M]. 北京：科学出版社，1994：42.

[2] 江纪武 . 药用植物辞典 [M]. 天津：天津科学技术出版社，2005：27.

[3] 卯晓岚 . 中国大型真菌 [M]. 郑州：河南科学技术出版社，2000：243.

▲内蒙古自治区满归林业局1409摄影基地森林秋季景观

▲ 簇生黄韧伞子实体（侧）

球盖菇科 Strophariaceae

本科共收录 3 属、8 种。

韧伞属 *Naematoloma* Karst.

簇生黄韧伞 *Naematoloma fasciculare*（Huds.）P. Karst.

药用部位　球盖菇科簇生黄韧伞子实体

原植物　子实体小或较小，黄色。菌盖直径 3 ~ 5 cm，初期半球形，开伞后平展，表面硫黄色或米黄色，中部锈褐色至红褐色。菌褶青褐色，直生至弯生，密，不等长。菌环呈蛛网状。菌柄长可达 12 cm，粗可达 1 cm，黄色，下部褐黄色，纤维质，表面附纤毛，内部实心至松软。孢子淡紫褐色，光滑，椭圆形至卵圆形，（6 ~ 9）μm×（4 ~ 5）μm。褶侧和褶缘囊体金黄色，顶端较细，往往有金黄色内含物。

生 境	寄生于腐木桩旁，群生或簇生。

分　布　黑龙江林区各地。吉林林区各地。河北、江苏、安徽、山西、台湾、香港、广东、广西、湖南、河南、四川、云南、西藏、青海、甘肃、陕西。朝鲜、俄罗斯（西伯利亚中东部）、蒙古。

采　制　夏、秋季采收，除去杂质，鲜用。

性味功效　抗癌。

用　量　适量。

附　注　子实体有毒。误食后不久发病，主要症状为恶心、呕吐、腹泻等，严重者会死亡。

◎参考文献◎

[1] 江纪武. 药用植物辞典 [M]. 天津：天津科学技术出版社，2005：537.
[2] 卯晓岚. 中国大型真菌 [M]. 郑州：河南科学技术出版社，2000：246.

▼簇生黄韧伞子实体

▲ 砖红韧伞子实体

砖红韧伞 *Naematoloma sublateritium* （Fr.）Karst.

别　　名	砖红黑韧伞　亚砖红沿丝伞

药用部位　球盖菇科砖红韧伞子实体。

原 植 物　子实体一般中等大。菌盖直径 5 ～ 15 cm，扁半球形，后渐平展，中部深肉桂色至暗红褐色，或近砖红色，有时具裂缝，边缘色渐淡，呈米黄色，光滑，不黏。菌肉污白色至淡黄色，较厚。菌褶初暗黄色、烟色、紫灰色、青褐色至栗褐色，较密，宽，直生至近延生，不等长。菌柄长 5 ～ 13 cm，粗 0.5 ～ 1.2 cm，圆柱形，深肉桂色至暗红褐色，上部色较浅，具纤毛状鳞片，质地较坚硬。孢子印暗褐色。孢子褐色，卵圆形至椭圆形，光滑，（6.5 ～ 8.0）μm ×（4.5 ～ 5.5）μm。囊体淡黄色，棒状至纺锤形，顶端有乳头状突起，稀疏，（31.6 ～ 47.4）μm ×（7.9 ～ 9.5μ）μm。褶缘囊体淡黄色，棒状，顶端有时有乳头突起，丛生，（18.9 ～ 23.7）μm ×（3.5 ～ 6.5）μm。

生　　境　寄生于混交林及桦树木桩上，丛生。

分　　布　吉林长白山各地。山西、台湾、陕西、青海、云南、新疆、西藏、湖南、江西。朝鲜、俄罗斯（西伯利亚中东部）、蒙古。

采　　制　秋季采收，除去杂质，鲜用。

性味功效　抗癌。

用　　量　适量。

◎参考文献◎

[1] 江纪武. 药用植物辞典 [M]. 天津：天津科学技术出版社，2005：537.

[2] 卯晓岚. 中国大型真菌 [M]. 郑州：河南科学技术出版社，2000：247.

▲毛柄库恩菌子实体

库恩菌属 *Kuehneromyces* Singer & A. H. Sm.

毛柄库恩菌 *Kuehneromyces mutabilis*（Schaeff.）Singer & A. H. Sm.

别　　名　库恩菇　毛柄鳞伞　毛柄环绣伞

药用部位　球盖菇科毛柄库恩菌的子实体。

原 植 物　子实体一般较小。菌盖直径2.5～6.0 cm，扁半球形、凸形，后渐扁平，肉桂色，干后呈深蛋壳色，湿时呈半透明状，光滑，边缘在湿润状态下有透明线条。菌肉白色或带褐色。菌褶初期近白色，后呈锈褐色，直生或稍下延，稍密，薄，宽。菌柄长3～7 cm，粗0.5～0.8 cm，上下同粗，色与盖相似，上部色较浅，下部色较深，内部松软，后变中空。菌环以下部分有鳞片，菌环与菌柄同色，膜质，生于菌柄之上部，易脱落。孢子淡锈色，平滑，椭圆形或卵形，（6～8）μm×（4～5）μm，有时有一两个油滴。褶缘囊体无色，有时顶端稍细，棒形或圆柱形，（20～35）μm×（6～8）μm。

生　　境　寄生于阔叶树木桩或倒木上，丛生。

▲毛柄库恩菌子实体

▼毛柄库恩菌子实体

分　　布　吉林长白山各地。青海、西藏、云南。朝鲜、俄罗斯（西伯利亚中东部）。

采　　制　夏、秋季采收，除去杂质，鲜用。

性味功效　抗癌。

用　　量　适量。

◎参考文献◎

[1] 卯晓岚. 中国大型真菌[M]. 郑州：河南科学技术出版社，2000：247.

环锈伞属 *Pholiota* （Fr.）P. Kumm.

黄伞 *Pholiota adiposa* （Batsch）P. Kumm.

别　　名	多脂鳞伞
俗　　名	刺儿蘑　柳蘑
药用部位	球盖菇科黄伞的子实体。
原 植 物	子实体一般中等大。菌盖

3 ~ 12 cm，初扁半球形，边缘常内卷，后渐平展，谷黄色、污黄色至黄褐色，很黏，有近平伏的褐色鳞片，中央较密。菌肉白色或淡黄色。菌褶黄色至锈褐色，直生或近弯生，稍密、不等长。菌柄长5 ~ 15 cm，粗0.5 ~ 3.0 cm，圆柱形，与盖同色，有反卷的褐色鳞片，黏或稍黏，基部长弯曲，纤维质，内实。菌环淡黄色，膜质，生于菌柄之上部，易脱落。孢子锈色，平滑，椭圆形或长椭圆形，（7.5 ~ 9.5）μm×（5.0 ~ 6.3）μm。褶侧囊体无色或

▼ 黄伞子实体

▲黄伞子实体

淡褐色，棒状。

生　　境　寄生于杨、柳及桦等阔叶树和针叶树的树干上，单生或丛生。

分　　布　东北林区各地。全国绝大部分地区。朝鲜、俄罗斯（西伯利亚中东部）。

采　　制　夏、秋季采收，除去杂质，鲜用。

性味功效　抗癌。

用　　量　适量。

◎参考文献◎

[1] 严仲铠，李万林. 中国长白山药用植物彩色图志 [M]. 北京：人民卫生出版社，1997：46.

[2] 江纪武. 药用植物辞典 [M]. 天津：天津科学技术出版社，2005：595.

[3] 卯晓岚. 中国大型真菌 [M]. 郑州：河南科学技术出版社，2000：248.

▲ 黏盖环锈伞子实体（侧）

黏盖环锈伞 *Pholiota lubrica* （Pers.）Singer

▲ 黏盖环锈伞子实体

别　　名　黏皮鳞伞

药用部位　球盖菇科黏盖环锈伞的子实体。

原 植 物　子实体小至中等。菌盖直径 3 ~ 7 cm，初期扁半
球形，后渐平展，中部突起，表面黏或很黏，土黄色，中部
红褐色，鳞片少，边缘色浅且无细条纹。菌肉污白色，近表皮下带黄色，中部厚而边缘薄，韧。菌褶初
期色浅，近白色，后变赭色，褶缘色浅，直生至弯生，密，不等长。菌柄长 8 ~ 10 cm，粗 0.5 ~ 1.2 cm，
近圆柱形，向下渐粗，基部膨大，表面具纤毛，内实。菌环污白色，丝膜状，易消失，生于菌柄上部。
孢子印锈色。孢子淡黄褐色，光滑，椭圆形，（6.3 ~ 7.0）μm。褶侧囊体带褐色，多披针形，（3.8 ~
6.1）μm×（8.9 ~ 12.7）μm。

生　　境　生于针阔混交林地上，散生或群生。

分　　布　吉林长白山各地。青海、西藏。朝鲜、俄罗斯（西伯利亚中东部）。

采　　制　夏、秋季采收，除去杂质，鲜用。

性味功效　抗癌。

用　　量　适量。

◎参考文献◎

[1] 江纪武. 药用植物辞典 [M]. 天津：天津科学技术出版社，2005：595.

[2] 卯晓岚. 中国大型真菌 [M]. 郑州：河南科学技术出版社，2000：251.

▲ 黄褐环锈伞子实体

▲ 黄褐环锈伞子实体

黄褐环锈伞 *Pholiota spumosa* （Fr.）Sing.

别　　名	黄黏锈伞　黄黏皮伞　泡状火菇
俗　　名	刺儿蘑
药用部位	球盖菇科黄褐环锈伞的子实体。

原 植 物　子实体一般较小。菌盖直径 2.5 ~ 7.5 cm，扁半球形至稍平展，湿润时黏，黄色，中部黄褐色，较密，不等长。菌褶浅黄色至黄褐色。菌柄稍细长，长 4 ~ 8 cm，粗 0.3 ~ 0.6 cm，上部黄白色而下部带褐色，内部空心。孢子带黄色，光滑，椭圆形，（6 ~ 8）μm×（4 ~ 5）μm。褶侧囊体近瓶状，（35 ~ 48）μm×（8 ~ 14）μm。

生　　境　生于林中地上及腐木上，成丛生长。

分　　布　黑龙江林区各地。吉林林区各地。山西、青海、福建、四川、云南、西藏。朝鲜、俄罗斯（西伯利亚中东部）。

采　　制　夏、秋季采收，除去杂质，鲜用。

性味功效　抗癌。

用　　量　适量。

◎参考文献◎

[1] 卯晓岚. 中国大型真菌 [M]. 郑州：河南科学技术出版社，2000：252.

▲黄褐环锈伞子实体

▲尖鳞环锈伞子实体

▲市场上的尖鳞环锈伞子实体

尖鳞环锈伞 *Pholiota squarrosoides* （Peck）Sacc.

别　　名　尖鳞伞　翅鳞伞
俗　　名　刺儿蘑
药用部位　球盖菇科尖鳞环锈伞的子实体。
原 植 物　子实体较小至中等大。菌盖直径3～12 cm，半球形至扁半球形，最后扁平，有时中部稍凸，表面干燥，黄褐色或土褐色带粉红色，鳞片角锥状、刺状、色较深，中部多易脱落，盖缘幼时内卷，往往附着菌环（菌幕）残片。菌肉白色，后带乳黄色。菌褶边缘细锯齿状，不等长。菌柄长3～12 cm，粗0.8～1.5 cm，近圆柱形，向基部膨大。菌环以上白色，以下具有类似盖色的颗粒状鳞片，易脱落，内部松软至变空心。菌环膜质，上面白色，下面带褐色，易碎破消失。孢子印白色。孢子无色，光滑，椭圆形，（7.3～8.1）μm×（2.3～3.0）μm。

褶侧囊体棒状，无色或浅褐色，（20～50）μm×（8～12）μm。
生　　境　生于杨、柳及桦等阔叶树的树桩上和云杉、冷杉、红松及混交林地上，散生或群生。
分　　布　黑龙江林区各地。吉林林区各地。安徽、西藏、台湾、云南。朝鲜、俄罗斯（西伯利亚中东部）。
采　　制　夏、秋季采收，除去杂质，鲜用。

▲尖鳞环锈伞子实体（侧）

性味功效 抗癌。

用　量 适量。

◎参考文献◎

［1］卯晓岚. 中国大型真菌［M］. 郑州：河南科学技术出版社，2000：252.

▲土生环锈伞子实体

▲市场上的土生环锈伞子实体

土生环锈伞 *Pholiota terrestris* Overh.

别　　名	地鳞伞
俗　　名	刺儿蘑
药用部位	球盖菇科土生环锈伞的子实体。
原 植 物	子实体小。菌盖直径 3 ~ 6 cm，扁球形至近平展，表面淡黄褐色，褐色至暗褐色。菌肉带黄色。

菌褶淡黄色至黄褐色，直生，密，不等长。菌柄长 3.5 ~ 7.0 cm，粗 0.3 ~ 0.8 cm，色较盖色浅，中上部被绵毛状鳞片，且有菌环，下部似条纹或纤毛状鳞片，内部松软至空心。褶侧囊体黄色，金黄至锈黄色，近棒状，纺锤状，（38.0 ~ 40.0）μm×（7.6 ~ 10.2）μm。孢子带黄色，光滑，壁厚，椭圆形至近卵圆形，（5 ~ 7）μm×（3 ~ 4）μm。

生　　境	生于林中地上或草地上。丛生或群生。
分　　布	黑龙江林区各地。吉林林区各地。西藏。朝鲜、俄罗斯（西伯利亚中东部）。
附　　注	其他同尖鳞环锈伞。

▲土生环锈伞子实体

◎参考文献◎

[1] 卯晓岚. 中国大型真菌 [M]. 郑州：河南科学技术出版社，2000：253.

▲土生环锈伞子实体

▲黑龙江省黑河市爱辉区泉山林场森林秋季景观

丝膜菌科 Cortinariaceae

本科共收录 2 属、2 种。

罗鳞伞属 *Rozites* P. Karst.

皱盖罗鳞伞 *Rozites caperatus* （Pers.）P. Karst.

别　　名　皱皮环锈伞　皱皮环柄菇

药用部位　丝膜菌科皱盖罗鳞伞的子实体。

原 植 物　子实体中等至稍大。菌盖直径 5 ~ 12 cm，初期半球形或扁半球形，后中央凸起，伸展后呈扁平，褐黄色或土黄色，无毛或有外菌幕粉末状残物，有显著的皱纹或凹凸不平。菌肉白色，中部厚。菌褶直生或弯生，稍密，宽，近白色，后呈锈色，常具有色较深或较浅的横带。菌柄近白色或带淡黄色，粗壮，近圆柱形，内实，长 7 ~ 12 cm，粗 1 ~ 2 cm，基部有外菌幕残痕。菌环白色或黄白色，膜质，生于柄之中部或较上部。 孢子印锈褐色。孢子淡锈色，椭圆形，有小疣，（11.0 ~ 14.6）μm×（7.0 ~ 8.0）μm。褶缘囊体无色，近棒状，但顶端稍尖细，（30 ~ 37）μm×（9 ~ 12）μm。

生　　境　生于林中地上，单生、散生或群生。

▲皱盖罗鳞伞子实体

分　布　东北林区各地。江苏、西藏、四川、青海、云南。朝鲜、俄罗斯（西伯利亚中东部）。

采　制　夏、秋季采收，除去杂质，鲜用。

性味功效　抗癌。

用　量　适量。

◎ 参考文献 ◎

［1］戴玉成，图力古尔.中国东北野生食药用真菌图志[M].北京：科学出版社，2006：193-194.

［2］卯晓岚.中国大型真菌[M].郑州：河南科学技术出版社，2000：272.

▲ 橘黄裸伞子实体

裸伞属 *Gymnopilus* Karst.

橘黄裸伞 *Gymnopilus spectabilis* （Weinm.）A. H.

药用部位　丝膜菌科橘黄裸伞的子实体。

原　植　物　子实体中等大，菌盖直径 3.0 ~ 8.3 cm，初期半球形，后近平展，橙黄色至橘红色，中部有红色细鳞片，边缘光滑。菌肉黄色，味苦。菌褶黄色，后变锈色，稍密。菌柄长 3 ~ 10 cm，粗 0.4 ~ 1.0 cm，近柱形，较盖色浅，具毛状鳞片，内部实心，基部稍膨大。菌环膜质，生于菌柄之靠顶部。孢子印锈色。孢子浅锈褐色，具麻点，椭圆或宽椭圆形，（6.0 ~ 8.0）μm×（4.5 ~ 5.5）μm。褶缘囊体瓶状，（20 ~ 25）μm×（6 ~ 10）μm。

生　　境　生于阔叶树或针叶树腐木上，群生或丛生。

分　　布　黑龙江林区各地。吉林林区各地。广西、云南、福建、云南、海南、西藏。朝鲜、俄罗斯（西伯利亚中东部）、蒙古。

采　　制　夏、秋季采收，除去杂质，鲜用。

性味功效　抗癌。

用　　量　适量。

附　　注　子实体有毒。误食后如同醉酒一样，手舞足蹈，活动不稳，狂笑或意识障碍，谵语或产生幻觉，感到房屋变小，东倒西歪，视力不清，头晕眼花。

◎ 参考文献 ◎

[1] 江纪武. 药用植物辞典 [M]. 天津：天津科学技术出版社，2005：371.

[2] 戴玉成，图力古尔. 中国东北野生食药用真菌图志 [M]. 北京：科学出版社，2006：76-77.

[3] 卯晓岚. 中国大型真菌 [M]. 郑州：河南科学技术出版社，2000：279.

▲ 橘黄裸伞子实体

▲吉林长白山国家级自然保护区高山苔原带夏季景观

粉褶菌科 Rhodophyllaceae

本科共收录 1 属、3 种。

粉褶菌属 *Rhodophyllus* Quél.

斜盖粉褶菌 *Rhodophyllus abortivus*（Berk. & Curt.）Sing.

药用部位　粉褶菌科斜盖粉褶菌的子实体。

原植物　子实体中等至稍大。菌盖直径 3.0 ~ 9.5 cm，扁球形至近平展，往往偏斜，中部稍下凹，污白色或灰白色，有时变至淡黄褐色，光滑，边缘平滑。菌肉白色。菌褶开始近白色，后变粉红色，延生，稍密，不等长。菌柄长 3 ~ 8 cm，粗 0.5 ~ 1.5 cm，近柱形，淡灰色，基部白色，内实，纤维质，有纵纹。孢子印粉红色。孢子无色，光滑，长椭圆状，多角形，（7.5 ~ 10.5）μm ×（5.0 ~ 6.3）μm。

生　境　生于林地上，丛生、群生或单生。

分　布　吉林长白山各地。河北、四川、陕西、河南。朝鲜、俄罗斯（西伯利亚中东部）。

采　制　夏、秋季采收，除去杂质，鲜用。

性味功效　抗癌。

用　量　适量。

▲斜盖粉褶菌子实体

◎参考文献◎

[1] 卯晓岚. 中国大型真菌 [M]. 郑州: 河南科学技术出版社, 2000: 289.

▲市场上的斜盖粉褶菌子实体（畸形）

▲臭粉褶菌子实体

臭粉褶菌 *Rhodophyllus nidorosus*（Fr.）Quél.

别　　名　臭赤褶菇
药用部位　粉褶菌科臭粉褶菌的子实体。
原 植 物　子实体中等大。菌盖直径3～7 cm，污白色、黄褐色至带灰色，湿时水浸状，边缘呈现轻微条纹，开伞后边缘上拱而中部凸起，表皮易剥离。菌肉白色，具强烈的难闻气味。菌褶粉色，直生至近离生，不等长。菌柄圆柱形，长4.5～9.0 cm，粗0.3～1.0 cm，表面白色至污白色，具纵条纹，内部空心，顶部有白色粉末。孢子印粉红色。孢子角形，带粉色，（7.0～10.0）μm×（6.0～7.5）μm。
生　　境　生于阔叶林或针叶林地上，群生。
分　　布　吉林林区各地。辽宁林区各地。湖南、四川。朝鲜、俄罗斯（西伯利亚中东部）、蒙古。
其他同斜盖粉褶菌。

◎参考文献◎

［1］江纪武．药用植物辞典［M］．天津：天津科学技术出版社，2005：687.
［2］卯晓岚．中国大型真菌［M］．郑州：河南科学技术出版社，2000：291.

▲毒粉褶菌子实体

▲毒粉褶菌子实体

毒粉褶菌 *Rhodophyllus sinuatus*（Bull.）Quél.

药用部位 粉褶菌科毒粉褶菌的子实体。

别　　名 毒赤褶菇

原 植 物 子实体较大。菌盖直径 5 ~ 20 cm，初期扁半球形，后期近平展，中部稍凸起，污白色至黄白色，有时带黄褐色，边缘波状，常开裂，表面有丝光。菌肉白色，稍厚。菌褶初期污白，老后粉红色或肉粉色，直生至近弯生，稍稀，边缘近波状，不等长。菌柄长 9 ~ 11 cm，粗 1.5 ~ 3.8 cm，白色至污白色，往往较粗壮，上部有白粉末，表面具纵条纹，基部有的膨大。孢子多角，（8.0 ~ 11.0）µm×（6.5 ~ 8.0）µm。

生　　境 生于阔叶林、针叶林的林下或林缘，群生或丛生。

分　　布 东北地区各地。四川、江苏、安徽、台湾、河南、河北、甘肃、广东。朝鲜、俄罗斯（西伯利亚中东部）、蒙古。

▼毒粉褶菌子实体

采　　制 夏、秋季采收，除去杂质，晒干或烘干。

性味功效 抗癌。

用　　量 适量。

附　　注 子实体有剧毒。误食后不久发病，主要症状为胃痛、痉挛、流涎、发汗、昏睡等，如抢救及时可治愈。

◎参考文献◎

[1] 江纪武. 药用植物辞典 [M]. 天津：天津科学技术出版社，2005：687.

[2] 卯晓岚. 中国大型真菌 [M]. 郑州：河南科学技术出版社，2000：293.

▲黑龙江省海林市横道河子笔架山森林秋季景观

网褶菌科 Paxillaceae

本科共收录 1 属、1 种。

网褶菌属 *Paxillus* Fr.

卷边网褶菌 *Paxillus involutus*（Batsch）Fr.

| 别　　名 | 卷缘网褶菌　落褶菌　卷边桩菇 |

别　　名　　卷缘网褶菌　落褶菌　卷边桩菇

药用部位　　网褶菌科卷边网褶菌的子实体。

原 植 物　　子实体中等至较大，浅土黄色至青褐色。菌盖边缘内卷，表面直径 5 ~ 15 cm，最大达 20 cm，开始扁半球形，后渐平展，中部下凹或漏斗状，湿润时稍黏，老后绒毛减少至近光滑。菌肉浅黄色，较厚。菌褶浅黄绿色、青褐色，受伤后变暗褐色，较密，有横脉，延生，不等长，靠近菌柄部分的菌褶间连接成网状。菌柄往往偏生，同盖色，长 4 ~ 8 cm，粗 1.0 ~ 2.7 cm，内部实心，基部稍膨大。孢子锈褐色，椭圆形，光滑，（6 ~ 10）μm×（4.5 ~ 7.0）μm。褶侧囊体呈棒状，黄色，（23.0 ~ 30.0）μm×（8.5 ~ 11.0）μm。

生　　境　　生于阔叶林地上，群生、丛生或散生。

分　布　黑龙江林区各地。吉林林区各地。河北、北京、福建、山西、宁夏、安徽、湖南、广东、四川、云南、贵州、西藏。朝鲜。

采　制　夏、秋季采收，除去杂质，鲜用。

性味功效　味微咸，性温。有追风散寒、舒筋活络的功效。

主治用法　用于治疗腰腿疼痛、手足麻木、筋络不舒等。水煎服。外用研末调敷。

用　量　5 ~ 12 g。外用适量。

◎ 参考文献 ◎

[1] 钱信忠. 中国本草彩色图鉴（第三卷）[M]. 北京：人民卫生出版社，2003：397-398.

[2] 严仲铠，李万林. 中国长白山药用植物彩色图志 [M]. 北京：人民卫生出版社，1997：47-48.

[3] 戴玉成，图力古尔. 中国东北野生食药用真菌图志 [M]. 北京：科学出版社，2006：132-133.

▲辽宁省凤城市蒲石河国家森林公园森林秋季景观

▲血红铆钉菇子实体

铆钉菇科 Gomphidiaceae

本科共收录 1 属、1 种。

铆钉菇属 *Chroogomphis* Fr.

▲市场上的血红铆钉菇子实体（干）

血红铆钉菇 *Chroogomphus rutilus*（Schaeff.）O. K. Mill.

别　　名	铆钉菇
俗　　名	松树伞　松伞蘑　松钉蘑　肉蘑
药用部位	铆钉菇科血红铆钉菇的子实体。

原 植 物　子实体一般较小。菌盖直径 3 ~ 8 cm，初期钟形或近圆锥形，后平展，中部凸起，浅棠梨色至咖啡褐色，光滑，湿时黏，干时有光泽。菌肉带红色，干后淡紫红色，近菌柄基部带黄色。菌褶青黄色至紫褐色，延生，稀，不等长。菌柄长 6 ~ 18 cm，粗 1.5 ~ 2.5 cm，圆柱形，向下渐细，稍黏，与菌盖色相近且基部带黄色，实心，上部往往有易消失的菌环。孢子青褐色，光滑，近纺锤形（14.0 ~ 22.0）μm×（6.0 ~ 7.5）μm。褶缘囊体和褶侧囊体无色，近圆柱形，（100 ~ 135）μm×（12 ~ 15）μm。

生　　境　生于松林和针阔混交林地上，单生或群生。

▲血红铆钉菇子实体

◎参考文献◎

[1] 严仲铠，李万林.中国长白山药用植物彩色图志 [M].北京：人民卫生出版社，1997：48.

[2] 中国药材公司.中国中药资源志要 [M].北京：科学出版社，1994：43.

[3] 戴玉成，图力古尔.中国东北野生食药用真菌图志 [M].北京：科学出版社，2006：25-26.

▲市场上的血红铆钉菇子实体（鲜）

分　布	东北林区各地。河南。朝鲜、俄罗斯（西伯利亚中东部）。
采　制	秋季采收，除去杂质，晒干或烘干。
主治用法	用于神经性皮炎。
用　量	适量。

▲市场上的血红铆钉菇子实体（鲜）

▲吉林长白山国家级自然保护区森林秋季景观

▲ 松塔牛肝菌子实体

▲ 松塔牛肝菌子实体（侧）

松塔牛肝菌科 Strobilomycetaceae

本科共收录 1 属、1 种。

松塔牛肝菌属 *Strobilomyces* Berk.

松塔牛肝菌 *Strobilomyces strobilaceus*（Scop. : Fr.）Berk.

药用部位 松塔牛肝菌科松塔牛肝菌的子实体。

原植物 子实体中等至较大。菌盖直径 2.0～11.5 cm，初半球形，后平展，黑褐色至黑色或紫褐色，表面有粗糙的毡毛状鳞片或疣，直立，反卷或角锥幕盖着，后菌幕脱落，残留在菌盖边缘。菌管污白色或灰色，后渐变褐色或淡黑色，菌管层直生或稍延生，长 1.0～1.5 cm，管口多角形，有孔 0.6～1.0 个 /mm²，与菌管同色。菌柄长 4.5～13.5 cm，粗 0.6～2.0 cm，与菌盖同色，上下略等粗或基部稍膨大，顶端有网棱，

▲ 松塔牛肝菌子实体（背）

下部有鳞片和绒毛。孢子淡褐色至暗褐色，有网纹或棱纹，近球形或略呈椭圆形，（8.0 ~ 12.0）μm×
（7.8 ~ 10.4）μm。褶侧囊体褐色，两端色淡，棒形，具短尖，近瓶状或一面稍鼓起，（26 ~ 85）μm×
（11 ~ 17）μm。

生　境　生于阔叶林或混交林中地上，单生或
散生。

分　布　东北林区各地。华南、华东、西南。朝鲜、
俄罗斯（西伯利亚中东部）。

采　制　夏、秋季采收，除去杂质，鲜用。

性味功效　抗癌。

用　量　适量。

◎参考文献◎

[1] 严仲铠，李万林. 中国长白山药用植物彩
　　色图志 [M]. 北京：人民卫生出版社，
　　1997：52.

[2] 卯晓岚. 中国大型真菌 [M]. 郑州：河南科
　　学技术出版社，2000：301.

▲ 松塔牛肝菌子实体

▲内蒙古自治区阿龙山林业局奥克里堆山森林秋季景观

▲ 空柄小牛肝菌子实体

牛肝菌科 Boletaceae

本科共收录3属、6种。

小牛肝菌属 *Boletinus* Kalchbr

空柄小牛肝菌 *Boletinus cavipes*（Klotzsch）Kal.

别　　名	小牛肝菌
俗　　名	黏团子
药用部位	牛肝菌科空柄小牛肝菌的子实体。

原 植 物　子实体中等至稍大。菌盖直径4～11 cm，扁半球形，渐平展，黄褐色或赤褐色，有绒毛并裂成鳞片状。菌肉淡黄色，后污黄土色，管口复式，角形，呈辐射状排列，宽0.5～3.0 mm。菌柄长5～8 cm，粗1～2 cm，近圆柱形，基部稍膨大，下部中空，与菌盖略同色，也有小鳞片，顶部多少有网纹。菌环易消失。孢子印橄榄褐色。孢子淡绿色，平滑，长椭圆形（7～10）μm×（3～4）μm。褶侧囊体无色，

顶端圆钝或尖细或弯曲，棒状，（40～54）μm×（6～8）μm。

生　境	生于针叶林地或混交林地上，单生、群生或丛生。
分　布	东北林区各地。甘肃、广东、四川、西藏。朝鲜、俄罗斯（西伯利亚中东部）。
采　制	秋季采收，除去杂质，晒干或烘干。
性味功效	味微咸，性温。有舒筋活络、追风散寒的功效。
主治用法	用于腰腿疼痛、手足麻木、筋络不舒等。可制成"舒筋散"。
用　量	9 g。

◎参考文献◎

［1］严仲铠，李万林．中国长白山药用植物彩色图志［M］．北京：人民卫生出版社，1997：49．

［2］中国药材公司．中国中药资源志要［M］．北京：科学出版社，1994：43．

［3］卯晓岚．中国大型真菌［M］．郑州：河南科学技术出版社，2000：307．

▼空柄小牛肝菌子实体

▲小牛肝菌子实体（侧）

小牛肝菌 *Boletinus paluster*（Peck）Peck

俗　　名　黏团子
药用部位　牛肝菌科小牛肝菌的子实体。
原 植 物　子实体小至中等大。菌盖直径 2 ～ 10 cm，初期半球形或近钟形，后渐平展、扁半球形至近平展，中部有宽的凸起，表面紫色至近血红色，具纤毛状小鳞片或丛毛状小鳞片，边缘后期近波状，湿时黏。菌肉黄色，近盖表皮处红色，伤处微变蓝色，中部稍厚，稍有酸味。菌管黄色至污黄色，延生，放射状排列，管口角形。菌柄较细，长 3 ～ 8 cm，粗 0.5 ～ 0.8 cm，圆柱形，顶部具有网纹，下部污黄色，有红色绵毛或纤毛状鳞片或花纹，内部实心。菌环浅褐色，膜质，很薄，易破碎。孢子浅黄色，光滑，椭圆形至近椭圆形，（7.0 ～ 8.0）μm×（3.0 ～ 3.5）μm。褶缘和褶侧有囊体，（40.0 ～ 80.0）μm×（7.5 ～ 13.0）μm。
生　　境　生于针叶林地或混交林地上，散生或群生。
分　　布　东北林区各地。朝鲜、俄罗斯（西伯利亚中东部）。
采　　制　秋季采收，除去杂质，晒干或烘干。

▲小牛肝菌子实体

性味功效 味微咸，性温。有舒筋活络、追风散寒的功效。

主治用法 用于手足麻木、腰腿疼痛。

用　　量 适量。

◎参考文献◎

[1] 朱有昌. 东北药用植物 [M]. 哈尔滨：黑龙江科学技术出版社，1989：1243.

[2] 卯晓岚. 中国大型真菌 [M]. 郑州：河南科学技术出版社，2000：308.

▲市场上的小牛肝菌子实体

牛肝菌属 *Boletus* Dill. ex Fr.

美味牛肝菌 *Boletus edulis* Bull.: Fr.

俗　　名	大腿蘑　粗腿蘑　大脚菇
药用部位	牛肝菌科美味牛肝菌的子实体。

原 植 物　子实体中等至较大。菌盖直径 4 ~ 15 cm，扁半球形或稍平展，黄褐色、土褐色或赤褐色，不黏，光滑，边缘钝。菌肉白色，受伤后不变色，厚。菌管初期白色，后呈淡黄色，直生或近弯生，或在菌柄的周围凹陷，管口圆形，2 ~ 3 个 /mm²。菌柄长 5 ~ 12 cm，粗 2 ~ 3 cm，近圆柱形或基部稍膨大，淡褐色或淡黄褐色，内实，全部有网纹或网纹占菌柄长的 2/3。孢子印橄榄褐色。孢子淡黄色，平滑，近纺锤形或长椭圆形，（10.0 ~ 15.2）μm×（4.5 ~ 7.5）μm。管侧囊体无色，棒状，顶端圆钝或稍尖细，（34 ~ 38）μm×（13 ~ 14）μm。

生　　境　生于针叶林地或混交林地上，单生或群生。

分　　布　东北林区各地。四川、云南、广西、贵州。朝鲜、俄罗斯（西伯利亚中东部）。

采　　制　夏、秋季采收，除去泥沙，晒干或烘干。

性味功效　味淡，性温。有舒筋活络、追风散寒、健脾消积、补虚、止带的功效。

主治用法　用于白带异常、腰腿疼痛、手足麻木、筋骨不舒、四肢抽搐、消化不良、腹胀、妇女带症等。水煎服。

用　　量　30 g。

▲美味牛肝菌子实体

附　方

（1）治白带：鲜美味牛肝菌子实体 90 g，和猪肉煮食，日服 1 次。

（2）治不孕症：未开伞的鲜美味牛肝菌子实体、刺五加各等量，焙干，研末，每次 9 g，白酒为引，日服 3 次。

◎参考文献◎

［1］钱信忠.中国本草彩色图鉴（第三卷）[M].北京：人民卫生出版社，2003：593-594.

［2］严仲铠，李万林.中国长白山药用植物彩色图志 [M].北京：人民卫生出版社，1997：49-50.

［3］中国药材公司.中国中药资源志要 [M].北京：科学出版社，1994：43.

▲市场上的美味牛肝菌子实体

▲ 厚环黏盖牛肝菌子实体

▲ 市场上的厚环黏盖牛肝菌子实体

黏盖牛肝菌属 *Suillus* Michx ex Gray

厚环黏盖牛肝菌 *Suillus grevillei*（kl.）Sing.

| 别　　名 | 雅致乳牛肝菌 厚环乳牛肝菌 |

别　　名　雅致乳牛肝菌 厚环乳牛肝菌

俗　　名　台蘑 黏团子

药用部位　牛肝菌科厚环黏盖牛肝菌的子实体。

原 植 物　子实体小至中等。菌盖直径 4 ～ 10 cm，扁半球形，后中央凸起，有时中央下凹，赤褐色至栗褐色，光滑，黏。菌肉淡黄色。菌管初色淡，直生至近延生，管口较小，角形。菌柄长 4 ～ 10 cm，粗 0.7 ～ 2.3 cm，近柱形，顶端有网纹。菌环厚。孢子印黄褐色至栗褐色。孢子带橄榄黄色，平滑，椭圆形或近纺锤形，（8.7 ～ 10.4）μm×（3.5 ～ 4.2）μm。管缘与管侧囊体无色至淡褐色，多棒状，（26.0 ～ 83.0）μm×（5.2 ～ 6.0）μm。

生　　境　生于针叶林地或混交林地上，单生、群生或丛生。

分　　布　东北林区各地。朝鲜、俄罗斯（西伯利亚中东部）。

▲厚环黏盖牛肝菌子实体

采 制 秋季采收，除去杂质，晒干或烘干。

性味功效 味微咸，性温。有舒筋活络、追风散寒的功效。

主治用法 用于腰腿疼痛、手足麻木、筋络不适等。可制成"舒筋散"。

用 量 9g。

▼厚环黏盖牛肝菌子实体

◎参考文献◎

[1] 严仲铠，李万林．中国长白山药用植物彩色图志 [M]．北京：人民卫生出版社，1997：50-51．

[2] 中国药材公司．中国中药资源志要 [M]．北京：科学出版社，1994：44．

[3] 戴玉成，图力古尔．中国东北野生食药用真菌图志 [M]．北京：科学出版社，2006：205-207．

▲灰环黏盖牛肝菌子实体

灰环黏盖牛肝菌 *Suillus laricinus* （Berk.in Hook）O. Kuntze

别　　名	铜绿乳牛肝菌

俗　　名　黏团子

药用部位　牛肝菌科灰环黏盖牛肝菌的子实体。

原 植 物　子实体中等。菌盖直径4～10 cm，半球形，凸形，后张开，污白色、乳酪色、黄褐色或淡褐色，黏，常有细皱。菌肉淡白色至淡黄色，伤后变色不明显或微变蓝色。菌管污白色或藕色，管口大，角形或略呈辐射状，复式，直生至近延生，伤后微变蓝色。菌柄长4～10 cm，粗1～2 cm，柱形或基部稍膨大，弯曲，与菌盖同色或呈淡白色，粗糙，顶端有网纹，内菌幕很薄，有菌环。孢子印淡灰褐色至几乎锈褐色。孢子椭圆形、长椭圆形或近纺锤形，平滑，带淡黄色，（9.1～11.7）μm×（4.0～5.0）μm。管缘囊体无色至淡黄褐色，棒状，（31～46）μm×（7～10）μm。

生　　境　生于针叶林地上，散生或群生。

分　　布　东北林区各地。云南、甘肃、陕西、四川、西藏。朝鲜、俄罗斯（西伯利亚中东部）。

采　　制　秋季采收，除去杂质，晒干或烘干。

性味功效　抗癌。

用　　量　适量。

◎参考文献◎

[1] 卯晓岚. 中国大型真菌 [M]. 郑州：河南科学技术出版社，2000：331.

▲ 褐环黏盖牛肝菌子实体

褐环黏盖牛肝菌 *Suillus luteus* （L.）Roussel

别　　名	土色牛肝菌　褐环乳牛肝菌
俗　　名	黏团子
药用部位	牛肝菌科褐环黏盖牛肝菌的子实体。

识别要点　子实体中等。扁半球形或凸形至扁平，淡褐色、黄褐色、红褐色或深肉桂色，光滑，很黏。菌肉淡白色或稍黄，厚或较薄，伤后不变色。菌管米黄色或芥黄色，直生或稍下延，或在柄周围有凹陷，管口角形，2 ～ 3 个 /mm²，有腺点。菌柄长 3 ～ 8 cm，粗 1.0 ～ 2.5 cm，近柱形或在基部稍膨大，蜡黄色或淡褐色，有散生小腺点，顶端有网纹。菌环在柄的上部，薄，膜质，初黄白色，后呈褐色。孢子近纺锤形，平滑带黄色，（7.0 ～ 10.0）μm×（3.0 ～ 3.5）μm。管缘囊体无色至淡褐色，棒状，丛生，（22 ～ 38）μm×（5 ～ 8）μm。

生　　境	生于松林或混交林中。
分　　布	东北林区各地。山东、江苏、湖南、广西、广东。朝鲜、俄罗斯（西伯利亚中东部）。
采　　制	秋季采收，除去杂质，晒干或烘干。
性味功效	味甘，性温。有通风活络的功效。
主治用法	用于治疗大骨节病。
用　　量	适量。

◎参考文献◎

[1] 严仲铠，李万林 . 中国长白山药用植物彩色图志 [M] . 北京：人民卫生出版社，1997：51.

[2] 中国药材公司 . 中国中药资源志要 [M] . 北京：科学出版社，1994：44.

[3] 戴玉成，图力古尔 . 中国东北野生食药用真菌图志 [M] . 北京：科学出版社，2006：208-209.

▲辽宁抚顺龙岗山省级自然保护区森林秋季景观

红菇科 Russulaceae

本科共收录 2 属、17 种。

红菇属 *Russula* Pers.

黄斑红菇 *Russula aurata* Pers.

别　　名　金红菇

药用部位　红菇科黄斑红菇的子实体。

原 植 物　子实体中等大。菌盖直径 3 ~ 8 cm，初扁半球形，后平展至中部稍下凹，橘红色至橘黄色，中部往往色较深或带黄色，老后边缘有条纹或不明显条纹。菌肉白色，近表皮处橘红色或黄色，味道柔和或微辛辣，气味好闻。菌褶淡黄色，直生至几乎离生，稍密，褶间具横脉，近菌柄处往往分叉，等长，

▲黄斑红菇子实体

有时不等长。菌柄长 3.5 ~ 7.0 cm，粗 1.0 ~ 1.8 cm，圆柱形，淡黄色或白色或部分黄色，肉质，内部松软后变中空。孢子印黄色。孢子淡黄色，有小刺或棱，相连近网状，（7.3 ~ 10.9）μm×（6.7 ~ 9.1）μm。褶侧囊体少，几无色，梭形，（40 ~ 90）μm×（9 ~ 10）μm。

生　　境　生于混交林地上，单生或群生。

分　　布　东北林区各地。安徽、河南、四川、贵州、湖北、广东、西藏。朝鲜、俄罗斯（西伯利亚中东部）。

采　　制　夏、秋季采收，除去杂质，鲜用。

性味功效　抗癌。

用　　量　适量。

◎ 参考文献 ◎

[1] 江纪武. 药用植物辞典 [M]. 天津：天津科学技术出版社，2005：704.

[2] 中国药材公司. 中国中药资源志要 [M]. 北京：科学出版社，1994：46.

[3] 卯晓岚. 中国大型真菌 [M]. 郑州：河南科学技术出版社，2000：341.

▲花盖红菇子实体

花盖红菇 *Russula cyanoxantha* Schaeff. : Fr.

别　　名	蓝黄红菇
药用部位	红菇科花盖红菇的子实体。

原 植 物　子实体中等至稍大。菌盖直径 5 ~ 12 cm，扁半球形，伸展后下凹，颜色多样，暗紫灰色、紫褐色或紫灰色带点绿，老后常呈淡青褐色、绿灰色，往往各色混杂，黏，表皮薄，易自边缘剥离，表皮有时干裂，边缘平滑，或具不明显条纹。菌肉白色，表皮下淡红色或淡紫色，无气味，味道好。菌褶白色，近直生，较密，分叉或基部分叉，褶间有横脉，老后有锈色斑点，不等长。菌柄长 4.5 ~ 9.0 cm，粗 1.3 ~ 3.0 cm，圆柱形，白色，肉质，内部松软。孢子印白色。孢子有小疣，近球形，（7.3 ~ 9.0）μm × （6.1 ~ 7.3）μm。褶侧囊体近棒状或梭形，（54 ~ 93）μm × （5 ~ 9）μm。

生　　境	生于阔叶林中地上，散生至群生。
分　　布	东北林区各地。全国绝大部分地区。朝鲜、俄罗斯（西伯利亚中东部）。
采　　制	夏、秋季采收，除去杂质，鲜用。
性味功效	抗癌。
用　　量	适量。

◎参考文献◎

[1] 江纪武. 药用植物辞典 [M]. 天津：天津科学技术出版社，2005: 705.

[2] 中国药材公司. 中国中药资源志要 [M]. 北京：科学出版社，1994: 46.

[3] 卯晓岚. 中国大型真菌 [M]. 郑州：河南科学技术出版社，2000: 344.

▲ 大白菇子实体

大白菇 *Russula delica* Fr.

别　　名	美味红菇
药用部位	红菇科大白菇的子实体。

原 植 物　子实体中等至较大。菌盖直径 3 ~ 14 cm，初扁半球形，中央脐状，伸展后下凹至漏斗形，污白色，后变为米黄色或蛋壳色，或有时具锈褐色斑点，无毛或具细绒毛，不黏，边缘初内卷后伸展，无条纹。菌肉白色或近白色，伤不变色。味道柔和至慢慢地微麻或稍辛辣，有水果气味。菌褶白色或近白色，褶缘常带淡绿色，近延生。中等密，不等长。菌柄长 1 ~ 4 cm，粗 1.0 ~ 2.5 cm，圆柱形或向下渐细，伤不变色，内实光滑或上部具微细绒毛。孢子印白色。孢子无色，小刺显著，稍有网纹，近球形，（7.6 ~ 10.6）μm×（6.9 ~ 8.8）μm。褶侧囊体甚多，梭形，（49.0 ~ 112.0）μm×（7.3 ~ 10.9）μm。

生　　境　生于阔叶林地或混交林地上，散生或群生。

分　　布　东北林区各地。华北、华东、华中、西北、西南。朝鲜、俄罗斯（西伯利亚中东部）。

采　　制　夏、秋季采收，除去杂质，鲜用。

性味功效　抗癌。

用　　量　适量。

▼ 大白菇子实体

◎ 参考文献 ◎

[1] 江纪武. 药用植物辞典 [M]. 天津: 天津科学技术出版社, 2005: 705.

[2] 严仲铠, 李万林. 中国长白山药用植物彩色图志 [M]. 北京: 人民卫生出版社, 1997: 502-504.

[3] 中国药材公司. 中国中药资源志要 [M]. 北京: 科学出版社, 1994: 46.

密褶黑菇 *Russula densifolia* Secr. ex Gillet

别　　名	密褶红菇　密褶黑红菇
药用部位	红菇科密褶黑菇的子实体（入药称"小黑菇"）。
原 植 物	子实体中等大。菌盖直径 5.5 ~ 10.0 cm，初期边缘内卷，中央下凹，脐状，后伸展近漏斗状，光滑，污白色、灰色至暗褐色。菌肉较厚，白色，伤变红色至黑褐色。菌褶直生或延生，分叉，不等长，窄，很密，近白色，受伤变红褐色，老后黑褐色。菌柄白色，伤变红至黑褐色，实心，长 2 ~ 4 cm，粗 1 ~ 2 cm，同盖色，内部实心，往往基部渐细。孢子印白色。孢子具小疣及网棱纹，近球形，（7 ~ 10）μm×（6 ~ 9）μm。褶侧囊体近梭形，（49.5 ~ 50.0）μm×（7.0 ~ 8.0）μm。
生　　境	生于林地上，散生或群生。
分　　布	吉林长白山各地。河北、陕西、湖北、江苏、安徽、江西、福建、云南、山东、广东、广西、贵州、四川。朝鲜。
采　　制	夏、秋季采收，除去杂质，鲜用。
性味功效	味微咸、涩，性温。有追风散寒、舒筋活络的功效。
主治用法	用于腰腿疼痛、手足麻木、筋骨不适、四肢抽搐等。为"舒筋丸"原料之一。
用　　量	9 ~ 15 g。
附　　注	子实体含胃肠道刺激物及其他毒素，吸母乳的婴儿也会中毒。有的人食后则无中毒反应。

◎参考文献◎

［1］钱信忠. 中国本草彩色图鉴（第一卷）［M］. 北京：人民卫生出版社，2003：297-298.

［2］严仲铠，李万林. 中国长白山药用植物彩色图志［M］. 北京：人民卫生出版社，1997：55-56.

［3］中国药材公司. 中国中药资源志要［M］. 北京：科学出版社，1994：45.

▲ 毒红菇子实体

毒红菇 *Russula emetica* （Schaeff.）Pers.

药用部位 红菇科毒红菇的子实体。

原 植 物 子实体一般较小。菌盖直径 5 ~ 9 cm，扁半球形至平展，老后中部稍下凹，珊瑚红色，有时退至粉红色，光滑，黏，表皮易剥落，边缘有棱纹。菌肉白色，近表皮处粉红色，薄，味麻辣。菌褶白色，近凹生，较稀，褶间有横脉，长短不一。菌柄长 4 ~ 8 cm，粗 1 ~ 2 cm，白色或部分粉红色，内部松软。孢子印白色。孢子无色，有小刺，近球形，（8.0 ~ 10.2）μm×（7.0 ~ 9.0）μm。褶侧囊体近披针形或近梭形。

生　境 生于林地上，散生或群生。

分　布 东北林区各地。华北、华南、华东。朝鲜、蒙古、俄罗斯（西伯利亚中东部）。

采　制 夏、秋季采收，除去杂质，鲜用。

性味功效 抗癌。

用　量 适量。

▼ 毒红菇子实体

附　注 子实体有毒。误食后不久发病，主要症状为恶心、呕吐、腹痛、腹泻、眩晕、不省人事，严重者面部肌肉抽搐或心脏衰弱或血液循环衰竭而死亡。

◎ 参考文献 ◎

[1] 江纪武. 药用植物辞典 [M]. 天津：天津科学技术出版社，2005：705.

[2] 中国药材公司. 中国中药资源志要 [M]. 北京：科学出版社，1994：46.

[3] 卯晓岚. 中国大型真菌 [M]. 郑州：河南科学技术出版社，2000：347.

▲ 臭黄菇子实体

臭黄菇 *Russula foetens* Pers. : Fr.

别　　名	臭黄红菇　臭红菇
药用部位	红菇科臭黄菇的子实体。

原 植 物　子实体中等大。菌盖直径 7 ~ 10 cm，扁半球形，平展后中部下凹，土黄至浅黄褐色，往往中部土褐色，表面黏至黏滑，边缘有小疣组成的明显粗条棱。菌肉污白色，质脆，具腥臭气味，麻辣苦。菌褶污白至浅黄色，常有深色斑痕，弯生或近离生，较厚，一般等长。菌柄较粗壮，

▲ 臭黄菇幼子实体

长 3 ~ 9 cm，粗 1.0 ~ 2.5 cm，圆柱形，污白色至淡黄褐色，老后常出现深色斑痕，内部松软至空心。孢子印白色。孢子无色，有明显小刺及棱纹，近球形，直径 7.5 ~ 12.5 μm。褶侧囊体近梭形。

生　　境	生于松林或阔叶林地上，群生或散生。
分　　布	东北林区各地。华北、西北、华南、华东。朝鲜、俄罗斯（西伯利亚中东部）。
采　　制	秋季采收，晒干或烘干。
性味功效	味淡，性温。有毒。有舒筋活络、追风散寒的功效。
主治用法	用于腰腿疼痛、手足麻木、筋络不适等，是山西"舒筋丸"组成成分之一，占原料蘑菇的 0.1%。
用　　量	制成的"舒筋丸"每次 12 丸，每日 2 次。
附　　注	子实体有毒。误食后不久发病，主要表现为胃肠道症状，如恶心、呕吐、腹痛、腹泻，甚至精神错乱、昏睡、面部肌肉抽搐、牙关紧闭等，一般发病快，初期及时催吐可减轻病症。

◎参考文献◎

[1] 钱信忠. 中国本草彩色图鉴（第四卷）[M]. 北京：人民卫生出版社，2003：151-152.

[2] 严仲铠，李万林. 中国长白山药用植物彩色图志 [M]. 北京：人民卫生出版社，1997：56.

[3] 中国药材公司. 中国中药资源志要 [M]. 北京：科学出版社，1994：46.

▲臭黄菇子实体

▲拟臭黄菇子实体

拟臭黄菇 *Russula laurocerasi* Melzer

药用部位　红菇科拟臭黄菇的子实体。

原植物　子实体中等至较大。菌盖直径3～15 cm，初期扁半球形，后渐平展中央下凹浅漏斗状，浅黄色、土黄色或污黄褐至草黄色，表面黏至黏滑，边缘有明显的由颗粒或疣组成的条棱。菌肉污白色。菌褶直生至近离生，稍密或稍稀，污白色，往往有污褐色或浅赭色斑点。菌柄长3～14 cm，粗1.0～1.5 cm，近圆柱形，中空，表面污白至浅黄色或浅土黄色。孢子近球形，具刺棱，近无色，（8.5～13.5）μm×（7.5～10.0）μm。褶侧囊体圆锥状，（44.0～89.0）μm×（7.5～10.5）μm。

生　境　生于阔叶林地上，群生或单生。

分　布　东北林区各地。河南、贵州、江西、西藏、四川、湖北。朝鲜、俄罗斯（西伯利亚中东部）。

采　制　秋季采收，晒干或烘干。

性味功效　抗癌。

用　量　适量。

▲拟臭黄菇子实体

◎参考文献◎

[1] 江纪武. 药用植物辞典 [M]. 天津：天津科学技术出版社，2005：705.

[2] 中国药材公司. 中国中药资源志要 [M]. 北京：科学出版社，1994：46.

[3] 卯晓岚. 中国大型真菌 [M]. 郑州：河南科学技术出版社，2000：352.

▲红菇子实体

红菇 *Russula lepida* Fr.

别　　名 鳞盖红菇

药用部位 红菇科红菇的子实体。

原 植 物 子实体中等大。菌盖直径 4 ～ 9 cm，扁半球形，后平展至中下凹，珊瑚红色或更鲜艳，可带苋菜红色，边缘有时为杏黄色，部分或全部退至粉肉桂色或淡白色，不黏，无光泽或绒状，中部有时被白粉，边缘无条纹。菌肉白色，厚，常被虫吃，味道及气味好，但嚼后慢慢有点辛辣味或薄荷味。菌褶白色，老后变为乳黄色，近盖缘处可带红色，稍密至稍稀，常有分叉，褶间具横脉。菌柄长 3.5 ～ 5.0 cm，粗 0.5 ～ 2.0 cm，圆柱形或向下渐细，白色，一侧或基部带浅珊瑚红色，中实或松软。孢子印浅乳黄色。孢子无色，（7.5 ～ 9.0）μm×（7.3 ～ 8.1）μm。褶侧囊体近梭形，（51 ～ 85）μm×（8 ～ 13）μm。

生　　境 生于林地上，群生或单生。

分　　布 东北林区各地。全国绝大部分地区。朝鲜、俄罗斯（西伯利亚中东部）。

采　　制 秋季采收，晒干或烘干。

性味功效 抗癌。

用　　量 适量。

◎参考文献◎

[1] 江纪武. 药用植物辞典 [M]. 天津:
    天津科学技术出版社，2005: 705.

[2] 中国药材公司. 中国中药资源志要
    [M]. 北京: 科学出版社，1994: 46.

[3] 卯晓岚. 中国大型真菌 [M]. 郑州:
    河南科学技术出版社，2000: 352.

▲红菇子实体

▲菱红菇子实体

菱红菇 *Russula vesca* Fr.

别　　名	细弱红菇
药用部位	红菇科菱红菇的子实体。

原 植 物　子实体中等大。菌盖直径 3.5 ~ 11.0 cm，初期近圆形，后扁半球形，最后平展中部下凹，颜色变化多，酒褐色、浅红褐色或浅褐色，边缘老时具短条纹，菌盖表皮短不及菌盖边缘，有微皱或平滑。菌肉白色，趋于变污淡黄色，气味不显著，味道柔和。菌褶白色，或稍带乳黄色，密，直生，基部常分叉，褶间具横脉，褶缘常有锈褐色斑点。菌柄长 2.0 ~ 6.6 cm，粗 1.0 ~ 2.8 cm，圆柱形或基部略细，中实后松软，白色，基部常略带变黄或变褐色。孢子印白色。孢子无色，近球形，有小疣，（6.4 ~ 8.5）μm×（4.9 ~ 6.7）μm。褶侧囊体近梭形，（54 ~ 80）μm×（6 ~ 11）μm。

▲菱红菇子实体

生　　境	生于针叶林地或混交林地上，单生或散生。
分　　布	吉林长白山各地。江苏、福建、湖南、广西、云南。朝鲜、俄罗斯（西伯利亚中东部）。
采　　制	秋季采收，晒干或烘干。
性味功效	抗癌。
用　　量	适量。

◎参考文献◎

[1] 严仲铠，李万林. 中国长白山药用植物彩色图志 [M]. 北京：人民卫生出版社，1997：57.

[2] 中国药材公司. 中国中药资源志要 [M]. 北京：科学出版社，1994：46.

[3] 卯晓岚. 中国大型真菌 [M]. 郑州：河南科学技术出版社，2000：364.

▲ 绿菇子实体

绿菇 *Russula virescens* （Schaeff.）Fr.

别　　名	变绿红菇 青头菌 青冈菌 青头菇
药用部位	红菇科绿菇的子实体。

原 植 物　子实体中等至稍大。菌盖直径3～12 cm，初期球形，很快变扁半球形并渐伸展，中部常稍下凹，不黏，浅绿色至灰绿色，表皮往往斑状龟裂，老时边缘有条纹。菌肉白色。味道柔和，无特殊气味。菌褶白色，近直生或离生，较密，具横脉，等长。菌柄长2.0～9.5 cm，粗0.8～3.5 cm，中实或内部松软。孢子印白色。孢子无色，有小疣，可连成微细不完整的网纹，近球形至卵圆形或近卵圆形，（6.1～8.2）μm×（5.1～6.7）μm。褶侧囊体较少，梭形，有的顶端分叉，状如担子小梗。

生　　境　生于阔叶林地或混交林地上，单生或群生。

分　　布　东北林区各地。全国绝大部分地区。朝鲜、俄罗斯（西伯利亚中东部）。

采　　制　秋季采收，除去杂质，晒干或烘干。

性味功效　味甘、淡，性寒。有明目、散内热、泻肝火的功效。

主治用法　用于眼目不明、内热、妇女气郁。煮食或炒食。

用　　量　适量。

▼ 绿菇子实体（背）

◎参考文献◎

[1] 严仲铠，李万林. 中国长白山药用植物彩色图志[M].
　　北京：人民卫生出版社，1997: 57.

[2] 中国药材公司. 中国中药资源志要[M]. 北京：科学
　　出版社，1994: 46.

[3] 卯晓岚. 中国大型真菌[M]. 郑州：河南科学技术出
　　版社，2000: 365.

乳菇属 *Lactarius* Pers.

松乳菇 *Lactarius deliciosus*（L.: Fr.）Gray

别　　名　美味松乳菇　松杉菌

药用部位　红菇科松乳菇的子实体。

原 植 物　子实体中等至较大。菌盖直径 4 ~ 10 cm，扁半球形，中央脐状，伸展后下凹，虾仁色、胡萝卜黄色或深橙色，有或没有颜色较明显的环带，后颜色变淡，伤后变绿色，特别是菌盖边缘部分变绿显著，边缘最初内卷，后平展，湿时黏，无毛。菌肉初带白色，后变胡萝卜黄色，乳汁量少，橘红色，最后变绿色。菌褶与菌盖同色，直生或稍延生，稍密，近菌柄处分叉，褶间具横脉，伤或老后变绿色。菌柄长 2 ~ 5 cm，粗 0.7 ~ 2.0 cm，近圆柱形并向基部渐细，有时具暗橙色凹窝，色同菌褶或更浅，伤后变绿色，内部松软，后变中空，菌柄切面先变橙红色，后变暗红色。孢子无色，广椭圆形，（8 ~ 10）μm×（7 ~ 8）μm。

生　　境　生于阔叶林地或混交林地上，单生或群生。

分　　布　东北林区各地。全国绝大部分地区。朝鲜、俄罗斯（西伯利亚中东部）。

采　　制　夏、秋季采收，除去杂质，鲜用。

性味功效　抗癌。

▲松乳菇子实体

▼松乳菇子实体

用　　量　适量。

◎参考文献◎

[1] 江纪武. 药用植物辞典 [M]. 天津: 天津科学
　　技术出版社, 2005: 437.

[2] 戴玉成, 图力古尔. 中国东北野生食药用真菌
　　图志 [M]. 北京: 科学出版社, 2006: 104-105.

[3] 卯晓岚. 中国大型真菌 [M]. 郑州: 河南科学
　　技术出版社, 2000: 369.

▲毛头乳菇子实体

毛头乳菇 *Lactarius torminosus*（Schaeff.）Pers.

| 别　　名 | 疝疼乳菇 |

别　　名　疝疼乳菇

药用部位　红菇科毛头乳菇的子实体。

原 植 物　子实体中等大。菌盖直径 4 ~ 11 cm，扁半球形，中部下凹呈漏斗状，深蛋壳色至暗土黄色，具同心环纹，边缘内卷，有白色长绒毛。菌肉白色，伤处不变色，乳汁白色不变色，味苦。菌褶白色，后期浅粉红色，直生至延生，较密。孢子无色，有小刺，宽椭圆形，（8 ~ 10）μm×（6 ~ 8）μm。褶侧囊体披针状。

生　　境　生于林地上，单生或散生。

▼毛头乳菇子实体

分　　布　东北林区各地。华北、华南、华东。朝鲜、俄罗斯（西伯利亚中东部）、蒙古。

附　　注

（1）其采制、主治用法、用量同松乳菇。

（2）子实体含有毒蝇碱等毒素。误食后不久发病，主要症状为口腔和舌疼痛、胃痛、呕吐、四肢冷凉、脉弱、面色苍白、谵语、牙关紧闭、腹泻、眩晕、四肢末端剧烈疼痛等。

◎参考文献◎

［1］江纪武. 药用植物辞典［M］. 天津：天津科学技术出版社，2005：437.

［2］卯晓岚. 中国大型真菌［M］. 郑州：河南科学技术出版社，2000：378.

▲辣乳菇子实体

辣乳菇 *Lactarius piperatus*（L.）Pers.

别　　名	辣味乳菇　白乳菇
药用部位	红菇科辣乳菇的子实体。
原 植 物	子实体中等至大型，白色。菌盖直径5～18 cm，初期扁半球形，中央下凹呈脐状，最后呈漏斗状，表面光滑或平滑，不黏，无环带，边缘内卷后平展。菌肉白色，伤后变色不明显或淡黄色，厚，乳汁白色，味很辣。菌褶白色，延生，窄，很密，分叉。菌柄短粗，长2～6 cm，粗1～3 cm，等粗或向下渐细，无毛，内部实心。孢子印白色。孢子无色，有小疣或粗糙，近球形，（6.5～8.5）μm×（5.0～6.5）μm，褶侧囊体和缘囊体顶部钝或锐，纺锤状或梭形至近柱形。
生　　境	生于阔叶林地或混交林地上，散生或群生。
分　　布	东北林区各地。华北、华东、华中、西北、西南。朝鲜、俄罗斯（西伯利亚中东部）。
采　　制	秋季采收，晒干或烘干。
性味功效	味辛，性温。有舒筋活络、祛风散寒的功效。
主治用法	用于腰腿痛、四肢抽搐、手足麻木等。水煎服。
用　　量	适量。

▼辣乳菇子实体

◎参考文献◎

[1]严仲铠，李万林．中国长白山药用
　　植物彩色图志［M］．北京：人民卫
　　生出版社，1997：53-54.

[2]中国药材公司．中国中药资源志要
　　［M］．北京：科学出版社，1994：45.

[3]卯晓岚．中国大型真菌［M］．郑州：
　　河南科学技术出版社，2000：374.

▲ 亚绒白乳菇子实体

亚绒白乳菇 *Lactarius subvellereus* Peck

别　　名	亚绒盖乳菇
药用部位	红菇科亚绒白乳菇的子实体。

原 植 物　菌盖直径 6 ~ 15 cm，半球形，中部下凹，渐平展，后呈浅漏斗形；盖面干，白色至污白色，有时带浅土黄色，有细微绒毛，无环纹；盖缘初时内卷，后展开。菌肉白色，致密，极辛辣。乳汁白色，有时带黄色，干后乳黄色，辛辣。菌褶延生，稍密，幅窄，不等长，分叉，白色。菌柄长 2.5 ~ 9.0 cm，粗 2 ~ 4 cm，圆柱形或向下渐细，白色，有细微绒毛，中实。孢子广椭圆形，无色，（7 ~ 9）μm×（5 ~ 7）μm；孢子印白色。褶侧囊体多，披针形至圆柱形，多数顶端乳头状，（50 ~ 70）μm×（5 ~ 9）μm。

生　　境　生于云冷杉林内潮湿地上，散生或群生。

分　　布　东北林区各地。福建、湖北、贵州、云南、四川、江苏、西藏。朝鲜、俄罗斯（西伯利亚中东部）。

采　　制　秋季采收，除去泥土，晒干或烘干。

性味功效　抗癌。

用　　量　适量。

◎ 参考文献 ◎

[1] 江纪武. 药用植物辞典 [M]. 天津：天津科学技术出版社，2005：437.

[2] 中国药材公司. 中国中药资源志要 [M]. 北京：科学出版社，1994：45.

[3] 卯晓岚. 中国大型真菌 [M]. 郑州：河南科学技术出版社，2000：377.

苍白乳菇 *Lactarius pallidus* Pers.

药用部位 红菇科苍白乳菇的子实体。

原植物 子实体中等至较大。菌盖直径7～12 cm，初扁半球形，开展后脐状下凹，近漏斗形，边缘内卷，黏，无毛，色浅，浅肉桂色、浅土黄色或略带黄褐色。边缘初期内卷，后平展至上翘。菌肉白色，厚，致密。菌褶近延生至离生，稠密，窄，薄，近柄处分叉，幼时白色后变乳黄色至赭黄色，长5.0～6.5 cm，粗1.5～3.0 cm，近基渐细，内实。孢子印浅赭黄色。孢子球形，有小刺，（6.1～7.9）μm×（5.9～7.0）μm。褶侧囊体和褶缘囊体，（30.0～100.0）μm×（7.5～11.5）μm，顶端乳头状。

生 境 生于混交林地上，群生。

分 布 东北林区各地。河北、陕西、河南、云南、福建、西藏。朝鲜、俄罗斯（西伯利亚中东部）。

采 制 夏、秋季采收，除去杂质，鲜用。

性味功效 抗癌。

用 量 适量。

附 注 子实体有毒。误食后不久发病，主要症状为恶心、呕吐、腹痛、腹泻、眩晕、不省人事，严重者面部肌肉抽搐或心脏衰竭而死亡。

◎参考文献◎

[1] 卯晓岚. 中国大型真菌 [M]. 郑州：河南科学技术出版社，2000：373.

▲绒白乳菇子实体

▲绒白乳菇子实体

绒白乳菇 *Lactarius vellereus*（Fr.）Fr.

药用部位　红菇科绒白乳菇的子实体。

原 植 物　子实体中等至大型。菌盖直径 6 ~ 19 cm，初期扁半球形，中央下凹呈漏斗状，白色，老后米黄色，表面干燥密被细绒毛，边缘内卷至伸展。菌肉白色，厚，味苦，乳汁白色不变。菌褶白色至米黄色，直生至稍延生，厚，稀，有时分叉，不等长。菌柄粗短，长 3 ~ 5 cm，粗 1.5 ~ 3.0 cm，圆柱形，往往稍扁或下部渐细，有细绒毛，实心，质地稍硬。褶缘和褶侧囊体相似，近圆柱形或披针形，（40 ~ 100）μm×（5 ~ 9）μm。孢子印白色。孢子无色，具微小疣和连线，近球形或近卵圆形状球形，（7.0 ~ 9.5）μm×（6.0 ~ 7.5）μm。

生　　境　生于混交林地上，群生或散生。

分　　布　东北林区各地。全国绝大部分地区。朝鲜、俄罗斯（西伯利亚中东部）。

采　　制　夏、秋季采收，除去杂质，晒干或烘干。

性味功效　味苦，性温。有毒。有舒筋活络、追风散寒的功效。

主治用法　用于腰腿痛、四肢抽搐、手足麻木、筋骨疼痛等。常做中药"舒筋丸"的原料。

用　　量　适量。

◎ 参考文献 ◎

［1］钱信忠. 中国本草彩色图鉴（第三卷）[M]. 北京：人民卫生出版社，2003：615-616.

［2］严仲铠，李万林. 中国长白山药用植物彩色图志 [M]. 北京：人民卫生出版社，1997：54.

［3］朱有昌. 东北药用植物 [M]. 哈尔滨：黑龙江科学技术出版社，1989：1246.

▲ 多汁乳菇子实体

▲ 多汁乳菇子实体

多汁乳菇 *Lactarius volemus* Fr.

别　　名　红奶浆菌　牛奶菇　奶汁菇

药用部位　红菇科多汁乳菇的子实体。

原植物　子实体中等至较大。菌盖直径 4 ～ 12 cm，幼时扁半球形，中部下凹呈脐状，伸展后似漏斗状，表面平滑，无环带，琥珀褐色至深棠梨色或暗土红色，边缘内卷。菌肉白色，在伤处渐变褐色。乳汁白色，不变色。菌褶白色或带黄色，伤处变褐黄色，稍密，直生至延生，不等长，分叉。菌柄长 3 ～ 8 cm，粗 1.2 ～ 3.0 cm，近圆柱形，表面近光滑，同盖色，内部实心。孢子印白色。孢子近球形，具小疣和网棱，（8.5 ～ 11.5）μm×（8.3 ～ 10.0）μm。褶侧囊体多，近圆柱形，淡黄色，明显壁厚，（35.0 ～ 110.0）μm×（8.0 ～ 12.5）μm。

生　　境　生于混交林地上，群生。

分　　布　东北林区各地。江苏、江西、湖南、湖北、广东、广西、四川、安徽、福建、海南、云南、贵州、甘肃、陕西、山西、西藏。朝鲜、俄罗斯（西伯利亚中东部）。

采　　制　秋季采收，除去杂质，晒干或烘干。

性味功效　有清肺胃、去内热、追风散寒、舒筋活络的功效。

主治用法　用于腰腿痛、四肢抽搐、手足麻木、筋骨疼痛等。

用　　量　适量。

▼ 多汁乳菇子实体

◎参考文献◎

[1] 江纪武. 药用植物辞典 [M]. 天津：天津科学技术出
　　版社，2005：438.

[2] 中国药材公司. 中国中药资源志要 [M]. 北京：科学
　　出版社，1994：45.

[3] 卯晓岚. 中国大型真菌 [M]. 郑州：河南科学技术出
　　版社，2000：380.

▲吉林长白山国家级自然保护区森林秋季景观

▲ 鸡油菌子实体

▲ 市场上的鸡油菌子实体

鸡油菌科 Cantharellaceae

本科共收录 1 属、2 种。

鸡油菌属 Cantharellus Adans ex Fr.

鸡油菌 Cantharellus cibarius Fr.

俗　　名　鸡油蘑　鸡蛋黄菌
药用部位　鸡油菌科鸡油菌的子实体。
原 植 物　子实体一般中等大，喇叭形，肉质，杏黄色
至淡黄色。菌盖直径 3 ~ 10 cm，高 7 ~ 12 cm，最初盖扁平，后渐下凹，边缘伸展呈波状或瓣状向内卷。
菌肉淡黄色，稍厚。棱褶延生至菌柄部，窄而分叉或有横脉相连。菌柄长 2 ~ 8 cm，粗 0.5 ~ 1.8 cm，
杏黄色，向下渐细，光滑，内实。孢子无色，光滑，椭圆形，（7.0 ~ 10.0）μm×（5.0 ~ 6.5）μm。
生　　境　生于针叶林地、针阔混交林地及高山苔原带上，散生或群生。
分　　布　东北林区各地。全国绝大部分地区。朝鲜、俄罗斯（西伯利亚中东部）。
采　　制　秋季采收，除去杂质，晒干或烘干。

▲鸡油菌子实体

性味功效 味甘，性寒。有清目、利肺、益肠胃的功效。

主治用法 用于因维生素 A 缺乏症而引起的视力失常、眼炎、夜盲症、皮肤干燥、黏膜失去分泌能力、呼吸道及消化道感染等。煮食。

用　　量 30 ~ 60 g。

◎参考文献◎

[1] 严仲铠，李万林 . 中国长白山药
用植物彩色图志 [M] . 北京：
人民卫生出版社，1997：8-9.

[2] 中国药材公司 . 中国中药资源
志要 [M] . 北京：科学出版社，
1994：26.

[3] 戴玉成，图力古尔 . 中国东北野
生食药用真菌图志 [M] . 北京：
科学出版社，2006：21-22.

▲鸡油菌子实体

▲小鸡油菌子实体

小鸡油菌 *Cantharellus minor* Peck

俗　　名	鸡蛋黄菌

药用部位　鸡油菌科小鸡油菌的子实体。

原 植 物　子实体小，肉质，喇叭形，菌盖直径1～3 cm，橙黄色，中部初扁平，后下凹，边缘不规则波状，内卷。菌肉很薄。菌褶较稀疏，分叉，延生。柄橙黄色，上粗下细，长1～2 cm，粗0.2～0.6 cm。孢子无色，光滑，椭圆形，（6.0～8.0）μm×（4.5～5.5）μm。

生　　境　生于林地上，单生或散生。

分　　布　吉林长白、抚松、安图等地。广东、广西、福建、湖南、湖北、甘肃、陕西、海南、西藏、四川。朝鲜、俄罗斯（西伯利亚中东部）。

采　　制　秋季采收，除去杂质，晒干或烘干。

性味功效　有清目、利肺、益肠胃的功效。

主治用法　用于视力失常、夜盲症、泄泻、呼吸道及消化道感染等。煮食。

用　　量　30～60 g。

◎参考文献◎

[1] 江纪武. 药用植物辞典 [M]. 天津：天津科学技术出版社，2005：141.

[2] 中国药材公司. 中国中药资源志要 [M]. 北京：科学出版社，1994：26.

[3] 卯晓岚. 中国大型真菌 [M]. 郑州：河南科学技术出版社，2000：385.

▲小鸡油菌子实体

▲ 棒瑚菌子实体

別　名　棒锤菌

药用部位　珊瑚菌科棒瑚菌的子实体。

原植物　子实体中等大，棒状，不分枝，顶部钝圆，幼时光滑，后渐有纵条纹或纵皱纹，向基部渐渐变细，直或变曲，高 7 ～ 30 cm，粗 2 ～ 3 cm，土黄色，后期赭色或带红褐色，向下色渐变浅。菌肉白色，松软，有苦味。子实层生于棒的上部周围。柄部细，污白色。孢子印白色至带乳黄色。孢子无色，光滑，椭圆形，（11 ～ 16）μm×（6 ～ 10）μm。

生　境　生于阔叶林地上，单生、群生或近丛生。

▼ 棒瑚菌子实体

珊瑚菌科 Clavariaceae

本科共收录 1 属、1 种。

棒瑚菌属 Clavariadelphus Donk

棒瑚菌　*Clavariadelphus pistillaris*（L.）Donk

▲棒瑚菌子实体

▼棒瑚菌子实体

分　布　吉林长白、抚松、安图等地。河北、甘肃、云南、西藏、福建、广东、湖南、四川、广西。朝鲜、俄罗斯（西伯利亚中东部）。

采　制　夏、秋季采收，除去杂质，鲜用。

性味功效　抗癌。

用　量　适量。

附　注　此菌微带苦味，在四川地区有人曾反映有中毒发生，入药时要特别小心。

◎参考文献◎

[1] 卯晓岚. 中国大型真菌 [M]. 郑州：河南科学技术出版社，2000: 393.

▲吉林长白山国家级自然保护区高山苔原带春季景观

枝瑚菌科 Ramariaceae

本科共收录 1 属、3 种。

枝瑚菌属 *Ramaria* Fr. ex Bonord.

尖顶枝瑚菌 *Ramaria apiculata*（Fr.）Donk

别　　名	尖枝瑚菌
药用部位	枝瑚菌科尖顶枝瑚菌的子实体。
原 植 物	子实体较小，高 4 ~ 6 cm，浅肉色，顶端近同色。菌柄短，粗 0.3 ~ 0.4 cm，由基部或靠近基部开始分枝，着生于棉绒状菌丝垫上。小枝弯曲生长，下部 3 ~ 4 叉，上部双叉分枝，顶端细而尖。菌肉白色，软韧质。担子细长，4 小梗，（30 ~ 45）μm×（8 ~ 10）μm。孢子淡锈色，有皱或疣，宽椭圆形，（6 ~ 9）μm×（4 ~ 5）μm。
生　　境	生于林中倒腐木、落果及腐殖质上，单生或丛生。
分　　布	吉林长白山各地。安徽、四川、云南、广东、广西、西藏。朝鲜、俄罗斯（西伯利亚中东部）。
采　　制	夏、秋季采收，除去杂质，鲜用。

▲尖顶枝瑚菌子实体

性味功效 抗癌。
用　量 适量。

◎参考文献◎

[1] 江纪武. 药用植物辞典 [M]. 天津：天津科学技术出版社，2005：671.
[2] 卯晓岚. 中国大型真菌 [M]. 郑州：河南科学技术出版社，2000：394.

▲ 金黄枝瑚菌子实体

▲ 市场上的金黄枝瑚菌子实体

生　　境　生于云杉等混交林地上，群生或散生。

分　　布　吉林长白山各地。四川、云南、台湾、西藏。朝鲜、俄罗斯（西伯利亚中东部）。

采　　制　夏、秋季采收，除去杂质，鲜用。

性味功效　抗癌。

用　　量　适量。

◎参考文献◎

[1] 卯晓岚. 中国大型真菌 [M]. 郑州: 河南科学技术出版社, 2000: 394.

金黄枝瑚菌 *Ramaria aurea*（Schaeff.）Quél.

药用部位　枝瑚菌科金黄枝瑚菌的子实体。

原植物　子实体中等或较大，形成一丛，有许多分枝由较粗的菌柄部发出，高可达 20 cm，宽 5 ~ 12 cm，分枝多次分成叉状，卵黄色至赭黄色。菌柄基部色浅或呈白色。担子棒状，（3.8 ~ 5.5）μm×（7.5 ~ 10.0）μm，4 小梗。孢子带黄色，表面粗糙有小疣，椭圆至长椭圆形，（7.5 ~ 15.0）μm×（3.0 ~ 6.5）μm。

▲ 金黄枝瑚菌子实体

▲粉红枝瑚菌子实体

粉红枝瑚菌 *Ramaria formosa*（Pers.: Fr.）Quél.

别　　名　珊瑚菌　粉红丛枝菌

药用部位　枝瑚菌科粉红枝瑚菌的子实体。

原 植 物　子实体较大，浅粉红色或肉粉色，由基部分出许多分枝，形似海中的珊瑚。高达 10 ~ 15 cm，宽 5 ~ 10 cm，干燥后呈浅粉灰色。每个分枝又多次分叉，小枝顶端叉状或齿状。菌肉白色。孢子表面粗糙，很少光滑，椭圆形，（8 ~ 15）μm×（4 ~ 6）μm。

生　　境　生于阔叶林地上，一般成群丛生在一起。

分　　布　黑龙江林区各地。吉林林区各地。河北、河南、甘肃、四川、西藏、安徽、云南、福建等地。朝鲜。

采　　制　夏、秋季采收，除去杂质，鲜用。

性味功效　有祛风、破血、缓中、和胃气、抗癌的功效。

用　　量　适量。

◎参考文献◎

[1] 江纪武. 药用植物辞典 [M]. 天津：天津科学技术出版社，2005: 671.

[2] 中国药材公司. 中国中药资源志要 [M]. 北京：科学出版社，1994: 26.

[3] 卯晓岚. 中国大型真菌 [M]. 郑州：河南科学技术出版社，2000: 398.

▲粉红枝瑚菌子实体

▲内蒙古自治区莫尔道嘎林业局白鹿岛森林春季景观

▲丛片韧革菌子实体

韧革菌科 Stereaceae

本科共收录 1 属、3 种。

韧革菌属 *Stereum* Pers. : Fr.

丛片韧革菌 *Stereum frustulosum* （Pers.）Fr.

| 别　　名 | 龟背刷革 |

别　　名　龟背刷革

药用部位　韧革菌科丛片韧革菌的子实体。

原植物　子实体小，平伏，直径 0.2 ~ 1.0 cm，厚 1 ~ 2 mm，木质，初期为半球形小疣，后渐扩大相连且不相互愈合，往往挤压呈不规则角形，形成龟裂状外观，坚硬，表面近白色、灰白色至浅肉色，边缘黑色粉状。菌肉肉桂色，多层。孢子长卵形至卵圆形，平滑，无色，（5.0 ~ 6.0）μm×（3.0 ~ 3.5）μm。

担子近圆柱状，4 小梗。子实层上有瓶刷状的侧丝，粗 2 ~ 4 μm。

生　　境　寄生于蒙古栎等枯树干上。

分　　布　黑龙江林区各地。吉林林区各地。云南、广东、广西、福建、海南等。朝鲜。

采　　制　夏、秋季采收，除去杂质，晒干或烘干。

性味功效　抗癌。

用　　量　适量。

◎参考文献◎

[1] 卯晓岚. 中国大型真菌 [M]. 郑州：河南科学技术出版社，2000：406.

▲丛片韧革菌子实体

▲ 烟色韧革菌子实体

▲ 市场上的烟色韧革菌子实体

烟色韧革菌 *Stereum gausapatum* Fr.

别　　名	烟色血革
药用部位	韧革菌科烟色韧革菌的子实体。

原 植 物　子实体小，革质，平伏而反卷，反卷部分长 1 ~ 2 cm，丛生，呈覆瓦状，常相互连接，有细长毛或粗毛，呈烟色，多少可见辐射状皱褶。子实层淡粉灰色至浅粉灰色，受伤和割破处流汁液，以后色变污，剖面无毛层厚 400 ~ 750 μm，中间层与绒毛层之间有紧密有色的边缘带。担子长圆柱状，具 4 小梗。子实层上有无数色汁导管，（75 ~ 100）μm×5 μm。孢子无色，平滑，长椭圆形，（5.0 ~ 8.0）μm×（2.5 ~ 3.5）μm。

生　　境　生于云杉、冷杉或松林及混交林地上，散生。

分　　布　东北地区各地。河北、山西、甘肃、四川、安徽、江苏、浙江、江西、云南、广西、福建、海南、陕西、贵州。朝鲜、俄罗斯（西伯利亚中东部）。

采　　制　夏、秋季采收，除去杂质，晒干或烘干。

性味功效　抗癌。

用　　量　适量。

◎ 参考文献 ◎

[1] 朱有昌. 东北药用植物 [M]. 哈尔滨：黑龙江科学技术出版社，1989：1240.

[2] 卯晓岚. 中国大型真菌 [M]. 郑州：河南科学技术出版社，2000：406.

毛韧革菌 *Stereum taxodii* Lentz et Mckay

别　　名	毛栓菌
药用部位	韧革菌科毛韧革菌的子实体。

原 植 物　子实体小至中等大。半圆形、贝壳形或扇形，无柄，菌盖宽 2 ~ 10 cm，厚 0.2 ~ 1.0 cm，表面浅黄色至淡褐色。有粗毛或绒毛，具同心环棱，边缘薄而锐，完整或波浪状，菌肉白色至淡黄色。管孔面白色，浅黄色、灰白色，有时变暗灰色，孔口圆形至多角形，2 ~ 3 个 /mm^2，管壁完整。担孢子圆柱形，腊肠形，光滑，无色，（6.0 ~ 7.5）μm×（2.0 ~ 2.5）μm。

生　　境　寄生于杨、柳等阔叶树活立木、枯立木、死枝杈或伐桩上。

分　　布　东北地区各地。全国绝大部分地区。朝鲜、俄罗斯（西伯利亚中东部）。

采　　制　夏、秋季采收，除去杂质，晒干或烘干。

性味功效　有除风湿、疗肺疾、止咳、化脓、生肌及抗癌的功效。

用　　量　适量。

◎ 参考文献 ◎

［1］江纪武 . 药用植物辞典 [M]. 天津：天津科学技术出版社，2005：777.

［2］戴玉成，图力古尔 . 中国东北野生食药用真菌图志 [M]. 北京：科学出版社，2006：199-200.

［3］卯晓岚 . 中国大型真菌 [M]. 郑州：河南科学技术出版社，2000：408.

▲吉林长白山国家级自然保护区锦江大峡谷秋季景观

▲ 绣球菌子实体

▲ 绣球菌子实体

绣球菌科 Sparassidaceae

本科共收录 1 属、1 种。

绣球菌属 *Sparassis* Fr.

绣球菌 *Sparassis crispa* （Wulf.）Fr.

别　　名	绣球蕈
药用部位	绣球菌科绣球菌的子实体。
原植物	子实体中等至大型，肉质，由一个粗壮的菌

柄上发出许多分枝，枝端形成无数曲折的瓣片，形似巨大的绣球，直径 10 ~ 40 cm，白色至污白或污黄色。瓣片似银杏叶状或扇形，薄而边缘不平，干后色深，质硬而脆。子实层生瓣片上。孢子无色，光滑，卵圆形至球形，（4.0 ~ 5.0）μm×（4.0 ~ 4.6）μm。

生　　境	生于云杉、冷杉或松林及混交林地上，散生。
分　　布	黑龙江林区各地。吉林林区各地。河北、陕西、广东、西藏、云南、福建。朝鲜、俄罗斯（西

▲ 绣球菌子实体

伯利亚中东部）。

采　　制　夏、秋季采收，除去杂质，晒干或烘干。

性味功效　有舒筋活络、追风散寒的功效。

主治用法　用于风湿关节痛。

用　　量　适量。

◎参考文献◎

[1] 江纪武. 药用植物辞典 [M].
　　天津：天津科学技术出版社，
　　2005: 765.

[2] 戴玉成，图力古尔. 中国东北野
　　生食药用真菌图志 [M]. 北京：
　　科学出版社，2006: 197-198.

[3] 卯晓岚. 中国大型真菌 [M].
　　郑州：河南科学技术出版社，
　　2000: 410.

▲ 市场上的绣球菌子实体

▲吉林长白山国家级自然保护区岳桦林带夏季景观

▲ 榆耳子实体（白色）

▼ 榆耳子实体

革菌科 Thelephoraceae

本科共收录 1 属、1 种。

榆耳属 *Gloeostereum* S. Ito & S. Imai

榆耳 *Gloeostereum incarnatum* S. Ito et Imai

别　　名　胶韧革菌

药用部位　革菌科榆耳的子实体。

原 植 物　子实体较小或中等大。菌盖直径 2 ~ 10 cm，厚 0.3 ~ 0.5 cm，初期近球形，呈半圆形，贝壳状或盘状，背着生，边缘向内卷，胶质，柔软，有弹性，菌盖面污白带粉红黄色，被短细绒毛，后期变暗褐色，干时呈浅咖啡色。子实层面粉肉色或浅土黄褐色，具曲折又近辐射状的棱脉纹，表面往往似有粉末，干燥时浅赤褐色

至琥珀褐色。菌肉淡褐色，半透明。无菌柄。菌丝近无色，具锁状联合。子实层栅状排列，担子具4小梗。孢子无色，平滑，卵圆形至椭圆形，（6.0～8.0）μm×（0.7～4.0）μm。囊体棒状或近柱状，（43.7～140.0）μm×（4.0～15.0）μm。

生　　境　寄生于榆树枯枝干上，往往数个子实体生长在一起。

分　　布　吉林通化。辽宁新宾。日本。

采　　制　夏、秋季采收，除去杂质，鲜用。

性味功效　有抗癌、止痢的功效。

主治用法　用于白痢。水煎服。

用　　量　适量。

◎参考文献◎

[1] 严仲铠，李万林. 中国长白山药用植物彩色图志 [M]. 北京：人民卫生出版社，1997：8.

[2] 戴玉成，图力古尔. 中国东北野生食药用真菌图志 [M]. 北京：科学出版社，2006：70-72.

[3] 卯晓岚. 中国大型真菌 [M]. 郑州：河南科学技术出版社，2000：414.

▲吉林长白山国家级自然保护区岳桦林带夏季景观

▲ 干朽菌子实体

皱孔菌科 Meruliaceae

本科共收录 1 属、1 种。

干朽菌属 *Gyrophana* Pat.

干朽菌 *Gyrophana lacrymans*（Wulf.：Fr.）Pat.

别　　名　伏果圆炷菌

药用部位　皱孔菌科干朽菌的子实体。

原 植 物　子实体平状，近圆形、椭圆形，有时数片连接成大片，一般长宽 10 ~ 20 cm，相互连接可以达 100 cm，肉质，干后近革质。子实层锈黄色，由棱脉交织成凹坑或皱褶，棱脉边缘后期割裂成齿状，子实层边缘有宽达 1.5 ~ 2.0 cm 的白色或黄色具绒毛状的不孕宽带。凹坑宽 1 ~ 2 mm，深约 1 mm。担子棒状，细长，（40.0 ~ 68.0）μm×（6.0 ~ 9.5）μm。囊体长梭形，（50 ~ 80）μm×（6 ~ 8）μm。孢子浅锈色，椭圆形，往往不等边，光滑，（7.5 ~ 13.0）μm×（5.0 ~ 8.0）μm。

生　　境　生于云杉、冷杉或松林及混交林地上，散生。

分　　布　东北林区各地。云南、四川、西藏、新疆。朝鲜、俄罗斯（西伯利亚中东部）。

▲干朽菌子实体（黄色）

采 制 夏、秋季采收，除去杂质，晒干或烘干。
性味功效 抗癌。
用 量 适量。

◎参考文献◎
[1] 中国药材公司.中国中药资源志要[M].北京：科学出版社，1994：27.
[2] 卯晓岚.中国大型真菌[M].郑州：河南科学技术出版社，2001：415.

▲干朽菌子实体（橙色）

▲黑龙江省朗乡林业局小白林场钻山锥森林秋季景观

▼猴头菌子实体

猴头菌科 Hericiaceae

本科共收录 1 属、3 种。

猴头菌属 Hericium Pers. ex Fr.

猴头菌 Hericium erinaceum （Bull. : Fr.）Pers.

别　　名	猴菇菌
俗　　名	猴头蘑 刺猬菌 猬菌
药用部位	猴头菌科猴头菌的子实体。
原植物	担子果一年生，肉质，含水分多，柔软，子实体中等、较大或大型，直径 5 ~ 10 cm 或可达 30 cm，呈扁半球形或头状，由无数肉质软刺生长在狭窄或较短的菌柄部，刺细长下垂，长 1 ~ 3 cm，新鲜时白色，后期浅黄至浅褐色，子实层生刺之周围。孢子无色，光滑，含一油滴，球形或近球形，（5.1 ~ 7.6）μm×（5.0 ~ 7.6）μm。

▲ 猴头菌子实体

生　　境　寄生于栎、胡桃楸等阔叶树活立木、枯立木（多生在立木受伤处）及腐木上。

分　　布　东北林区各地。华北、华东、华中、西北、西南。朝鲜、蒙古、俄罗斯（西伯利亚中东部）。

采　　制　夏、秋季采收，除去杂质，晒干或烘干。

▲ 市场上的猴头菌子实体（干）

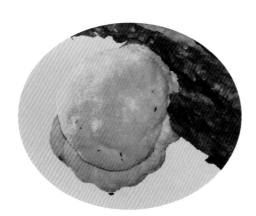

▲ 猴头菌子实体

性味功效　味甘，性平。有利五脏、助消化、抗癌、滋补的功效。

主治用法　用于消化不良、神经衰弱、胃和十二指肠溃疡、胃

炎、胃癌、食管癌等。水煎服。

用　量　60 ～ 150 g。

◎参考文献◎

[1] 严仲铠，李万林 . 中国长白山药用植物彩色图志 [M]. 北京：人民卫生出版社，1997：10-11.

[2] 中国药材公司 . 中国中药资源志要 [M]. 北京：科学出版社，1994：27.

[3] 戴玉成，图力古尔 . 中国东北野生食药用真菌图志 [M]. 北京：科学出版社，2006：82-84.

▼猴头菌子实体

▲猴头菌子实体

▲市场上的猴头菌子实体（鲜）

▲ 珊瑚状猴头菌子实体

珊瑚状猴头菌 *Hericium coralloides*（Scop.: Fr.）Pers. ex Gray

别　　名	玉髯
俗　　名	狍子屁股
药用部位	猴头菌科珊瑚状猴头菌的子实体（入药称"玉髯"）。

原植物　担子果一年生，子实体中等、较大或大型，直径 5 ~ 10 cm 或可达 30 cm，呈扁半球形或头状，由无数肉质软刺生长在狭窄或较短的菌柄部，刺细长下垂，长 1 ~ 3 cm，新鲜时白色，后期浅黄至浅褐

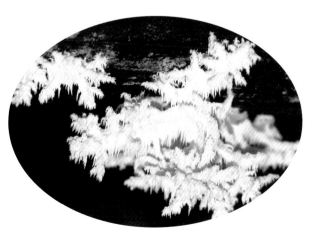

▲ 珊瑚状猴头菌子实体

▲ 市场上的珊瑚状猴头菌子实体

▼珊瑚状猴头菌子实体

▲珊瑚状猴头菌子实体

色，子实层生刺的周围。孢子无色，光滑，含油滴，球形或近球形，（5.1～7.6）μm×（5.0～7.6）μm。

生　　境　寄生于栎等阔叶树活立木、枯立木或腐木上。

分　　布　东北林区各地。新疆。西南。朝鲜、蒙古、俄罗斯（西伯利亚中东部）。

采　　制　夏、秋季采收，除去杂质，晒干。

性味功效　味甘，性平。有利五脏、助消化、滋补、抗癌的功效。

主治用法　用于消化不良、神经衰弱、身体虚弱、胃溃疡等。水煎服。

用　　量　30～150 g。

◎参考文献◎

［1］钱信忠.中国本草彩色图鉴（第二卷）[M].北京：人民卫生出版社，2003：34-35.

［2］严仲铠，李万林.中国长白山药用植物彩色图志[M].北京：人民卫生出版社，1997：10.

［3］戴玉成，图力古尔.中国东北野生食药用真菌图志 [M].北京：科学出版社，2006：80-81.

▲ 假猴头菌子实体

▲ 假猴头菌子实体

假猴头菌 *Hericium laciniatum*（Leers）Banker

别　　名	小猴头菌
药用部位	猴头菌科假猴头菌的子实体。
原 植 物	子实体中等至大型，白色至淡黄色，由基部连续多次分枝的菌体组成，分枝的顶端小枝纤细，向各方向伸出，枝端小刺长 1 ~ 5 mm。孢子无色，光滑，内含一油滴，椭圆形或近卵圆形至近球形，（2.8 ~ 4.5）μm×（2.6 ~ 4.3）μm。油囊体淡黄褐色，（50 ~ 60）μm×（5 ~ 7）μm。
生　　境	寄生于栎等阔叶树的树干上。
分　　布	东北林区各地。四川、云南。朝鲜、俄罗斯（西伯利亚中东部）。
采　　制	夏、秋季采收，除去杂质，晒干或烘干。
性味功效	味甘，性平。有利五脏、助消化、滋补、抗癌的功效。
主治用法	用于消化不良、神经衰弱、身体虚弱、胃溃疡、萎缩性胃炎等。水煎服。
用　　量	适量。

◎参考文献◎

［1］严仲铠，李万林．中国长白山药用植物彩色图志［M］．北京：人民卫生出版社，1997：11.

［2］卯晓岚．中国大型真菌［M］．郑州：河南科学技术出版社，2000：424.

▲黑龙江太平沟国家级自然保护区森林秋季景观

▲ 灰树花子实体　　　　▼ 灰树花子实体

多孔菌科 Polyporaceae

本科共收录 21 属、36 种。

树花属 *Grifola* Gray

灰树花 *Grifola frondosa* （Dicks.）Gray

别　　　名	贝叶多孔菌　麻栗窝菌　叶状奇果菌
俗　　　名	莲花菌　栗子蘑
药用部位	多孔菌科灰树花的子实体。
原 植 物	子实体大或特大，肉质，有菌柄，多分枝，末端生扇形或匙形菌盖，重叠成丛，直径可达 40 ~ 60 cm。菌盖直径 6 ~ 8 cm，掌状、叶状，边缘波状，灰色至淡褐色，表面有细绒毛，干后硬，老后光滑，有放射条纹，边缘薄，内卷。菌肉白色。担子棒状，4 小梗。
生　　　境	寄生于阔叶树活的倒木上。
分　　　布	吉林长白、安图、抚松、临江、和龙、汪清、

▲灰树花子实体

敦化等地。河北、广西、四川、西藏。朝鲜、俄罗斯（西伯利亚中东部）。

采　　制　秋季采收，除去杂质，晒干或烘干。

主治用法　用于贫血、白癜风、软骨病、佝偻病、肝硬化、糖尿病、水肿、脚气病、高血压、动脉硬化、脑血栓及小便不利等。水煎服。

用　　量　适量。

◎参考文献◎

[1] 戴玉成，图力古尔. 中国东北野生食药用真菌图志 [M]. 北京：科学出版社，2006:73-75.

[2] 卯晓岚. 中国大型真菌 [M]. 郑州：河南科学技术出版社，2000:425-426.

▲市场上的灰树花子实体

▲ 大刺孢树花子实体

大刺孢树花 *Grifola gigantea* （Pers.）Pilát.

别　　名	亚灰树花
药用部位	多孔菌科大刺孢树花的子实体。

原 植 物　子实体大或特大。菌盖直径 10 ~ 12 cm，厚达 1 cm 以上，许多菌盖有一共同菌柄，一株直径可达 15 ~ 50 cm 或更大。菌盖表面黄褐色、茶褐色至浓茶褐色，并具有放射性条纹和深色环纹，表皮有细微颗粒或呈绒毛状小鳞片。菌肉白色，纤维状肉质，逐渐变暗色，气味温和。管孔白色，接触部位变暗色，菌管短，管口小，近圆形，延生。菌柄短粗，内部充实。孢子卵圆形、宽椭圆形，（4.5 ~ 7.0）μm×（3.5 ~ 5.5）μm。担子粗棒状，具 4 小梗，（20 ~ 46）μm×（5.5 ~ 9.2）μm。

生　　境　生于阔叶林地上，常发生于树根部位。

分　　布　吉林长白山各地。云南、贵州、四川、浙江等。朝鲜、俄罗斯（西伯利亚中东部）。

采　　制　秋季采收，除去杂质，晒干或烘干。

性味功效　抗癌。

用　　量　适量。

◎参考文献◎

［1］严仲铠，李万林. 中国长白山药用植物彩色图志 [M]. 北京：人民卫生出版社，1997：26.

［2］卯晓岚. 中国大型真菌 [M]. 郑州：河南科学技术出版社，2000：428.

▲ 猪苓子实体

猪苓 *Grifola umbellatus* （Pers. : Fr.）Pilat.

别 名	猪茯苓 猪苓多孔菌
俗 名	野猪粪 野猪屎 野猪食 地乌桃 假猪屎
药用部位	多孔菌科猪苓的干燥菌核。
原植物	子实体大或很大，肉质，有菌柄，多分

枝，末端生圆形白色至浅褐色菌盖，一丛直径可达

▲ 市场上的猪苓菌核

▲ 市场上的猪苓子实体

35 cm。菌盖直径 1 ~ 4 cm，圆形，中部下凹近漏斗形，边缘内卷，被深色细鳞片。菌肉白色，孔面白色，干后草黄色。孔口圆形或破裂呈不规则齿状，延生，平均 2 ~ 4 个 /mm²。孢子无色，

▲ 猪苓子实体

▲ 猪苓菌核

湖北、贵州、青海等。朝鲜、蒙古、俄罗斯（西伯利亚中东部）。

采 制 春、秋季采挖菌核，除去泥土，洗净，晒干。切片生用。

性味功效 味甘、淡，性平。有利尿渗湿的功效。

主治用法 用于小便不利、水肿胀满、脚气、泄泻、淋浊、带下、黄疸病、肝硬化腹腔积

光滑，一端圆形，一端有歪尖，圆筒形，（7～10）μm×（3.0～4.2）μm。

生 境 寄生于林内、林缘、灌丛、采伐迹地等处栎属、柳属及松科植物的根部。

分 布 黑龙江林区各地。吉林林区各地。河北、河南、山西、陕西、西藏、内蒙古、甘肃、四川、

▲ 猪苓菌核

▲猪苓菌核

液、尿急、尿频、尿道痛、急性肾炎、肿瘤。水煎服，或入丸、散。

用　量　5～10 g。

附　方

（1）治水肿、小便不利：猪苓、茯苓皮、泽泻各15 g，车前子、滑石粉各20 g。水煎服。

（2）治腹泻：猪苓、茯苓、白术、白扁豆各15 g。水煎服。

附　注　本品为《中华人民共和国药典》（2020年版）收录的药材。

◎参考文献◎

［1］江苏新医学院. 中药大辞典（下册）
　　　［M］. 上海：上海科学技术出版社，
　　　1977：2191-2193.

［2］《全国中草药汇编》编写组. 全国
　　　中草药汇编（上册）［M］. 北京：人
　　　民卫生出版社，1975：797-798.

［3］严仲铠，李万林. 中国长白山药用
　　　植物彩色图志［M］. 北京：人民卫
　　　生出版社，1997：26-27.

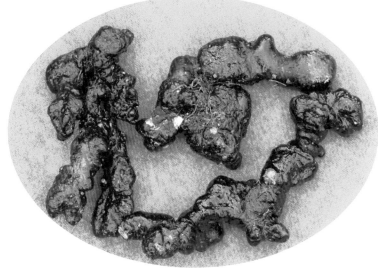

▲猪苓菌核

▲ 黑柄多孔菌子实体

多孔菌属 *Polyporus* P. Micheli

黑柄多孔菌 *Polyporus melanopus* （Pers.）Fr.

药用部位 多孔菌科黑柄多孔菌的子实体。

原 植 物 子实体一般中等大，菌盖直径 3 ~ 10 cm，扁平至浅漏斗形或中部下凹呈脐状，半肉质，干后硬而脆，初期白色、污白黄色变黄褐色，后期呈茶褐色，表面平滑无环带，边缘呈波状。菌柄长 2 ~ 6 cm，粗 0.3 ~ 1.0 cm，近圆柱形稍弯曲，暗褐色至黑色，内部白色，近中生，内实而变硬，有绒毛，基部稍膨大，菌管白色，孔口多角形，4 个 /mm^2，边缘呈锯齿状。孢子无色，光滑，椭圆至长椭圆形或近圆柱状，（7.5 ~ 9.0）μm×（2.0 ~ 4.5）μm。

生 境 寄生于桦、杨等阔叶树腐木桩上或靠近基部腐木上，单生或群生。

分 布 吉林抚松、长白、安图等地。河北。朝鲜。

采 制 夏、秋季采收，除去杂质，晒干或烘干。

性味功效 抗癌。

用 量 适量。

◎ 参考文献 ◎

[1] 卯晓岚. 中国大型真菌 [M]. 郑州：河南科学技术出版社，2000: 431.

▲ 黑柄多孔菌子实体

皮孔菌属 *Ischnoderma* Karst.

皱皮孔菌 *Ischnoderma resinosum* （Schaeff. : Fr.）Karst.

药用部位 多孔菌科皱皮孔菌的子实体。

原 植 物 子实体大，（7 ~ 13）cm×（9 ~ 20）cm，厚 1 ~ 3 cm，半圆形或扁半球形，基部常下延，表面锈褐色至黑褐色，无菌柄，侧生，单个或几个叠生，扁平。新鲜时肉质，柔软多汁，干后变硬或木栓质，有不明显的同心环带。新鲜时表面平滑而干后有放射状皱纹，表皮层薄，有细绒毛，后渐脱落，边缘厚而钝，干时内卷，波状或有瓣裂，下侧无子实层。菌肉鲜时近白色，柔软，干后木栓质，呈蛋壳色至淡褐色，厚 0.5 ~ 2.5 cm。菌管与菌肉同色，长 0.2 ~ 0.6 cm，管壁薄，管口近白色，干后或伤后变灰褐色，圆形至多角形，4 ~ 6 个 /mm²。孢子无色，光滑，稍弯曲，近圆柱形，（5 ~ 7）μm×（1 ~ 2）μm。

生　　境 寄生于云杉、红松、榆等活立木的干部、干基部或枯立木、倒木及伐桩上。

分　　布 东北林区各地。河北、广西、云南、陕西、四川、西藏。朝鲜、俄罗斯（西伯利亚中东部）。

采　　制 夏、秋季采收，除去杂质，鲜用。

性味功效 抗癌。

用　　量 适量。

◎ 参考文献 ◎

[1] 卯晓岚. 中国大型真菌 [M]. 郑州：河南科学技术出版社，2000: 433.

▲ 皱皮孔菌子实体

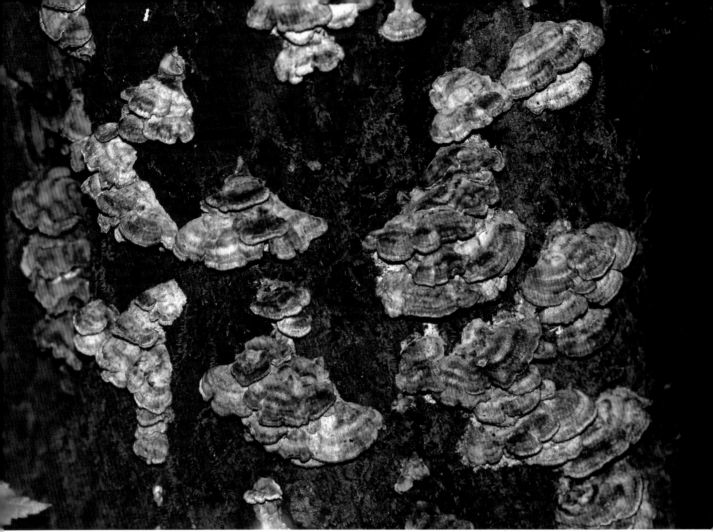

烟管菌属 *Bjerkandera* Karst.

烟管菌 *Bjerkandera adusta* （Willd. : Fr.）Karst.

别　　名　烟色多孔菌　黑管菌

药用部位　多孔菌科烟管菌的子实体。

原 植 物　子实体较小，一年生，无柄，软革质，以后变硬。菌盖半圆形，宽 2 ~ 7 cm，厚 0.1 ~ 0.6 cm，表面淡黄色、灰色到浅褐色，有绒毛，以后脱落，表面近光滑或稍有粗糙，环纹不明显。边缘薄，波浪形，变黑，下面无子实层。菌肉软革质，干后脆，纤维状，白色至灰色，很薄，菌管黑色。管孔面烟色，后变鼠灰色，孔口圆形近多角形， 4 ~ 6 个 /mm^2。担孢子椭圆形，基部有尖突，无色。

生　　境　寄生于云杉、桦树等伐桩、枯立木、倒木上，覆瓦状排列或连成片。

分　　布　东北地区各地。全国绝大部分地区。朝鲜、俄罗斯（西伯利亚中东部）。

采　　制　春、夏、秋三季采收，切片，晒干或烘干。

性味功效　抗癌。

用　　量　适量。

◎参考文献◎

[1] 江纪武. 药用植物辞典 [M]. 天津：天津科学技术出版社，2005：108.

[2] 卯晓岚. 中国大型真菌 [M]. 郑州：河南科学技术出版社，2000：433.

▲ 烟色烟管菌子实体

烟色烟管菌 *Bjerkandera fumosa*（Pers. : Fr.）Karst.

别　　名	亚黑管菌
药用部位	多孔菌科烟色烟管菌的子实体（入药称"亚黑管菌"）。

原 植 物　子实体平伏生长，反卷部分呈贝壳状，往往许多生长在一起呈覆瓦状，上表面有微细绒毛，白色至淡黄色或浅灰色，（2.0 ~ 7.0）cm×（3.0 ~ 8.5）cm，厚 4 ~ 10 mm，无环带或有不明显的环带，边缘厚或薄。菌肉白色或近白色，木栓质，厚 2 ~ 7 mm。菌管近似肉色或稍暗，长 1.5 ~ 2.5 mm，菌管层与菌肉之间有一黑色条纹。管口近白色至灰褐色，有时受伤处变暗色，多角形，3 ~ 5 个 /mm^2。孢子长椭圆形或椭圆形，无色，光滑，（5.0 ~ 7.0）μm×（2.5 ~ 4.0）μm。菌丝薄壁，粗 3 ~ 5 μm，具横隔及锁状联合。

生　　境　寄生于阔叶树倒木及枯树干上。

分　　布　东北林区各地。湖南、广西、四川、云南、江苏、福建、甘肃、陕西、青海、贵州。朝鲜、俄罗斯（西伯利亚中东部）。

采　　制　春、夏、秋三季采收，切片，晒干或烘干。

性味功效　味微涩，性平。有抗癌的功效。

主治用法　用于子宫癌。

用　　量　15 ~ 20 g。

◎参考文献◎

[1] 钱信忠. 中国本草彩色图鉴（第二卷）[M]. 北京：人民卫生出版社，2003：321-322.

[2] 严仲铠，李万林. 中国长白山药用植物彩色图志 [M]. 北京：人民卫生出版社，1997：12.

[3] 卯晓岚. 中国大型真菌 [M]. 郑州：河南科学技术出版社，2000：434.

▲硫黄菌子实体　　　　　　▼硫黄菌子实体

硫黄菌属 *Laetiporus* Murrill

硫黄菌 *Laetiporus sulphureus*（Bull. ex Fr.）Murrill

别　　名	硫黄多孔菌　硫色干酪菌　硫色烟孔菌
俗　　名	树鸡蘑　树鸡　鸡冠子
药用部位	多孔菌科硫黄菌的子实体。
原植物	子实体大型。初期瘤状，似脑髓状，以后长出一

▼市场上的硫黄菌子实体

▲ 硫黄菌子实体

层层菌盖，覆瓦状排列，肉质，干后轻而脆。菌盖直径 8～30 cm，厚 1～2 cm，表面硫黄色至鲜橙色，有细绒或无，有皱纹，无环带，边缘薄而锐，波浪状至瓣裂。菌肉白色或浅黄色，管孔面硫黄色，干后褪色，孔口多角形，平均 3～4 个 /mm^2。孢子无色，光滑，卵形或近球形，（4.5～7.0）μm×（4.0～5.0）μm。

生 境 寄生于黄花落叶松、红松、冷杉、云杉、栎、槭、柳、李等活立木的干部、干基部或枯立木、倒木及伐桩上。

分 布 东北林区各地。华北、华东、华中、西北、西南。朝鲜、蒙古、俄罗斯（西伯利亚中东部）。

采 制 夏、秋季采收，除去杂质，鲜用。

性味功效 味甘，性温。有抗癌的功效。

主治用法 乳腺癌、前列腺癌的辅助药物。

用 量 适量。

▲ 硫黄菌子实体（黄色）

▲硫黄菌子实体

◎参考文献◎

[1] 严仲铠，李万林. 中国长白山药用植物彩色图志 [M]. 北京：人民卫生出版社，1997：31.

[2] 戴玉成，图力古尔. 中国东北野生食药用真菌图志 [M]. 北京：科学出版社，2006：106-107.

[3] 中国药材公司. 中国中药资源志要 [M]. 北京：科学出版社，1994：35.

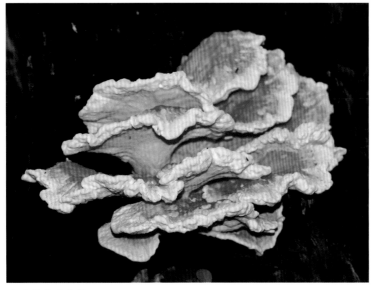

▲硫黄菌子实体

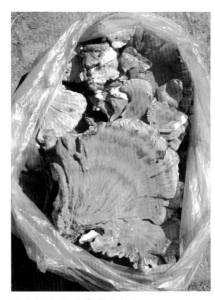

▲市场上的硫黄菌子实体

▲ 硫黄菌子实体

迷孔菌属 *Daedalea* Pers. : Fr.

肉色迷孔菌 *Daedalea dickinsii* Yasuda

别　　名	迪金斯栓菌　扁疣菌　肉色栓菌
药用部位	多孔菌科肉色迷孔菌的子实体。

原 植 物　子实体一年生，木栓质，无菌柄，侧生，菌盖（4～14）cm×（6～27）cm，厚1～2 cm，基部厚达3 cm，半圆形、扁平，或马蹄形，表面有不明显的辐射状皱纹和环纹，或有小疣和小瘤，细绒毛，渐变光滑，初浅肉色，后变为棕灰色至深棕灰色，盖缘薄、钝，全缘，下侧无子实层。菌肉淡褐色、粉红色至肉桂色，具环纹，厚3～10 mm，可达20 mm。管同菌肉色，单层，长3～20 mm，管口近似盖色，形状不整齐，边缘多为圆形，其他为多角形至长方形，1～2个/mm²，向边缘渐呈长方形至迷路状，偶尔出现近褶状，管壁厚，全缘。孢子无色，光滑，近球形，直径3.5～4.0 μm。

生　　境　寄生于阔叶树倒木、伐木桩上，单生或覆瓦状叠生。

分　　布　东北林区各地。河北、山西、河南、陕西、甘肃、四川、安徽、江苏、浙江、云南、广西、台湾。

▼肉色迷孔菌子实体

朝鲜、蒙古、俄罗斯（西伯利亚中东部）。

采　　制　夏、秋季采收，除去杂质，晒干或烘干。

性味功效　抗癌。

用　　量　适量。

◎参考文献◎

[1] 戴玉成，图力古尔. 中国东北野生食药用真菌图志 [M]. 北京：科学出版社，2006：42-43.

[2] 卯晓岚. 中国大型真菌 [M]. 郑州：河南科学技术出版社，2000：439.

拟迷孔菌属 *Daedaleopsis* J. Schröt

三色拟迷孔菌 *Daedaleopsis tricolor*（Bull. : Fr.）Bond. et Sing.

别　　名　三色褶孔　褶孔菌

药用部位　多孔菌科三色拟迷孔菌的子实体。

原 植 物　子实体一般中等大，一年生，无菌柄。菌盖（1～5）cm×（1.5～8.0）cm，厚2～10 cm，半圆形或基部狭小，扁平，有时左右相连，腐叶色至肝紫色，渐褪至浅茶褐色或肉桂色，甚至变为灰白色，革质至木栓质，初期有细绒毛，后变光滑，有环带和辐射状皱纹，边缘薄锐，波浪状。菌肉淡色，厚1～2 mm。菌褶初期暗褐色，后期褪为肉桂色，薄，宽1～8 mm，褶间距0.5～1.0 mm，往往分叉，近基部相互交织，褶缘波浪状或近锯齿状。孢子无色，平滑，长圆柱形，（5.5～7.5）μm×（2.2～2.5）μm。

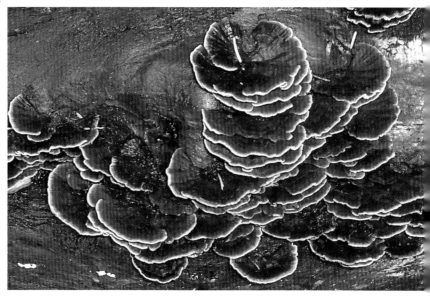

▲三色拟迷孔菌子实体

生　　境　寄生于槭、榆、杨、柳、栎、椴、桦等阔叶树腐木上，有时还寄生于松等针叶树枯立木或倒木上，常侧生或覆瓦状叠生。

分　　布　东北林区各地。全国绝大部分地区。朝鲜、蒙古、俄罗斯（西伯利亚中东部）。

采　　制　夏、秋季采收，除去杂质，晒干或烘干。

性味功效　抗癌。

用　　量　适量。

◎参考文献◎

[1] 江纪武. 药用植物辞典 [M]. 天津：天津科学技术出版社，2005：243.

[2] 戴玉成，图力古尔. 中国东北野生食药用真菌图志 [M]. 北京：科学出版社，2006：44-45.

[3] 卯晓岚. 中国大型真菌 [M]. 郑州：河南科学技术出版社，2000：442.

暗孔菌属 *Phaeolus*（Pat.）Pat.

栗褐暗孔菌 *Phaeolus schweinitzii*（Fr.）Pat.

别　　名　松杉暗孔菌

药用部位　多孔菌科栗褐暗孔菌的子实体。

原植物　子实体一般中等大，一年生，无菌柄。菌盖圆形、半圆形、扇形或漏斗形，菌盖直径 25 cm，厚 2 cm，菌盖表面幼时黄色，干后为暗红褐色，有微密绒毛，后期变粗糙，有明显的同心环沟；边缘锐，波状。孔口表面幼时橘黄色，干后为黑褐色；孔口多角形，2 ~ 3 个 /mm²。菌管黄褐色，直径 2.1 ~ 5.2 mm。子实层有棍棒形囊状体，壁薄，浅黄色，大小为（28.0 ~ 75.0）μm×（6.9 ~ 12.0）μm；担子长筒形；担孢子椭圆形，无色，平滑，（5.7 ~ 9.0）μm×（4.0 ~ 5.0）μm。

生　　境　寄生于针叶树根基部和倒木上，覆瓦状叠生或莲花状叠生。

▲ 栗褐暗孔菌子实体

分　　布	东北林区各地。华北。朝鲜、俄罗斯（西伯利亚中东部）。
采　　制	夏、秋季采收，除去杂质，晒干或烘干。
性味功效	抗癌。
用　　量	适量。

◎参考文献◎

[1] 戴玉成，图力古尔 . 中国东北野生食药用真菌图志 [M] . 北京：科学出版社，2006：137-139.

▲ 栗褐暗孔菌子实体

▲ 市场上的栗褐暗孔菌子实体

栓菌属 *Trametes* Fr.

血红栓菌 *Trametes sanguinea* （Klotzsch）Pat.

药用部位 多孔菌科血红栓菌的子实体。

原 植 物 子实体小至中等，直径达 3 ~ 10 cm，厚 2 ~ 6 cm，初期血红色，后褪至苍白，往往呈现出深浅相间的环纹或环带，木栓质，无菌柄或近无菌柄，表面平滑或稍有细毛。菌管与菌肉同色，1 层，长 1 ~ 2 mm，管口暗红色，往往有闪光感，细小，圆形，5 ~ 8 个 /mm²。孢子无色，平滑，稍弯曲，长椭圆形，（7.0 ~ 8.0）μm×（2.5 ~ 3.0）μm。

生　　境 寄生于栎、槭、杨、柳等阔叶树枯立木、倒木、伐木桩上，有时也生于松、云杉、冷杉木上。

分　　布 东北林区各地。全国绝大部分地区。朝鲜、俄罗斯（西伯利亚中东部）。

采　　制 夏、秋季采收，除去杂质，鲜用。

性味功效 有清热除湿、消炎解毒、止血的功效。

主治用法 用于风湿性关节炎、气管炎、外伤出血等症。水煎服。

用　　量 适量。

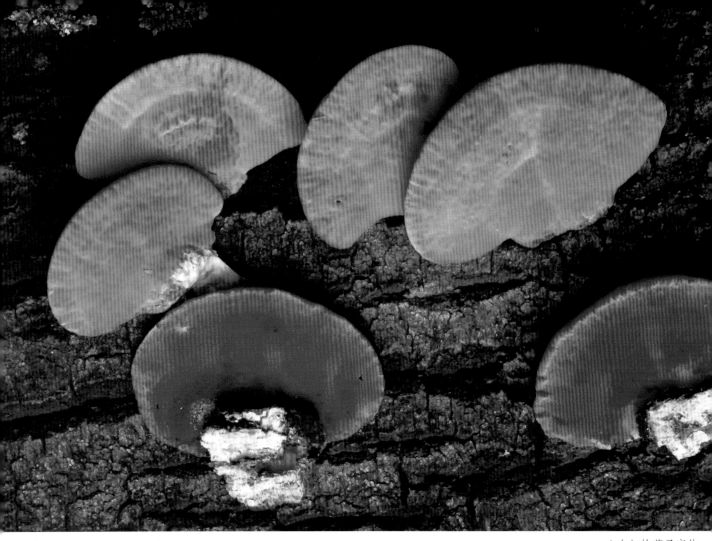

▲血红栓菌子实体

▼血红栓菌子实体

◎参考文献◎

[1] 严仲铠，李万林．中国长白山药用植物彩色图志 [M]．北京：人民卫生出版社，1997：30-31.

[2] 中国药材公司．中国中药资源志要 [M]．北京：科学出版社，1994：35.

[3] 卯晓岚．中国大型真菌 [M]．郑州：河南科学技术出版社，2000：448.

▲ 偏肿栓菌子实体

偏肿栓菌 *Trametes gibbosa* (Pers.) Fr.

别　　名　褶孔栓菌　迷宫栓孔菌

药用部位　多孔菌科偏肿栓菌的子实体。

原 植 物　担子果一年生，无柄盖形，单生或覆瓦状叠生，新鲜时革质，有芳香味，干后硬革质，菌盖半圆形或扇形，单个菌盖长 15 cm，宽 10 cm，厚 2 cm。菌盖新鲜时表面乳白色，后变奶油色至浅棕黄色，被细微绒毛，有明显的同心环纹，老后变光滑。孔口表面初期乳白色，后变浅乳黄色。子实体层基部和边缘为长孔状，孔口多角形，1 ~ 2 个 /mm²。菌肉乳白色，干后木栓质，无环区，厚 1 cm；菌管奶油色或浅乳黄色。担孢子圆柱形，无色，壁厚，平滑，(4.0 ~ 4.8) µm × (1.9 ~ 2.5) µm。

生　　境　寄生于阔叶树的倒木或朽木上。

分　　布　东北林区各地。全国绝大部分地区。朝鲜、蒙古、俄罗斯（西伯利亚中东部）。

采　　制　夏、秋季采收，除去杂质，晒干或烘干。

性味功效　抗癌。

用　　量　适量。

▼ 偏肿栓菌子实体

◎ 参考文献 ◎

[1] 江纪武. 药用植物辞典 [M]. 天津：天津科学技术出版社，2005：817.

[2] 卯晓岚. 中国大型真菌 [M]. 郑州：河南科学技术出版社，2000：444.

▲ 皱褶栓菌子实体

皱褶栓菌 *Trametes corrugata* （Pers.）Bers.

药用部位 多孔菌科皱褶栓菌的子实体。

原植物 子实体中等至稍大，无菌柄，木栓质。厚 2 ~ 8 mm，基部厚达 12 mm，平伏而反卷，其反卷部分呈贝壳状，往往覆瓦状着生，盖两侧常相连，宽达 20 cm，表面光滑或有皱纹和同心环带及环纹，暗红褐色、红褐色和褐色相间呈环纹。盖缘色浅，呈白色或木材白色的环带，薄、锐或钝，波浪状或瓣状浅裂，下层无子实层。菌肉白色，木栓质，有环纹，厚 2 ~ 4 mm。菌盖 1 层，近白色，长 1 ~ 3 mm，管口蛋壳色，多角形，壁厚，2 ~ 3 个 /mm²。孢子无色，光滑，椭圆形。

生　境 寄生于阔叶树的枯立木或倒木上。

分　布 吉林长白山各地。浙江、福建、湖南、广东、广西、海南、贵州、四川、云南、西藏。朝鲜、俄罗斯（西伯利亚中东部）。

采　制 夏、秋季采收，除去杂质，晒干或烘干。

性味功效 有镇惊、活血、止血、祛风、止痒的功效。

用　量 适量。

◎ 参考文献 ◎

[1] 江纪武. 药用植物辞典 [M]. 天津：天津科学技术出版社，2005：816.

[2] 中国药材公司. 中国中药资源志要 [M]. 北京：科学出版社，1994：35.

[3] 卯晓岚. 中国大型真菌 [M]. 郑州：河南科学技术出版社，2000：444.

东方栓菌 *Trametes orientalis*（Yasuda）Imaz.

别　　名　灰带栓菌 东方云芝

药用部位　多孔菌科东方栓菌的子实体。

原 植 物　子实体木栓质，无柄侧生，多覆瓦状叠生。菌盖半圆形，扁平，或近贝壳状，（3～12）cm×（4～20）cm，厚3～10mm，表面具微细绒毛，后渐光滑，米黄色、灰褐色至红褐色，常有浅棕灰色至深棕灰色的环纹和较宽的同心环棱，有放射状皱纹，盖边缘锐或钝，全缘或波状。菌肉白色至木材白色，坚韧，厚2～6mm。菌管与菌肉同色或稍深，管壁厚。管口圆形，白色至浅锈色，2～4个/mm²，口缘完整，孢子无色，光滑，长椭圆形，稍弯曲，具小尖，长椭圆形，（5.5～8.0）μm×（2.5～3.0）μm。

生　　境　寄生于阔叶树枯立木及腐木或枕木上。

分　　布　黑龙江林区各地。吉林林区各地。湖北、江西、湖南、云南、广西、广东、贵州、海南、台湾、西藏等。朝鲜。

采　　制　夏、秋季采收，除去杂质，鲜用。

性味功效　有祛风、除湿、消炎的功效。

主治用法　用于治疗肺结核、支气管炎、风湿等症。水煎服。

用　　量　适量。

◎参考文献◎

[1] 江纪武. 药用植物辞典 [M].
　　　天津：天津科学技术出版
　　　社，2005：817.

[2] 中国药材公司. 中国中药
　　　资源志要 [M]. 北京：科学
　　　出版社，1994：35.

[3] 卯晓岚. 中国大型真菌 [M].
　　　郑州：河南科学技术出版
　　　社，2000：447.

▲ 东方栓菌子实体

▲ 东方栓菌子实体

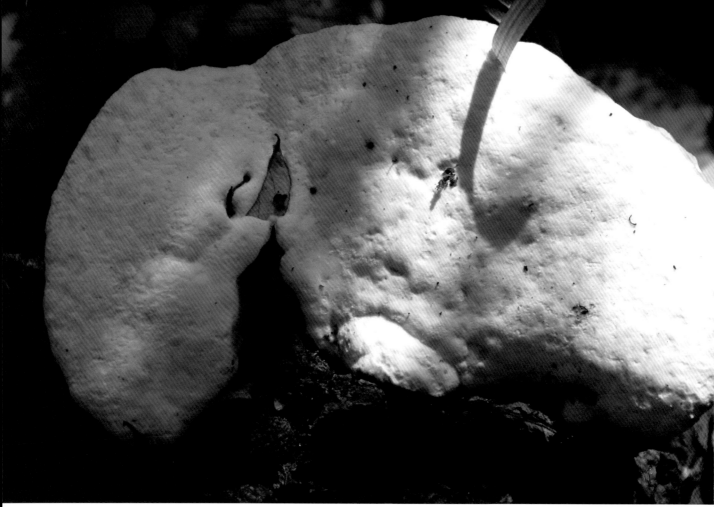

▲ 香栓菌子实体

香栓菌 *Trametes suaveolens*（L.）Fr.

别　　名　杨柳白腐菌

药用部位　多孔菌科香栓菌的子实体。

原 植 物　子实体中等或较大，木栓质，无柄。菌盖半圆形，垫状，新鲜时软木栓质，干时坚硬，（3.0～9.0）cm×（4.5～16.0）cm，厚1.0～3.5 cm，白色至浅灰色或浅黄白色、浅黄色，无或有明显的同心环带和轮纹，被细绒毛，后变近光滑，边缘钝或稍薄。菌管长10 mm，同菌肉色，管口白色或灰色，圆形至近多角形，1～3个/mm²，通常为2个。孢子长椭圆形或短圆柱形，无色透明，平滑，直径8.0～11.5μm。

生　　境　寄生于杨和柳属的树木上，有时也生于桦树活立木、枯立木及伐桩上。

分　　布　东北林区各地。河北、河南、山东、山西、陕西、江苏、浙江、安徽、青海、新疆、甘肃、广东、广西、海南、福建、四川、云南、西藏。朝鲜、蒙古、俄罗斯（西伯利亚中东部）。

采　　制　夏、秋季采收，晒干或烘干。

性味功效　抗癌。

用　　量　适量。

◎ 参考文献 ◎

[1] 卯晓岚. 中国大型真菌 [M]. 郑州：河南科学技术出版社，2000：449.

▲毛栓菌子实体

毛栓菌　*Trametes trogii* Berkeley

别　　名	杨柳粗毛菌　杨柳白腐菌
药用部位	多孔菌科毛栓菌的子实体。

原 植 物　子实体小至中等大，一年生，无柄侧生，木栓质。
菌盖（1.5 ~ 7.5）cm ×（2.0 ~ 13.5）cm，厚 5 ~ 25 mm，
半圆形，扁平近薄片状，密被黄白色、黄褐色或深栗褐色粗毛
束，有同心环带，老时褪为灰白色或浅灰褐色，边缘较薄而锐。
菌肉白色，木材色至浅黄褐色，干时变轻，厚 2.5 ~ 10.0 mm。
菌管 1 层，与菌肉同色同质，长 2.5 ~ 15.0 mm，管孔较大，
圆形或广椭圆形，有时弯曲不整，管口 2 ~ 3 个 /mm^2。

▲毛栓菌子实体

生　　境　寄生于杨和柳属的活立木、枯立木或伐木桩上。

分　　布　东北林区各地。河北、河南、山东、山西、陕西、四川、
安徽、江苏、浙江、广东、海南、甘肃。朝鲜、蒙古、俄罗斯（西
伯利亚中东部）。

采　　制　夏、秋季采收，晒干或烘干。

性味功效　抗癌。

用　　量　适量。

◎参考文献◎

[1] 卯晓岚 . 中国大型真菌 [M]. 郑州 : 河南科学技术出版社，
　　 2000: 450.

▲毛云芝子实体

云芝属 *Coriolus* Quél.

毛云芝 *Coriolus hirsutus* （Wulfen）Pat.

别　　名　毛栓菌 毛革盖菌

药用部位　多孔菌科毛云芝的子实体。

原 植 物　子实体小至中等大。菌盖半圆形、贝壳形或扇形，无柄，单生或覆瓦状排列。菌盖直径
10 cm，厚 0.2 ~ 1.0 cm，表面浅黄色至淡褐色，有粗毛或绒毛和同心环棱，边缘薄而锐，完整或波浪状，
菌肉白色至淡黄色。管孔面白色、浅黄色、灰白色至暗灰色，孔口圆形至多角形，2 ~ 3 个 /mm^2，管壁完整，
孢子圆柱形、腊肠形，光滑，无色，（6.0 ~ 7.5）μm×（2.0 ~ 2.5）μm。

生　　境　寄生于杨、柳等阔叶树活立木、枯立木、死枝杈或伐桩上。

分　　布　东北林区各地。全国绝大部分地区。朝鲜、蒙古、俄罗斯（西伯利亚中东部）。

采　　制　四季均可采收，除去杂质，晒干或烘干。

性味功效　有除风湿、疗肺疾、止咳、化脓、生肌、抗癌等功效。

用　　量　适量。

◎参考文献◎

[1] 江纪武 . 药用植物辞典 [M]. 天津：天津科学技术出版社，2005：208.

[2] 卯晓岚 . 中国大型真菌 [M]. 郑州：河南科学技术出版社，2000：452.

▲毛云芝子实体

▼毛云芝子实体

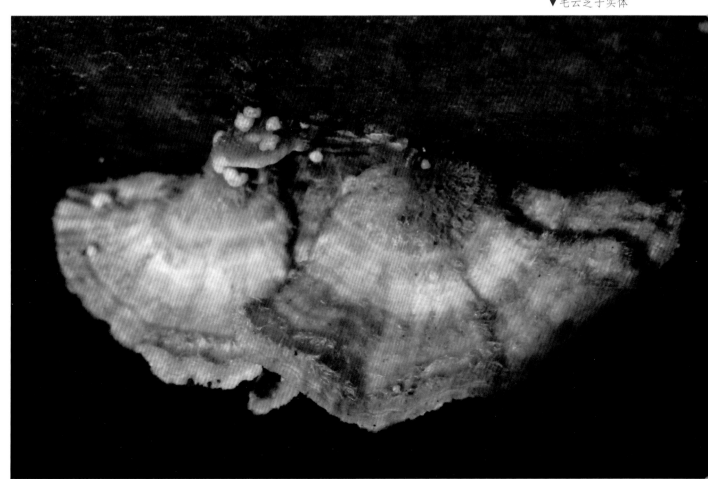

▲鲑贝云芝子实体

鲑贝云芝 *Coriolus consors*（Berk.）Imaz.

别　　名　鲑贝芝　耙齿菌
药用部位　多孔菌科鲑贝云芝的子实体。
俗　　名　千层蘑
原 植 物　子实体较小，菌盖直径 1.0 ～ 3.5 cm，
厚 0.8 mm，后褪为近白色，无毛且有不明显环带，
边缘薄而锐。菌肉白色，厚 0.5 ～ 1.0 mm。无菌柄。
菌管长达 5 mm，同菌盖色，管口 1 ～ 3 个 /mm²，
边缘裂为齿状。孢子无色，光滑，椭圆形，（4.5 ～
6.5）μm×（2.0 ～ 3.5）μm。
生　　境　寄生于栎属、杨属、柳属、桦属、槭属、
花楸属、山楂属、李属等阔叶树倒木及伐桩上。
分　　布　东北林区各地。全国绝大部分地区。朝鲜、
蒙古、俄罗斯（西伯利亚中东部）。
采　　制　四季均可采收，除去杂质，晒干或烘干。
性味功效　抗癌。
用　　量　适量。
附　　注　子实体可作为发散剂。

◎ 参考文献 ◎

[1] 江纪武. 药用植物辞典 [M]. 天津：天津科学
　　技术出版社，2005：208.
[2] 卯晓岚. 中国大型真菌 [M]. 郑州：河南科学
　　技术出版社，2000：451.

▼鲑贝云芝子实体

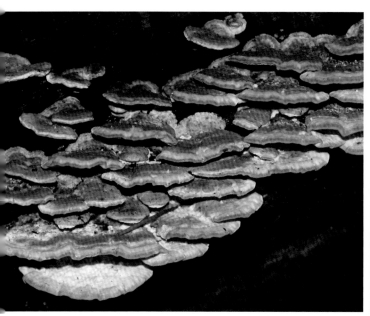

▲鲑贝云芝子实体

▲云芝子实体

云芝 *Coriolus versicolor*（L. : Fr.）Quél.

別　　名　云芝栓孔菌 彩纹云芝 杂色云芝 彩绒革
盖菌

俗　　名　千层蘑 树冠子

药用部位　多孔菌科云芝的子实体。

原植物　子实体一般小至较大，菌盖直径 1 ~ 8 cm，
厚 0.1 ~ 0.3 cm，平伏而反卷，扇形或贝壳状，往
往相互连接在一起呈覆瓦状生长，革质，表面有细
长绒毛和褐色、灰黑色、污白色等多种颜色组成的
狭窄的同心环带，绒毛常有丝绢光彩，边缘薄，波
浪状。菌肉白色。无菌柄。管孔面白色、淡黄色，3 ~ 5
个 /mm²。孢子无色，圆柱形，（4.5 ~ 7.0）μm×
（3.0 ~ 3.5）μm。

生　　境　寄生于杨属、柳属、桦属、槭属、花楸属、
山楂属、李属、松属、落叶松属、冷杉属、云杉属
等活立木、倒木及伐桩上。

分　　布　东北林区各地。全国绝大部分地区。朝鲜、
蒙古、俄罗斯（西伯利亚中东部）。

采　　制　四季均可采收，除去杂质，晒干或烘干。

▲云芝子实体

▲云芝子实体

▼云芝子实体

性味功效　味微甘，性寒。有清热、祛湿、化痰、抗癌、疗肺疾的功效。

主治用法　用于乙型肝炎、迁延性肝炎、慢性肝炎、吐血、尿血、便血、崩漏下血、外伤出血等。水煎服。

用　　量　6～15g。

附　　注　本品为《中华人民共和国药典》（2020年版）收录的药材。

◎参考文献◎

[1] 严仲铠，李万林. 中国长白山药用植物彩色图志[M]. 北京：人民卫生出版社，1997：13-14.

[2] 戴玉成，图力古尔. 中国东北野生食药用真菌图志[M]. 北京：科学出版社，2006：214-215.

[3] 卯晓岚. 中国大型真菌[M]. 郑州：河南科学技术出版社，2000：453.

▲市场上的云芝子实体

▲市场上的云芝子实体

▲云芝子实体

▲桦褶孔菌子实体

▲桦褶孔菌子实体

革裥菌属 *Lenzites* Fr.

桦褶孔菌 *Lenzites betulina*（L.）Fr.

别　　名　桦革裥菌

药用部位　多孔菌科桦褶孔菌的子实体。

原 植 物　子实体小至中等大，一年生，革质地或硬革质。菌盖直径 2.5 ~ 10.0 cm，厚 0.6 ~ 1.5 cm，半圆形或近扇形，有细绒毛，新鲜时初期浅褐色，有密的环纹或环带，后呈黄褐色、深褐色或棕褐色，甚至深肉桂色，老时变灰白色至灰褐色。菌肉白色或近白色，后变浅黄色至土黄色，厚 0.5 ~ 1.5 mm。菌褶初期近白色，后期土黄色，宽 3 ~ 11 mm，

少分叉，干后波状弯曲，褶缘完整或近齿状。无菌柄。孢子无色，平滑，近球形至椭圆形，（4.0 ~ 6.0）μm×（2.0 ~ 3.5）μm。

▲ 桦褶孔菌子实体

生　　境　寄生于桦、椴、槭、杨、栎等阔叶树和云杉、冷杉等针叶树的腐木上，常呈覆瓦状生长。

分　　布　东北林区各地。全国绝大部分地区。朝鲜、俄罗斯（西伯利亚中东部）。

采　　制　四季均可采收，除去杂质，晒干或烘干。

性味功效　味淡，性温。有追风散寒、舒筋活络的功效。

主治用法　用于腰腿疼痛、手足麻木、筋络不舒、四肢抽搐。水煎服。

用　　量　9g。

◎ 参考文献 ◎

[1] 严仲铠，李万林．中国长白山药用植物彩色图志[M]．北京：人民卫生出版社，1997：22-23．

[2] 中国药材公司．中国中药资源志要[M]．北京：科学出版社，1994：32．

[3] 卯晓岚．中国大型真菌[M]．郑州：河南科学技术出版社，2000：458．

▲ 桦褶孔菌子实体

▲ 桦剥管菌子实体

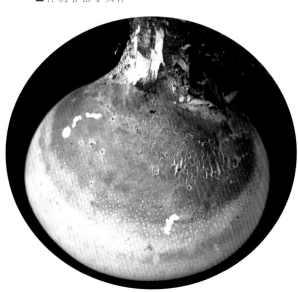

▲ 桦剥管菌子实体

滴孔菌属 *Piptoporus* Karst.

桦剥管菌 *Piptoporus betulinus*（Bull.: Fr.）Karst.

别　　名	桦滴孔菌　桦多孔菌　桦剥管孔菌　桦剥孔菌
药用部位	多孔菌科桦剥管菌的子实体。
原 植 物	子实体中等至较大，一年生。无柄或几无柄。

菌盖（4 ～ 24）cm ×（5 ～ 35）cm，厚 2 ～ 10 cm，扁半球形，扁平，靠基部着生部分常突起，近肉质至木栓质，表面光滑，初期污白褐色，后期呈褐色，有 1 层薄的表皮，可剥离露出白色菌肉，边缘内卷。菌肉很厚，近肉质而柔韧，干后比较轻，呈木质。菌管层色稍深，菌管长 2.5 ～ 8.8 mm，易与菌肉分离，管口小而密，近圆形或近多角形，3 ～ 4 个 /mm²，靠近盖边缘有一圈不孕带。孢子无色，平滑，圆筒形或腊肠形，（4.0 ～ 7.0）μm ×（1.5 ～ 2.0）μm。

生　　境	寄生于桦属的树干上。
分　　布	东北林区各地。全国绝大部分地区。朝鲜、俄罗斯（西伯利亚中东部）。
采　　制	四季均可采收，除去杂质，晒干或烘干。
性味功效	抗癌。
用　　量	适量。

▲ 桦剥管菌子实体

◎ 参考文献 ◎

[1] 戴玉成, 图力古尔. 中国东北野生食药用真菌图志 [M]. 北京:
科学出版社, 2006: 178-179.

[2] 中国药材公司. 中国中药资源志要 [M]. 北京: 科学出版社,
1994: 33.

[3] 严仲铠, 李万林. 中国长白山药用植物彩色图志 [M]. 北京:
人民卫生出版社, 1997: 25-26.

▼ 桦剥管菌子实体（背）

▼ 市场上的桦剥管菌子实体

▲ 市场上的桦剥管菌子实体（切片）

隐孔菌属 *Cryptoporus*（Peck）Shear

隐孔菌 *Cryptoporus volvatus*（Peck）Shear

药用部位 多孔菌科隐孔菌的子实体。

原 植 物 子实体较小，无柄或偶尔有柄，一般侧生于基部，木栓质，扁球形或近球形，（1.5 ～ 3.5）cm×（2.0 ～ 4.5）cm，厚 1 ～ 3 cm，盖表面光滑，浅土黄色或深蛋壳色，老后淡红褐色。边缘钝滑而厚，与菌幕相连。菌幕白色至污白色，且与菌盖色调明显不同，厚约 1 mm。菌管层由菌幕所包盖，初期完全封闭，后逐渐在靠近基部处出现 1 个圆形或近圆形的孔口，偶有 2 个，孔径 2.0 ～ 4.5 mm。菌肉纯白至污白色，软木栓质，厚 2 ～ 8 mm。菌管同菌肉色，长 2 ～ 5 mm，管口圆形至近多角形，管面浅粉灰色或带褐色，3 ～ 5 个 /mm²，壁厚，口缘完整。孢子光滑，无色，长椭圆形，（10 ～ 13）μm×（4 ～ 6）μm。

▲隐孔菌子实体

生　　境　寄生于松树树干上，也生于衰老的冷杉、云杉的树干或枯立木上。群生。

分　　布　东北林区各地。河北、四川、云南、广东、广西、海南、湖北、福建、甘肃、贵州、西藏等。朝鲜、俄罗斯（西伯利亚中东部）。

采　　制　四季均可采收，除去杂质，晒干或烘干。

性味功效　味苦，性平。有止咳、平喘的功效。

主治用法　用于气管炎、哮喘等。水煎服。

用　　量　6～9g。

附　　注　云南丽江民间用子实体以水煎服治疗气管炎和哮喘。

◎参考文献◎

［1］严仲铠，李万林．中国长白山药用植物彩色图志［M］．北京：人民卫生出版社，1997：14.

［2］戴玉成，图力古尔．中国东北野生食药用真菌图志［M］．北京：科学出版社，2006：40-41.

［3］中国药材公司．中国中药资源志要［M］．北京：科学出版社，1994：29.

▲ 毛蜂窝菌子实体

蜂窝菌属 *Hexagona* Poll. : Fr.

毛蜂窝菌 *Hexagonia apiaria* （Pers.）Fr.

别　　名	龙眼梳
药用部位	多孔菌科毛蜂窝菌的子实体。
原 植 物	子实体无柄，菌盖肾形、半圆形，扁平，（2.5 ～ 13.0）cm×（4.0 ～ 22.0）cm，厚 0.4 ～ 0.7 cm，韧木栓质，基部暗灰色，向边缘呈锈褐色，有不明显环纹和辐射状皱纹，有分枝、深色而易脱落的粗毛，边缘薄而锐。菌肉棕褐色，厚 0.1 ～ 0.2 cm。管口大，呈蜂窝状，近基部处 3 ～ 4 个 /mm²，近边缘处 5 ～ 6 个 /mm²，深 3 ～ 6 mm，与菌肉色相同，孔内往往灰白色。菌丝柱锥形，顶端近无色，突逾子实层 110 ～ 170 μm，基部褐色，粗 22 ～ 56 μm。孢子无色，光滑，椭圆形，（17.6 ～ 22.0）μm×（7.2 ～ 8.8）μm。
生　　境	寄生于阔叶树干上。
分　　布	吉林长白山各地。朝鲜、俄罗斯（西伯利亚中东部）。
采　　制	夏、秋季均可采收，除去杂质，晒干或烘干。
性味功效	味微苦、涩，性温。有润肠、健胃、止酸等功效。
主治用法	用于治疗痔疮、胃气痛、消化不良等症。水煎服。
用　　量	适量。

◎ 参考文献 ◎

[1] 江纪武 . 药用植物辞典 [M]. 天津：天津科学技术出版社，2005：392.

[2] 中国药材公司 . 中国中药资源志要 [M]. 北京：科学出版社，1994：31.

[3] 卯晓岚 . 中国大型真菌 [M]. 郑州：河南科学技术出版社，2000：461.

▲粗毛黄褐孔菌子实体

黄褐孔菌属 *Xanthochrous* Pat.

粗毛黄褐孔菌 *Xanthochrous hispidus* （Bull.）Pat.

别　　名	粗毛纤孔菌　粗毛褐孔菌

药用部位　多孔菌科粗毛黄褐孔菌的子实体。

原 植 物　子实体一年生，中等至较大，无柄，马蹄形、半圆形或垫状，开始软，多汁，干后脆。菌盖直径 9 ~ 25 cm，开始黄褐色到锈红色，以后变黑褐色到黑色，有粗毛，无环纹，边缘钝圆，有绒毛。菌肉锈红色。菌管长 1.0 ~ 2.5 cm。管孔面始为浅黄色，渐与菌肉同色，孔口多角形，平均 2 ~ 3 个 /mm²。孢子黄褐色，光滑，卵形、椭圆形或近球形，（7.5 ~ 10.5）μm ×（6.0 ~ 9.0）μm。

生　　境　寄生于杨、胡桃楸、榆、柳等活立木树干和主枝上。

分　　布　东北林区各地。河北、山东、山西、陕西、云南、宁夏、新疆、西藏等。朝鲜、俄罗斯（西伯利亚中东部）。

采　　制　夏、秋季可采收，除去杂质，晒干或烘干。

性味功效　有祛风、止血、败毒、止痛的功效。

主治用法　用于治疗痔疮下血、脱肛。水煎服。

用　　量　适量。

◎参考文献◎

[1] 戴玉成，图力古尔 . 中国东北野生食药用真菌图志 [M].
　　北京：科学出版社，2006：95-96.

[2] 中国药材公司 . 中国中药资源志要 [M]. 北京：科学出
　　版社，1994：35-36.

[3] 卯晓岚 . 中国大型真菌 [M]. 郑州：河南科学技术出版社，2000：465.

▲粗毛黄褐孔菌子实体

黏褶菌属 *Gleophyllum* Karst.

篱边黏褶菌 *Gloeophyllum saepiarium* （Wulf.）Karst.

药用部位 多孔菌科篱边黏褶菌的子实体。

原 植 物 子实体中等至大型。无柄，长扁半球形、长条形，平伏而反卷，韧，木栓质。菌盖宽 2 ~ 12 cm，厚 0.3 ~ 1.0 cm，表面深褐色，老组织带黑色，有粗绒毛及宽环带，边缘薄而锐，波浪状。菌褶锈褐色至深咖啡色，宽 0.2 ~ 0.7 cm，极少相互交织，深褐色至灰褐色，初期厚，渐变薄，波浪状。担子棒状，具 4 小梗。孢子圆柱形，无色，光滑，（7.5 ~ 10.0）μm×（3.0 ~ 4.5）μm。

生 境 寄生于云杉、落叶松的倒木上，群生。

分 布 东北林区各地。全国绝大部分地区。朝鲜、俄罗斯（西伯利亚中东部）。

采 制 夏、秋季可采收，除去杂质，晒干或烘干。

性味功效 抗癌。

用 量 适量。

◎ 参考文献 ◎

[1] 戴玉成，图力古尔. 中国东北野生食药用真菌图志 [M]. 北京：科学出版社，2006：68-69.

[2] 卯晓岚. 中国大型真菌 [M]. 郑州：河南科学技术出版社，2000：466.

密黏褶菌 *Gloeophyllum trabeum*（Pers.: Fr.）Murr.

药用部位　多孔菌科密黏褶菌的子实体。

原植物　子实体较小，一年生。菌盖革质，无柄，半圆形，（1.0～3.5）cm×（2.0～5.0）cm，厚 0.2～0.5 cm，有时侧面相连或平伏又反卷，至全部平伏，有绒毛或近光滑，稍有环纹，锈褐色，边缘钝，完整至波浪状，有时色稍浅，下侧无子实层。菌肉同菌盖色，厚 1～2 mm。担子棒状，具 4 小梗。菌管圆形，迷路状或褶状，长 1～3 mm，直径 0.3～0.5 mm。孢子（7～9）μm×（3～4）μm。

生　境　寄生于杨树等阔叶树木材上，有时生于冷杉等针叶树木材上。

分　布　吉林长白山各地。河北、山西、四川、江苏、湖南、广东、广西、贵州、台湾、甘肃、新疆等。朝鲜、俄罗斯（西伯利亚中东部）。

采　制　夏、秋季可采收，除去杂质，晒干或烘干。

性味功效　抗癌。

用　量　适量。

◎参考文献◎

[1] 卯晓岚. 中国大型真菌 [M]. 郑州：河南科学技术出版社，2000: 467.

▲ 大孔菌子实体

大孔菌属 *Favolus* Fr. em Ames.

大孔菌 *Favolus alveolaris* （Bosc）Quél.

别　　名	棱孔菌
药用部位	多孔菌科大孔菌的子实体。

原 植 物　子实体中等大，有侧生或偏生短柄。菌盖（3 ~ 6）cm×（1 ~ 10）cm，肾形、扇形至圆形，偶呈漏斗状，初期浅朽叶色，后期近白色且往下凹，新鲜时韧肉质，干后变硬，无环纹，并有由纤毛组成的小鳞片，光滑，边缘薄，常内卷。菌肉白色，厚0.1 ~ 0.2cm。菌管长1 ~ 5mm，近白色至浅黄色，管口辐射状排列，长1 ~ 3 mm，宽0.5 ~ 2.5 cm，管壁薄，常呈锯齿状。孢子圆柱形，（9.0 ~ 12.0）μm×（3.0 ~ 4.5）μm。有菌丝柱，无色，（30 ~ 75）μm×（15 ~ 25）μm。

生　　境	寄生于杨、柳、椴、枥等多种阔叶树倒木上。
分　　布	东北林区各地。华北、西北、华东、西南。朝鲜、俄罗斯（西伯利亚中东部）。
采　　制	夏、秋季均可采收，除去杂质，晒干或烘干。
性味功效	有止咳平喘的功效。
主治用法	用于咳嗽痰喘、癌症。
用　　量	适量。

◎参考文献◎

［1］江纪武 . 药用植物辞典［M］. 天津：天津科学技术出版社，2005：324.
［2］卯晓岚 . 中国大型真菌［M］. 郑州：河南科学技术出版社，2000：468.

宽鳞大孔菌 *Favolus squamosus* （Huds.: Fr.）Ames.

药用部位 多孔菌科宽鳞大孔菌的子实体。

原 植 物 子实体中等至很大。菌 盖 直 径（5.5 ～ 26.0）cm ×（4 ～ 20）cm，厚 1 ～ 3 cm，扇形，具短柄或近无柄，黄褐色，有暗褐色鳞片。菌柄长 2 ～ 6 cm，粗 1.5 ～ 3.0 cm，基部黑色、软，干后变浅色，侧生，偶尔近中生。菌管白色，延生，管口辐射状排列，长形，长 2.5 ～ 5.0 mm，宽 2 mm。孢子无色、光滑，（9.7 ～ 16.6）μm ×（5.2 ～ 7.0）μm。菌肉的菌丝无色，无横隔，有分枝，无锁状联合。

生　　境 寄生于柳、杨、榆及其他阔叶树的树干上。

分　　布 东北林区各地。华北、

▲宽鳞大孔菌子实体　　　　　　　▼宽鳞大孔菌子实体

华东、华中、西北、西南。
朝鲜、蒙古、俄罗斯（西
伯利亚中东部）。

采　　制　四季均可采收，
除去杂质，晒干或烘干。
性味功效　抗癌。
用　　量　适量。

◎参考文献◎
[1] 卯晓岚. 中国大型真
菌 [M]. 郑州：河南
科学技术出版社，
2000: 468.

卧孔菌属 *Poria* P. Browne

茯苓 *Poria cocos* Wolf

别　　名　伏苓 茯菟 白茯苓 赤茯苓 云苓

药用部位　多孔菌科茯苓的菌核（称"茯苓"）、菌核中间天然抱有松根的白色部分（称"茯神"）、菌核外皮（称"茯苓皮"）及菌核中间的松根（称"茯神木"）。

原 植 物　子实体巨大。菌核直径 20 ～ 50 cm，近球形或不规则块状，深褐色或暗棕褐色，内部白色或稍带粉红色，鲜时稍软，干时硬，表面粗糙或多皱，呈壳皮状、粉粒状。子实层白色，老后变浅褐色，生菌核表面平伏，厚 3 ～ 8 mm。管孔多角或不规则或齿状，孔口 0.50 ～ 1.55 mm。孢子长方形或近圆形，（7.5 ～ 8.0）μm×（3.0 ～ 3.5）μm。

生　　境　寄生于松属植物的根上。

分　　布　吉林临江、长白、安图、敦化、汪清等地。河北、河南、山西、山东、江苏、江西、陕西、湖北、浙江、安徽、福建、贵州、广东、广西、云南、西藏、四川等。朝鲜、越南、俄罗斯（西伯利亚中东部）。

采　　制　夏、秋季采挖菌核，洗净泥土，堆放在不通风处，用草盖严，让其自然干燥，直到菌核表面变成褐色、出现皱纹为止，然后切片鲜用或晒干药用。晒干或烘干。

性味功效　茯苓：味甘、淡，性平。有渗湿利水、益脾和胃、宁心安神的功效。茯神：味甘、淡，性平。有宁心安神的功效。茯苓皮：味甘、淡，性平。有利水、消肿的功效。茯神木：味甘、淡，性平。有平肝安神的功效。

主治用法　茯苓：用于脾虚湿盛、食少脘闷、心悸失眠、健忘、痰饮咳嗽、遗精、泄泻、淋浊、小便不利等。

▲茯苓菌核

水煎服或入丸、散。茯神：用于心虚惊悸、失眠健忘、惊痫等。水煎服。茯苓皮：用于水肿腹胀。水煎服。
茯神木：用于惊悸健忘、中风不语、脚气转筋等。水煎服或入散。

用　　量　茯苓：15～25 g。茯神：10～15 g。茯苓皮：15～25 g。茯神木：10～15 g。

附　　方

（1）治脾虚湿盛、小便不利：茯苓、猪苓、泽泻、白术各20 g，桂枝10 g。水煎服。

（2）治脾虚食少脘痛：（茯苓饮）茯苓25 g，白术、党参各15 g，枳实、陈皮、生姜各10 g。水煎服。

（3）治食管癌：茯苓75 g，厚朴20 g，苏梗30 g，枳壳25 g，赭石50 g，橄榄40 g，硼砂5 g，橘红15 g，清半夏50 g，生姜15 g。水煎服。治疗过程中可加用海藻40 g，昆布30 g，白矾5 g。

附　　注

（1）本品为《中华人民共和国药典》（2020年版）收录的药材。

（2）津液缺乏、滑精、小便过多者忌用，虚寒、气虚下陷者忌服。

◎参考文献◎

[1] 江苏新医学院. 中药大辞典（上册）[M]. 上海：上海科学技术出版社，1977: 1096-1097.

[2] 江苏新医学院. 中药大辞典（下册）[M]. 上海：上海科学技术出版社，1977: 1596-1600.

[3]《全国中草药汇编》编写组. 全国中草药汇编（上册）[M]. 北京：人民卫生出版社，1975: 602-603.

[4] 严仲铠，李万林. 中国长白山药用植物彩色图志 [M]. 北京：人民卫生出版社，1997: 27-28.

层孔菌属 *Fomes*（Fr.）Fr.

木蹄层孔菌 *Fomes fomentarius*（L.）Fr.

别　名　木蹄　苦木蹄　桦菌芝

药用部位　多孔菌科木蹄层孔菌的子实体（入药称"桦菌芝"）。

原植物　子实体大至巨大，无柄。菌盖（8 ~ 42）cm×（10 ~ 64）cm，厚 5 ~ 20 cm，马蹄形，多呈灰褐、浅褐色至黑色，有 1 层厚的角质皮壳及明显的环带和环棱，边缘钝。菌管锈褐色，多层，管层很明显，每层厚 3 ~ 5 mm。菌肉锈褐色，软木栓质，厚 0.5 ~ 5.0 cm，管口 3 ~ 5 个 /mm²，圆形，灰色至浅褐色。孢子褐色，光滑，长椭圆形，（14 ~ 18）μm×（5 ~ 6）μm。

生　境　寄生于杨属、桦属、柳属、栎属、槭属等阔叶树的枯立木、倒木和伐桩上。

分　布　东北林区各地。全国绝大部分地

▼市场上的木蹄层孔菌子实体

▲木蹄层孔菌子实体

▼木蹄层孔菌子实体

区。朝鲜、蒙古、俄罗斯（西伯利亚中东部）。

采　制　四季均可采收，洗净，除去杂质，晒干或烘干。

性味功效　味淡、微苦，性平。有消积、化瘀、抗癌的功效。

主治用法　用于食管癌、胃癌、子宫癌、小儿食积、心脏病等。水煎服。

▼木蹄层孔菌子实体

▲木蹄层孔菌子实体

用　量　20 ~ 25 g。
附　方

（1）治疗食管癌、胃癌和子宫癌：桦菌芝
20 g。水煎服。
（2）治小儿食积：桦菌芝 15 g，红石耳 20 g。
水煎服。

◎参考文献◎

［1］江苏新医学院. 中药大辞典（下册）[M].
　　上海：上海科学技术出版社，1977：1786.

▼市场上的木蹄层孔菌子实体

▼木蹄层孔菌子实体

［2］严仲铠，李万林. 中国长白山药用植物彩色图
　　志 [M]. 北京：人民卫生出版社，1997：15.
［3］戴玉成，图力古尔. 中国东北野生食药用真菌
　　图志 [M]. 北京：科学出版社，2006：49-50.

拟层孔菌属 *Fomitopsis* Karst.

红缘拟层孔菌 *Fomitopsis pinicola* （Sw.: Fr.）Karst.

別　名　松生拟层孔菌　红缘层孔

药用部位　多孔菌科红缘拟层孔菌的子实体。

原植物　子实体很大，马蹄形、半球形，甚至有的平伏而反卷，木质。菌盖直径 2.0 ~ 4.6 cm，初期有红色、黄红色胶状皮壳，后期变为灰色至黑色，有宽的棱带，边缘钝，常保留橙色到红色，下侧无子实层。菌肉近白色至木材色，木栓质，有环纹。管孔面白色，圆形，3 ~ 5 个 /mm^2。孢子无色，光滑，卵形、椭圆形，（5.0 ~ 7.5）μm×（3.0 ~ 4.5）μm。担子近无色，较短，棒状，（12.5 ~ 24.0）μm×（6.5 ~ 8.0）μm。

▼红缘拟层孔菌子实体

生　境　寄生于云杉、落叶松、红松、桦树的倒木、枯立木、发木桩以及原木上。

分　布　东北林区各地。全国绝大部分地区。朝鲜、蒙古、俄罗斯（西伯利亚中东部）。

▲ 红缘拟层孔菌子实体

采　制　四季均可采收，除去杂质，晒干或烘干。

性味功效　抗癌。

用　量　适量。

▼ 市场上的红缘拟层孔菌子实体

◎参考文献◎

[1] 严仲铠，李万林. 中国长白山药用植物
　　彩色图志 [M]. 北京：人民卫生出版社，
　　1997：29-30.

[2] 中国药材公司. 中国中药资源志要 [M].

　　北京：科学出版社，1994：30.

[3] 卯晓岚. 中国大型真菌 [M]. 郑州：河南科
　　学技术出版社，2000：475.

▲ 红缘拟层孔菌子实体

药用拟层孔菌 *Fomitopsis officinalis*（Vill. : Fr.）Bond.

别　　名　药用落叶松层孔菌　药用层孔菌　药用拟孔菌

药用部位　多孔菌科药用拟层孔菌的子实体（入药称"苦白蹄"）。

原 植 物　子实体大型。马蹄形至近圆锥形，甚至沿树呈圆柱形，菌盖宽2～25 cm，初期表面有光滑的薄皮，以后开裂变粗糙，白色至淡黄色，后期呈灰白色，有同心环带，龟裂。菌肉软，老时易碎，白色或近白色，味甚苦。菌管多层，同色，管孔表面白色，有时边缘带乳黄色，圆形，平均3～4个/mm²。担孢子卵形，光滑、无色，（4.5～6.0）μm×（3.0～4.5）μm。

生　　境　寄生于落叶松的倒木、枯立木、伐木桩及原木上。

分　　布　东北林区各地。全国绝大部分地区。朝鲜、俄罗斯（西伯利亚中东部）、蒙古。

采　　制　四季均可采收，除去杂质，晒干或烘干。

性味功效　味甘、苦，性温。有止咳平喘、祛风除湿、消肿止痛、利尿的功效。

主治用法　用于治疗咳嗽、肺结核盗汗、哮喘、慢性风湿性关节炎、胃痛、咽喉肿痛、咽喉炎、牙周炎、尿路结石、水肿、肾炎、毒蛇咬伤等。水煎服。外用研末醋调敷。

用　　量　6～15 g。外用适量。

◎参考文献◎

[1] 钱信忠. 中国本草彩色图鉴（第三卷）[M]. 北京：人民卫生出版社，2003：197-198.

[2] 严仲铠，李万林. 中国长白山药用植物彩色图志 [M]. 北京：人民卫生出版社，1997：15-16.

[3] 戴玉成，图力古尔. 中国东北野生食药用真菌图志 [M]. 北京：科学出版社，2006：55-57.

▲ 药用拟层孔菌子实体

▲ 市场上的药用拟层孔菌子实体　　▲ 药用拟层孔菌子实体　　▲ 市场上的药用拟层孔菌子实体

▲药用拟层孔菌子实体

木层孔菌属 *Phellinus* Quél.

火木层孔菌 *Phellinus igniarius*（L. : Fr）Quél.

别　　名　针层孔菌　假火绒菌

俗　　名　桑黄

药用部位　多孔菌科火木层孔菌的子实体（入药称"针层孔"）。

原 植 物　子实体中等至较大。马蹄形至扁半球形，硬木质。菌盖直径3 ~ 12 cm，初期有细微绒毛，浅褐色，以后光滑，变暗灰黑色或黑色，无皮壳，老时常龟裂，有同心环棱，边缘钝圆，浅咖啡色，硬木质，管孔多层，与菌肉同色，老的菌管中充满白色菌丝，管孔面锈褐色，圆形，4～5个/mm²。刚毛基部膨大，顶端渐尖。孢子无色，近球形，（4.5～6.0）μm×（4.0～5.0）μm。

生　境　寄生于柳、桦、杨、花楸、山楂等阔叶树的树桩或树干上。

分　布　东北林区各地。全国绝大部分地区。朝鲜、蒙古、俄罗斯（西伯利亚中东部）。

采　制　四季均可采收，除去杂质，晒干或烘干。

性味功效　味微苦，性寒。有和胃、止泻、止血、活血、软坚、散结的功效。

主治用法　用于脾虚泄泻、淋巴结结核、带下病、妇人劳伤、血淋、血崩、经闭、脱肛等。水煎服。

用　量　10～15 g。

◎参考文献◎

[1] 钱信忠. 中国本草彩色图鉴(第三卷)[M]. 北京：人民卫生出版社，2003：104-105.

[2] 严仲铠，李万林. 中国长白山药用植物彩色图志 [M]. 北京：人民卫生出版社，1997：24.

[3] 戴玉成，图力古尔. 中国东北野生食药用真菌图志 [M]. 北京：科学出版社，2006：147-149.

▲火木层孔菌子实体

▲火木层孔菌子实体

▲火木层孔菌子实体

▲ 平滑木层孔菌子实体

平滑木层孔菌 *Phellinus laevigatus*（P. Karst.）Bourdot & Galzin

别　　名	平滑褐孔菌
药用部位	多孔菌科平滑木层孔菌的子实体。

原 植 物　担子果多年生，平伏或有时平伏反卷，单生，牢固附着在基部上，新鲜时木栓质，无臭无味，长 30 cm，宽 10 cm，厚 2 cm。菌盖表面黑色，无环带或具不明显环带，光滑，通常有明显的皮壳；菌盖后期开裂至具裂缝；边缘钝；孔口表面黑红褐色至黑褐色，具折光反应。孔口通常圆形，7 ~ 9 个 /mm²。菌肉深褐色，硬木质，厚 2 mm，有白色菌丝束存在于菌肉中。菌管与孔口同色，硬木质，长 1.5 cm，菌管分层不明显。担孢子宽椭圆形，无色，壁厚，平滑，（3.0 ~ 4.0）μm×（2.2 ~ 3.0）μm。

生　　境　寄生于桦树的倒木或朽木上。

分　　布　东北林区各地。全国绝大部分地区。朝鲜、蒙古、俄罗斯（西伯利亚中东部）。

采　　制　四季均可采收，除去杂质，晒干或烘干。

性味功效　抗癌。

用　　量　适量。

附　　注　本种有时作为"桑黄"出售。

◎参考文献◎

[1] 戴玉成，图力古尔. 中国东北野生食药用真菌图志 [M].
　　北京：科学出版社，2006：150-151.

▲ 市场上的平滑木层孔菌子实体

▲哈蒂木层孔菌子实体

哈蒂木层孔菌 *Phellinus hartigii*（Allesch. et Schnabl.）Pat.

▲市场上的哈蒂木层孔菌子实体

别　　名	哈蒂针层孔菌
药用部位	多孔菌科哈蒂木层孔菌的子实体。
原 植 物	担子果多年生，无柄，半圆形至近蹄形，（3～10）cm×（4～18）cm，厚3～16 cm，硬木质，幼时黄褐色至灰褐色，有微细绒毛，老后黑褐色至灰黑色，有龟裂和同心环纹，边缘钝圆，无子实层。菌肉黄褐色至肉桂色。菌管多层，每层厚2～8 mm，管口5～7个/mm²，近圆形，污黄褐色至淡褐灰色。孢子近球形至球形，无色，光滑，直径6～8 μm。菌丝粗2～4 μm，褐色。
生　　境	寄生于阔叶树腐木、倒木及火烧木上。
分　　布	东北林区各地。河北、山西、福建、广西、甘肃、青海、新疆、四川、贵州、云南。朝鲜、蒙古、俄罗斯（西伯利亚中东部）。
采　　制	四季均可采收，除去杂质，晒干或烘干。
性味功效	抗癌。
用　　量	适量。
附　　注	本种有时作为"桑黄"出售。

◎参考文献◎

[1] 严仲铠，李万林. 中国长白山药用植物彩色图志 [M]. 北京：人民卫生出版社，1997：23-24.

[2] 中国药材公司. 中国中药资源志要 [M]. 北京：科学出版社，1994：33.

[3] 卯晓岚. 中国大型真菌 [M]. 郑州：河南科学技术出版社，2000：477.

▲吉林长白山国家级自然保护区森林秋季景观

▲ 树舌灵芝子实体

▲ 市场上的树舌灵芝子实体

▲ 树舌灵芝子实体

灵芝科 Ganodermataceae

本科共收录1属、3种、1变种。

灵芝属 *Ganoderma* Karst.

树舌灵芝 *Ganoderma applanatum*（Pers.）Pat.

| 别　　名 | 树舌扁灵芝　扁灵芝　平盖灵芝　赤色老母菌 |
扁芝

俗　　名	老牛肝　扁菌
药用部位	灵芝科树舌灵芝的子实体。
原植物	子实体大或特大，无柄或几乎无柄。菌盖直径（5 ~ 35）cm×（10 ~ 50）cm，厚1 ~ 2 cm，半圆形、扁半球形或扁平，基部常下延，表面灰色，渐变褐色，有同心环纹棱，有时有瘤，皮壳胶角质，边缘较薄。菌肉浅栗色，有时近皮壳处白色，后变暗褐色，孔圆形，4 ~

▲ 树舌灵芝子实体

5 个 /mm²。孢子褐色、黄褐色，卵形（7.5 ~ 10.0）μm×（4.5 ~ 6.5）μm。

生　　境　寄生于杨属、桦属、柳属、栎属、槭属等阔叶树的枯立木、倒木和伐桩上。

分　　布　东北林区各地。全国绝大部分地区。

采　　制　四季均可采收，除去杂质，晒干或烘干。

性味功效　味微苦，性平。有清热、化积、止血、化痰、抗癌的功效。

主治用法　用于风湿性肺结核、慢性乙型肝炎、食管癌、神经系统疾病、心脏病、糖尿病、胃溃疡、十二指肠溃疡、胃酸过多等。水煎服。每日 2 ~ 3 次，或制成片剂服用。

▲ 有柄树舌灵芝子实体

▲ 树舌灵芝子实体

▲ 树舌灵芝子实体

▲ 树舌灵芝子实体

用　量　30 g。

附　注　本区尚有 1 变种：
有柄树舌灵芝 var. *gibbosum*（Bl. ex Ness）
Teng，柄发达，菌盖变化多或不发达，
其余同原种。

◎ 参考文献 ◎

［1］严仲铠，李万林 . 中国长白山药
用植物彩色图志［M］. 北京：人
民卫生出版社，1997：17.

［2］中国药材公司 . 中国中药资源
志要［M］. 北京：科学出版社，
1994：30.

［3］戴玉成，图力古尔 . 中国东北野
生食药用真菌图志［M］. 北京：科
学出版社，2006：58-59.

▲ 树舌灵芝子实体

▲ 树舌灵芝子实体

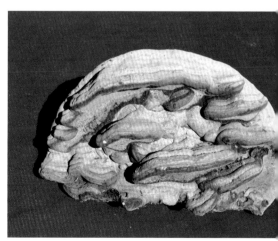

▲ 市场上的树舌灵芝子实体

▲ 灵芝子实体（背）

灵芝 *Ganoderma lucidum* （Curtis）P. Karst.

俗　名　赤芝　灵芝草　丹芝　仙草　神草

药用部位　灵芝科灵芝的子实体。

原 植 物　子实体中等至较大或更大。菌盖直径5～15 cm，厚0.8～1.0 cm，半圆形、肾形或近圆形，木栓质，红褐色并有油漆光泽，具有环状棱纹和辐射状皱纹，边缘薄，往往内卷。菌肉白色至淡褐色，管孔面初期白色，后期变浅褐色、褐色，平均3～5个/mm²。菌柄长3～15 cm，粗1～3 cm，侧生或偶偏生，紫褐色，有光泽。孢子褐色，卵形，（9～12）μm ×（4.5～7.5）μm。

生　境　寄生于阔叶树伐木桩旁或垂死木、倒木、腐朽木上。

分　布　东北林区各地。全国绝大部分地区。朝鲜、俄罗斯（西伯利亚中东部）。

▲ 市场上的灵芝子实体（干）

采　制　四季均可采收，除去杂质，晒干或烘干。

性味功效　味淡，性温。有滋补强壮、镇静安神的功效。

主治用法　用于头晕、失眠、神经衰弱、慢性肝炎、肾盂肾炎、高血压、心脏病、血细胞减少、鼻炎、慢性支气管炎、支气管哮喘、胃炎、十二指肠溃疡等。水煎服或泡酒服用。

用　量　2.5～5.0 g。

附　方

（1）治神经衰弱、高血压、风湿性关节炎、硅肺病：灵芝酊，每日3次，每次10 ml。

（2）降低血胆固醇：灵芝酊，每日3次，每次10 ml。

▲ 市场上的灵芝子实体（鲜）

（3）治肝炎：灵芝菌丝煎剂，每次 10 ml，每日 3 次。

（4）治慢性气管炎：灵芝液，每次 20 ml，每日 3 次；灵芝菌丝培养基液，每次 50 ml，每日 2 次。又方：灵芝合剂，每次 15 ～ 25 ml，每日早晚各 1 次。

（5）治过敏性哮喘：灵芝液，每日 3 次，每次 20 ml。

（6）治鼻炎：灵芝 500 g，切碎，小火水煎 2 次，每次 3 ～ 4 h，合并煎剂，浓缩后用多层纱布过滤，滤液加蒸馏水至 500 ml，滴鼻，每次 2 ～ 6 滴，每日 2 ～ 4 次。

附　注

（1）本品为《中华人民共和国药典》（2020 年版）收录的药材。

（2）实证、热证慎用。

（3）灵芝是一种名贵的中药，其在人们心目中的地位仅次于人参而被排在第二位。据现代科学研究，灵芝的主要作用有抗衰老、抗肿瘤、增强免疫力、提高机体耐受能力、增强心肌收缩力、提高心输出量、改善心肌的微循环、抗动脉粥样硬化、提高肝脏解毒能力、促进肝细胞再生及增加血浆皮质醇的含量等。

（4）灵芝具有养颜护肤的功效，能保持和调节皮肤水分，恢复皮肤弹性，使皮肤湿润、细腻，并可抑制皮肤中黑色素的形成和沉淀，清除色斑，使头发增加光泽。

（5）满族人喜欢用灵芝泡酒，用于治疗咳嗽、哮喘及胸痹等症。

◎参考文献◎

［1］江苏新医学院 . 中药大辞典（上册）[M]. 上海：上海科学技术出版社，1977：18-21.

［2］《全国中草药汇编》编写组 . 全国中草药汇编（上册）[M] . 北京：人民卫生出版社，1975：422-423.

［3］严仲铠，李万林 . 中国长白山药用植物彩色图志 [M] . 北京：人民卫生出版社，1997：18-21.

▲灵芝子实体

▲ 松杉灵芝子实体

▲ 市场上的松杉灵芝子实体（干）

皮壳亮，漆样光泽，无环纹带，有的有不十分明显的环带和不规则的皱褶，边缘有棱纹，木栓质。菌肉白色，厚 0.5 ~ 1.5 cm，管孔面白色，后变肉桂色、浅褐色，4 ~ 5 个/mm²。菌柄长 3 ~ 6 cm，粗 3 ~ 4 cm，短而粗，有与菌盖相同的漆壳，侧生或偏生。孢子内壁刺显著，有的一端平截，卵形，（9.0 ~ 11.0）μm×（5.5 ~ 6.6）μm。

松杉灵芝 *Ganoderma tsugae* Murr.

别　　名	铁杉灵芝
俗　　名	木灵芝
药用部位	灵芝科松杉灵芝的子实体。
原 植 物	子实体中等至大。菌盖直径 6.5 ~ 21.0 cm，

厚 0.8 ~ 2.0 cm，半圆形、扁形、肾形，表面红色，

▲ 市场上的松杉灵芝子实体（鲜）

生　境　寄生于针叶树活立木或腐木的树干基部及树根上。

分　布　黑龙江林区各地。吉林林区各地。山西、西藏、云南、甘肃、四川等。朝鲜、日本、俄罗斯（西伯利亚中东部）。

采　制　四季均可采收，晒干或烘干。

性味功效　味淡，性温。有滋补强壮、镇静安神的功效。

▼松杉灵芝幼子实体　　　　　▲松杉灵芝子实体

▼松杉灵芝子实体

主治用法　用于风湿性关节炎、神经衰弱等。水煎服或泡酒服用。

用　量　3～9g。

▲市场上的松杉灵芝幼子实体

◎参考文献◎

[1] 严仲铠，李万林. 中国长白山药用植物彩色图志 [M]. 北京: 人民卫生出版社，1997: 21-22.

[2] 戴玉成，图力古尔. 中国东北野生食药用真菌图志 [M]. 北京: 科学出版社，2006: 64-65.

[3] 卯晓岚. 中国大型真菌 [M]. 郑州: 河南科学技术出版社，2000: 499.

▲松杉灵芝子实体

▲松杉灵芝子实体

▲ 松杉灵芝子实体

▲ 松杉灵芝子实体

▲黑龙江省大兴安岭地区呼中区小白山森林秋季景观

▲ 木耳子实体

▼ 木耳子实体

木耳科 Auriculariaceae

本科共收录 1 属、2 种。

木耳属 Auricularia Bull. ex Meraf.

木耳 *Auricularia auricula*（L. ex Hook.）Underwood

俗　　名	黑木耳 黑菜
药用部位	木耳科木耳的子实体。

原 植 物　子实体一般较小，宽 2 ~ 12 cm，浅圆盘形、耳形或不规则形，胶质，新鲜时软，干后收缩。子实层生里面，光滑或略有皱纹，红褐色或棕褐色，干后变深褐色或黑褐色。外面有短毛，青褐色。孢子无色、光滑，常弯曲，腊肠形，（9.0 ~ 17.5）μm×（5.0 ~ 7.5）μm。担子细长，有 3 个横隔，柱形，（50.0 ~ 65.0）μm×（3.5 ~ 5.5）μm。

▲木耳子实体

生　　境　寄生于栎、榆、杨、槭、桦、柳、赤杨等阔叶树上或朽木及针叶树冷杉上，单生或群生。

分　　布　东北林区各地。全国绝大部分地区。朝鲜、蒙古、俄罗斯（西伯利亚中东部）。

采　　制　夏、秋季雨后采收，除去杂质，晒干或烘干。

性味功效　味甘，性平。有益气强身、活血、止血、止痛、补气血、润肺的功效。

▼市场上的木耳子实体（干）

主治用法　用于肠风、血痢、血淋、崩漏、痔疮、便秘、气虚血亏、四肢抽搐、肺虚咳嗽、咯血、吐血、衄血、高血压、寒湿性腰腿疼痛、毒菌中毒、疮口不收等。水煎或研末服。

用　　量　15～50 g。

附　　方

（1）治痔疮出血、大便干结：木耳3～6 g，柿饼30 g。同煮烂做点心吃。

（2）治高血压、血管硬化、眼底出血：木耳15 g。清水浸泡一夜，于锅中蒸1～2 h，加入适量冰糖，于睡前服用。

（3）治月经过多、淋漓不止、赤白

▲木耳子实体

▲市场上的木耳子实体（鲜）

带下：木耳焙干研细末，以红糖汤送服，每次3～6g，每日2次。

（4）治一切牙痛：木耳、荆芥各等量。煎汤漱之，痛止为度。

◎参考文献◎

[1]江苏新医学院.中药大辞典(上册)[M].上海：上海科学技术出版社，1977：351-352.

[2]严仲铠，李万林.中国长白山药用植物彩色图志[M].北京：人民卫生出版社，1997：5-6.

[3]中国药材公司.中国中药资源志要[M].北京：科学出版社，1994：24.

▲毛木耳子实体

▲毛木耳子实体

毛木耳 *Auricularia polytricha* （Mont.）Sacc.

药用部位　木耳科毛木耳的子实体。

原植物　子实体一般较大，直径 2 ~ 15 cm，浅圆盘形、耳形或不规则形，有明显基部，基部稍皱，胶质，无柄，新鲜时软，干后收缩。子实层生里面，平滑或稍有皱纹，紫灰色，后变黑色。外面有较长绒毛，无色，仅基部褐色，（400 ~ 1 100）μm×（4.5 ~ 6.5）μm，常成束生长。担子 3 横隔，具 4 小梗，棒状，（52.0 ~ 65.0）μm×（3.0 ~ 3.5）μm。孢子无色，光滑，弯曲，圆筒形，（12 ~ 18）μm×（5 ~ 6）μm。

生　境　寄生于栎、榆、杨、槭、桦、柳、赤杨等阔叶树上，丛生。

分　布　东北林区各地。全国绝大部分地区。朝鲜、蒙古、俄罗斯（西伯利亚中东部）。

采　制　夏、秋季雨后生长旺盛时采收，晒干或微火烘干。

性味功效　味甘，性平。有益气健身、凉血、止血、止痛、补气血、润肺、降压的功效。

主治用法　用于气虚血亏、肺虚咳嗽、咯血、吐血、衄血、血痢、崩漏、白带过多、痔疮出血、高血压、便秘、寒湿性腰腿疼痛、抽搐等。水煎服。

用　量　5 ~ 10 g。

◎参考文献◎

[1] 钱信忠. 中国本草彩色图鉴（第一卷）[M]. 北京：人民卫生出版社，2003:503-504.

[2] 严仲铠，李万林. 中国长白山药用植物彩色图志[M]. 北京：人民卫生出版社，1997:6-7.

[3] 中国药材公司. 中国中药资源志要[M]. 北京：科学出版社，1994:24.

▲市场上的毛木耳子实体

▲毛木耳子实体

▲黑龙江北极村国家级自然保护区阿穆尔河大脚湾森林秋季景观

胶耳科 Exidiaceae

本科共收录 2 属、2 种。

焰耳属 *Phlogiotis* Quél.

焰耳 *Phlogiotis helvelloides*（DC. : Fr.）Martin

别　　名　胶勺

药用部位　胶耳科焰耳的子实体。

原 植 物　子实体一般较小，胶质，匙形或近漏斗状，柄部半开裂呈管状，高 3 ~ 8 cm，宽 2 ~ 6 cm，

▲焰耳子实体

浅土红色或橙褐红色，内侧表面被白色粉末，子实层面近平滑，或有皱或近似纲纹状，盖缘卷曲或后期呈波状，担子倒卵形，纵分裂成4部分，担子部分细长，（14～20）μm×（10～11）μm。菌丝长，有锁状联合，粗1～3μm。孢子宽椭圆形，光滑，无色，（9.5～12.5）μm×（4.5～7.5）μm。

生　　境　生于针叶林或针阔混交林地上，单生或群生，有时近丛生。常生在林地苔藓层或腐木上。

分　　布　东北林区各地。广东、广西、云南、福建、四川、浙江、湖南、湖北、江苏、陕西、甘肃、贵州、山西、西藏、青海。朝鲜、蒙古、俄罗斯（西伯利亚中东部）。

采　　制　夏、秋季雨后生长旺盛时采收，晒干或微火烘干。

性味功效　抗癌。

用　　量　适量。

▼焰耳子实体

◎参考文献◎

［1］江纪武. 药用植物辞典 [M]. 天津：天津科学技术
　　出版社，2005：593.

［2］卯晓岚. 中国大型真菌 [M]. 郑州：河南科学技术
　　出版社，2000：511.

刺银耳属 *Pseudohydnum* P. Karst.

虎掌刺银耳 *Pseudohydnum gelatinosum*（Scop. : Fr.）Karst.

别　　名　胶质刺银耳　虎掌菌

药用部位　胶耳科虎掌刺银耳的子实体。

原 植 物　子实体较小，半透明，似胶质，软，污白色，扇形、匙形或掌状至圆形，具短柄。菌盖直径 2～6 cm，阴湿处多呈污白色至乳白色，光多处带淡褐色，开始有细毛，后变光滑。菌盖下密生长 0.2～0.5 cm 的小肉刺。菌柄长约 1 cm，粗 0.5～0.8 cm。孢子近球形，无色，遇氢氧化钾带黄色，（7.4～8.4）μm×（4.6～6.4）μm。担子具 4 小梗。

生　　境　寄生于比较阴湿的针叶树倒腐木或枯木桩基部，往往成群生长。

分　　布　东北林区各地。江苏、西藏、四川、青海、云南。朝鲜、俄罗斯（西伯利亚中东部）。

采　　制　夏、秋季采收，晒干或微火烘干。

性味功效　抗癌。

▲虎掌刺银耳子实体（背）

用　　量　适量。

◎参考文献◎

[1] 江纪武. 药用植物辞典 [M]. 天津：天津科学技术出版社，2005：818.

[2] 卯晓岚. 中国大型真菌 [M]. 郑州：河南科学技术出版社，2000：512.

▲吉林省临江市花山镇溪谷景区森林秋季景观

▲ 银耳子实体

▼ 银耳子实体

银耳科 Tremellaceae

本科共收录 1 属、3 种。

银耳属 *Tremella* Dill ex L.

银耳 *Tremella fuciformis* Berk.

别　　名	白木耳 雪耳
药用部位	银耳科银耳的子实体。
原 植 物	子实体中等至较大，直径 3 ~ 15 cm，纯白至乳白色，胶质，半透明，柔软有弹性，由几片至十余片瓣片组成，形似菊花、牡丹或绣球，干后收缩,硬而脆,白色或米黄色。

子实层生瓣片表面。担子纵分隔，近球形或近卵圆形，（10 ~ 12）μm×（4 ~ 7）μm。

生　　境　　生于栎等阔叶树腐木上。

分　　布　　吉林长白山各地。全国绝大部分地区。朝鲜、俄罗斯（西伯利亚中东部）。

▲ 银耳子实体

采　　制	夏、秋季采收，除去杂质，洗净，晒干或烘干。

采　　制　夏、秋季采收，除去杂质，洗净，晒干或烘干。

性味功效　味甘、淡，性平。有补肾、润肺、生津、止咳的功效。

主治用法　用于肺热咳嗽、肺燥干咳、久咳喉痒、咳痰带血、痰中血丝、久咳络伤胁痛、肺痛、妇人月经不调及崩漏、胃炎、高血压、血管硬化、大便秘结、大便下血等。水煎服。风寒咳嗽忌用。

用　　量　5 ～ 15 g。

◎ 参考文献 ◎

[1] 江苏新医学院. 中药大辞典（上册）[M]. 上海：上海科学技术出版社，1977：698.

[2] 中国药材公司. 中国中药资源志要 [M]. 北京：科学出版社，1994：25.

[3] 戴玉成，图力古尔. 中国东北野生食药用真菌图志 [M]. 北京：科学出版社，2006：216-217.

▲茶色银耳子实体

茶色银耳 *Tremella foliacea* Pers.

▼茶色银耳子实体

别　　名　血耳 茶银耳 茶耳

药用部位　银耳科茶色银耳的子实体。

原 植 物　子实体小或中等大，直径 4 ~ 12 cm，由无数宽而薄的瓣片组成，瓣片厚 1.5 ~ 2.0 mm，浅褐色至锈褐色，干后色变暗至近黑褐色，角质。菌丝有锁状联合。担子纵裂 4 瓣，（12 ~ 18）μm×（10.0 ~ 12.5）μm。孢子无色，近球形、卵状椭圆形，基部粗，（7.5 ~ 12.9）μm×（6.5 ~ 10.4）μm。

生　　境　生于栎等阔叶

▲茶色银耳子实体

树腐木上，往往似花朵成群生长。

分　布　吉林长白山各地。河北、广东、广西、海南、青海、四川、云南、安徽、湖南、江苏、陕西、贵州、西藏等。朝鲜、俄罗斯（西伯利亚中东部）。

采　制　夏、秋季采收，除去杂质，晒干或烘干。

主治用法　用于妇科崩漏下血。

用　量　适量。

◎参考文献◎

［1］江纪武．药用植物辞典［M］．天津：天津科学技术出版社，2005：818．

［2］卯晓岚．中国大型真菌［M］．郑州：河南科学技术出版社，2000：515．

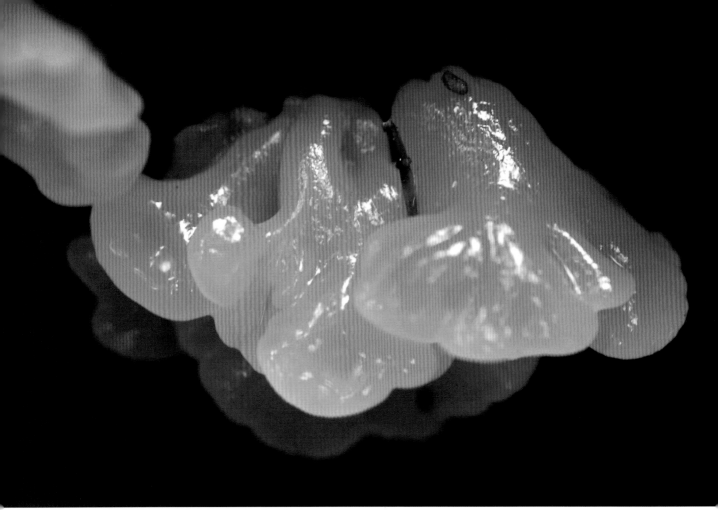

黄金银耳 *Tremella mesenterica* Retz. ex Fr.

别　　名	金耳　黄木耳　金银耳
药用部位	银耳科黄金银耳的子实体。

原　植　物　子实体中等至较大，直径 2 ~ 10 cm，高 1.5 ~ 5.0 cm，由许多较皱曲的裂瓣组成，胶质，鲜黄色至橘黄色，干后暗金黄色，内部微黄色，基部较狭窄。菌肉厚，有弹性。菌丝有锁状联合。担子纵裂为 4 瓣，近环形或宽椭圆状至卵形，（12 ~ 19）μm×（11 ~ 15）μm。上担子细长，圆柱形。孢子近无色，近球形至宽椭圆形，（7 ~ 12）μm×（6 ~ 10）μm。

生　　境　寄生于林内、林缘、采伐迹地等处栎属、槭属、柳属的腐木上。

分　　布　吉林长白山各地。河南、山西、四川、福建、江西、云南、西藏等。朝鲜、蒙古、俄罗斯（西伯利亚中东部）。

采　　制　夏、秋季采收，除去杂质，晒干或烘干。

性味功效　味甘，性平。有润肺、滋阴、生津、平喘的功效。

主治用法　用于肺结核、高血压、肺热咳嗽、虚劳咳嗽、痰多、咳血及气喘等。水煎服。

用　　量　3 ~ 6 g。

◎ 参考文献 ◎

[1] 严仲铠，李万林．中国长白山药用植物彩色图志 [M]．北京：人民卫生出版社，1997：7.

[2] 中国药材公司．中国中药资源志要 [M]．北京：科学出版社，1994：25.

[3] 卯晓岚．中国大型真菌 [M]．郑州：河南科学技术出版社，2000：5.

▲黄金银耳子实体

▲内蒙古自治区阿里河林业局奎源林场森林秋季景观

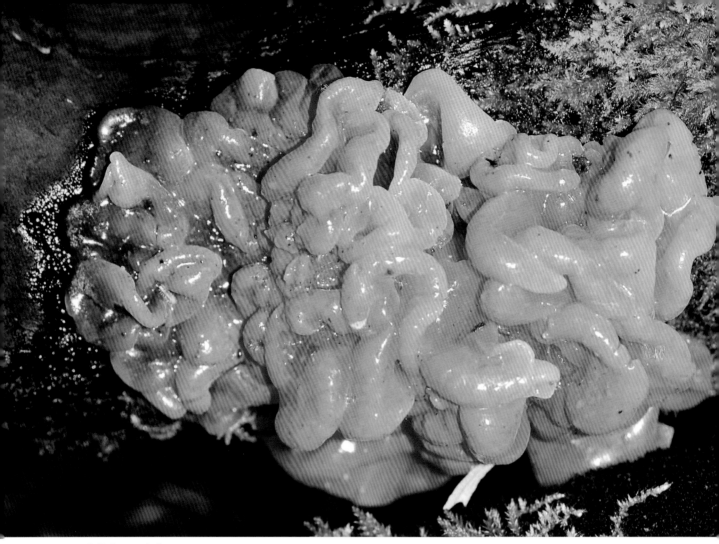

▲掌状花耳子实体

花耳科 Dacrymycetaceae

本科共收录 1 属、1 种。

花耳属 Dacrymyces Nees

掌状花耳 *Dacrymyces palmatus*（Schus.）Bres.

药用部位 花耳科掌状花耳的子实体。

原植物 子实体比较小，直径 1～6 cm，高 2 cm 左右，橘黄色，近基部近白色，当干燥时带红色，形状不规则瓣裂成一堆。菌肉胶质，有弹性。孢子光滑，圆柱状至腊肠形，初期无隔，后变至 8～10 细胞（多隔）。孢子印带黄色。担子呈叉状，细长。

生　境 寄生于针叶林腐木上。

分　布 东北林区各地。云南。朝鲜、俄罗斯（西

▲掌状花耳子实体

▲掌状花耳子实体

伯利亚中东部）。

采　　制　　夏、秋季采收，除去杂质，晒干或烘干。

性味功效　　抗癌。

用　　量　　适量。

◎参考文献◎

[1] 卯晓岚. 中国大型真菌 [M]. 郑州：河南科学技术出版社，2000：516.

掌状花耳子实体

▲掌状花耳子实体

▲内蒙古自治区满归林业局伊克萨玛国家森林公园森林秋季景观

▲玉米黑粉菌担子果

黑粉菌科 Ustilaginaceae

本科共收录1属、1种。

黑粉菌属 *Ustilago*（Pers.）Rouss

玉米黑粉菌 *Ustilago maydis*（DC.）Corda

别　　名　玉蜀黍黑粉菌

药用部位　黑粉菌科玉米黑粉菌的干燥孢子堆。

原 植 物　孢子堆的大小、形状不定，多呈瘤状，直径 3～15 cm，初期外面有1层白色膜，往往由寄生组织形成或混杂部分，有时还带黄绿色或紫红色，后渐变灰白色至灰色，破裂后散出大量黑色粉末即冬孢子。冬孢子直径8～12μm，球形至椭圆形或不规则，表面密布小疣，黄褐色或褐黑色。

生　　境　寄生于玉蜀黍的植株上。

分　　布　东北地区各地。全国绝大部分地区。

采　　制　秋季在孢子堆新鲜时（老熟前）采摘，也可在老熟时收集冬孢子晒干备用。

性味功效　味甘，性寒。有利肝脏、益肠胃、消食通便、解毒的功效。

主治用法　用于神经衰弱、小儿疳积、胃肠道溃疡、消化不良等。炒食或炼蜜为丸服用。

用　　量　成人3～6 g，小儿0.3～0.9 g。

◎参考文献◎

[1] 严仲铠，李万林. 中国长白山药用植物彩色图志 [M]. 北京: 人民卫生出版社，1997: 4-5.

[2] 钱信忠. 中国本草彩色图鉴(第二卷)[M]. 北京: 人民卫生出版社，2003: 30-31.

[3] 中国药材公司. 中国中药资源志要 [M]. 北京: 科学出版社，1994: 24.

▲内蒙古自治区满归林业局伊克萨玛国家森林公园森林秋季景观

▲ 蛇头菌子实体

▼ 蛇头菌菌蕾

鬼笔科 Phallaceae

本科共收录 3 属、5 种。

蛇头菌属 *Mutinus* Fr.

蛇头菌 *Mutinus caninus* （Huds.）Fr.

药用部位 鬼笔科蛇头菌的子实体。

原 植 物 子实体较小，高 6 ~ 8 cm。菌托白色，卵圆形或近椭圆形，高 2 ~ 3 cm，粗 1.0 ~ 1.5 cm。菌柄圆柱形，似海绵状，中空，粗 0.8 ~ 1.0 cm，上部粉红色，向下部渐呈白色。菌盖鲜红色，与柄无明显界限，圆锥状，顶端具小孔，长 1 ~ 2 cm，表面近平滑或有疣状突起，其上有暗绿色、黏稠且具腥臭气味的孢体。孢子无色，长椭圆形，（3.5 ~ 4.5）μm×（1.5 ~ 2.0）μm。

生　　境 生于林中地上，往往单生或散生，有时群生。

▲蛇头菌子实体

分　布	吉林长白山各地。河北、青海。朝鲜、俄罗斯（西伯利亚中东部）。
采　制	夏、秋季采收，晒干或烘干。
性味功效	抗癌。
用　量	适量。
附　注	该菌有毒，用时需十分谨慎。

◎参考文献◎

［1］卯晓岚．中国大型真菌［M］．郑州：河南科学技术出版社，2000：523．

鬼笔属 *Phallus* Junius ex L.

黄鬼笔 *Phallus costatus* Batsch

药用部位 鬼笔科黄鬼笔的子实体。

原 植 物 子实体一般较小，高 8 ~ 10 cm，幼时包裹在白色卵圆形的包里，当开裂时菌柄伸长。菌盖呈钟形，有不规则凸起的网纹，黄色至亮黄色，或呈橙黄色，具暗绿色黏液（孢体），有腥臭气味。柄近圆筒形，白黄色或浅黄色，中部呈海绵状。菌托白色，苞状，厚，高约 3 cm。孢子无色，长椭圆形，（3.5 ~ 4.0）μm × （1.5 ~ 2.0）μm。

生 境 生于针阔叶林地上，单生或群生。

分 布 东北林区各地。朝鲜、蒙古、俄罗斯（西伯利亚中东部）。

采 制 夏、秋季采收，晒干或烘干。

性味功效 抗癌。

用 量 适量。

▲黄鬼笔子实体

▲黄鬼笔子实体

◎参考文献◎

[1] 卯晓岚. 中国大型真菌 [M]. 郑州：河南科学技术出版社，2000：524.

▲ 红鬼笔子实体

红鬼笔 *Phallus rubicundus*（Bosc.）Fr.

别　　名　深红鬼笔

药用部位　鬼笔科红鬼笔的子实体。

原 植 物　子实体中等至较大，高 10 ~ 20 cm。菌盖高 1.5 ~ 3.0 cm，宽 1.0 ~ 1.5 cm，近钟形，具网纹格，上面有灰黑色恶臭的黏液（孢体），浅红色至橘红色，被黏液覆盖，顶端平，红色，并有孔口。菌柄长 9 ~ 19 cm，粗 1.0 ~ 1.5 cm，圆柱形，红色，中空，海绵状，下部渐粗，色淡至白色，而上部色深，靠近顶部橘红色至深红色。菌托长 2.5 ~ 3.0 cm，粗 1.5 ~ 2.0 cm，白色，有弹性。孢子几无色，椭圆形，（3.5 ~ 4.5）μm×（2.0 ~ 2.3）μm。

生　　境　生于林地、林缘、田野及草丛中。

分　　布　吉林和辽宁林区各地。河北、山西、江苏、福建、安徽、河南、湖南、广东、广西、四川、云南。朝鲜、俄罗斯（西伯利亚中东部）。

采　　制　夏、秋季采收，用水洗去菌盖表面黏臭的孢体，晒干或烘干。

性味功效　味甘、淡，性温。有散毒、消肿、生肌的功效。

红鬼笔子实体

▲红鬼笔子实体

主治用法　用于疮疽。烘干或晒干研末调敷。

用　　量　外用适量。

附　　方　治疮疽：将子实体焙干或晒干研成细末后与芝麻油和在一起，调成膏涂抹在患处，也可直接用干末涂抹在患处。

附　　注　子实体有毒，不能食用。

◎参考文献◎

［1］钱信忠．中国本草彩色图鉴（第二卷）[M]．北京：人民卫生出版社，2003：593-594.

［2］严仲铠，李万林．中国长白山药用植物彩色图志 [M]．北京：人民卫生出版社，1997：58.

［3］中国药材公司．中国中药资源志要 [M]．北京：科学出版社，1994：47.

▲ 白鬼笔子实体

白鬼笔 *Phallus impudicus* L.

药用部位　鬼笔科白鬼笔的子实体。

原植物　菌蕾大，球形，直径 4 ～ 6 cm，地上生或半埋状，白色。子实体中等或较大，高 16 ～ 17 cm，基部有苞状、厚而有弹性的白色菌托。菌盖钟形，有深网格，高 4 ～ 5 cm，宽 3.5 ～ 4.0 cm，成熟后顶平，有穿孔，生有暗绿色的黏而臭的孢子液。柄长 8.0 ～ 10.5 cm，粗 1.5 ～ 2.5 cm，近圆筒形，白色，海绵状，中空。孢子平滑，椭圆形，（3.5 ～ 5.0）μm×（2.0 ～ 2.8）μm。

生　境　生于林中地上，群生或单生。

分　布　东北林区各地。山西、安徽、广东、甘肃、西藏等。朝鲜、蒙古、俄罗斯（西伯利亚中东部）。

采　制　夏、秋季采收，洗去黏臭的菌盖和菌托，晒干或烘干。

性味功效　味甘、淡，性温。有活血止痛的功效。

主治用法　用于风湿骨痛。

▼ 白鬼笔菌蕾

▲白鬼笔子实体

用　　量　20 ~ 50 g。

附　　方　治风湿痛: 取白鬼笔21 g或鲜子实体200 g,浸泡在500 ml白酒中,10 d后服用,每服9 ~ 15 g,日服2 ~ 3次。

◎参考文献◎

[1] 钱信忠. 中国本草彩色图鉴（第二卷）[M]. 北京: 人民卫生出版社, 2003: 217-218.

[2] 朱有昌. 东北药用植物 [M]. 哈尔滨: 黑龙江科学技术出版社, 1989: 1251.

[3] 中国药材公司. 中国中药资源志要 [M]. 北京: 科学出版社, 1994: 47.

▲ 短裙竹荪幼子实体（前期）

竹荪属 *Dictyophora* Desv

短裙竹荪 *Dictyophora duplicata*（Bosc.）Fischer

俗　　名　竹参

药用部位　鬼笔科短裙竹荪的子实体。

原 植 物　菌蕾卵形，长5～7cm，白色至灰白色，基部有一条白色绳状菌索，长5～10cm。子实体较大，高12～18cm。菌托粉灰色，直径4～5cm。菌盖高宽各3.5～5.0cm，钟形，具显著网格，内含有绿褐色臭而黏的孢子液，顶端平，有一穿孔。菌幕白色，从菌盖下垂直3～5cm，网眼圆形，直径1～4mm。孢托白色，中空，纺锤状至圆筒状，中部粗2～4cm，向两端稍尖；高10～15cm，壁海绵状。孢子椭圆形，光滑，（4.0～4.5）μm×（1.5～2.0）μm。

生　　境　生于针阔叶林地上，单生或群生。

分　　布　东北林区各地。河北、四川、贵州等。朝鲜、蒙古、俄罗斯（西伯利亚中东部）。

采　　制　夏、秋季采收，除去杂质，晒干或烘干。

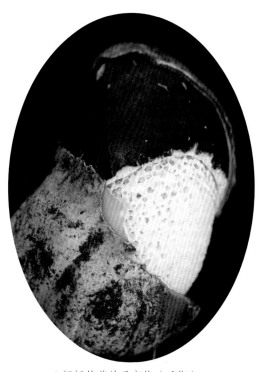

▲ 短裙竹荪幼子实体（后期）

▲ 短裙竹荪菌蕾

性味功效 有滋补强壮、益气补脑、安神健体的功效。

主治用法 用于高血压、冠心病、高胆固醇、痢疾、高脂血症、动脉硬化等。水煎服。

用　　量 6 ~ 9g。

◎参考文献◎

[1] 严仲铠，李万林. 中国长白山药用植物彩色图志 [M]. 北京：人民卫生出版社，1997：58-59.

[2] 中国药材公司. 中国中药资源志要 [M]. 北京：科学出版社，1994：47.

[3] 卯晓岚. 中国大型真菌 [M]. 郑州：河南科学技术出版社，2000：526.

▲ 短裙竹荪子实体（前期）

▲ 短裙竹荪子实体（后期）

▲黑龙江省大兴安岭地区图强林业局红旗岭森林秋季景观

笼头菌科 Secotiaceae

本科共收录1属、1种。

散尾鬼笔属 *Lysurus* Fr.

五棱散尾鬼笔 *Lysurus mokusin*（L.：Pers.）Fr.

别　　名　五棱鬼笔　棱柱散尾菌
药用部位　笼头菌科五棱散尾鬼笔的子实体。
原 植 物　子实体一般较小，细长，呈棱柱形，一般4～5棱，高5～12cm，中空。顶部高1.5～3.0cm，具4～5个爪状裂片，红色，初期裂片相互连接在一起，后期从顶部彼此分离，靠内

▼ 五棱散尾鬼笔子实体

▲ 五棱散尾鬼笔子实体

侧面产生暗褐色孢体黏液，具臭气味。菌柄浅粉色至浅肉色，具4～5条纵行凹槽，松软呈海绵状。菌托白色，苞状，初期卵球形，高2～4cm，基部往往有白色根状菌索。孢子在黏的孢体中呈椭圆形，半透明，（3.5～5.0）μm×（1.5～2.0）μm。

生　　境　生于草地或林地上。散生或群生。

分　　布　吉林长白山各地。河北、河南、江苏、四川、浙江、云南、福建、湖南、湖北、安徽、贵州、西藏。朝鲜、日本、俄罗斯（西伯利亚中东部）。

采　　制　夏、秋季采收，晒干或烘干。

性味功效　有止血、消炎、抗癌

的功效。

主治用法 用于治疗疮痘。

用　　量 适量。

◎参考文献◎

［1］江纪武．药用植物辞典［M］．天津：天津科
　　学技术出版社，2005：490．

［2］中国药材公司．中国中药资源志要［M］．北京：
　　科学出版社，1994：47．

［3］卯晓岚．中国大型真菌［M］．郑州：河南科
　　学技术出版社，2000：530．

▲五棱散尾鬼笔子实体

▼五棱散尾鬼笔子实体

▲五棱散尾鬼笔子实体

▲内蒙古毕拉河国家级自然保护区森林秋季景观

▲尖顶地星子实体

地星科 Geastraceae

本科共收录 1 属、2 种。

地星属 *Geastrum* Pers.

尖顶地星 *Geastrum triplex* Jungh.

| 俗　　名 | 土星菌　马勃 |

俗　　名　土星菌　马勃
药用部位　地星科尖顶地星的干燥子实体。
原 植 物　子实体较小。初期扁球形，外包被基部浅袋形，上半部分裂为 5 ~ 8 瓣，裂片反卷，外表光滑，蛋壳色，内层肉质，干后变薄，栗褐色，往往中部分离并部分脱落，仅残留基部。内包被粉灰色至烟灰色，无柄，球形，直径 1.7 ~ 3.0 cm，嘴部显著，宽圆锥形。孢子褐色，有小疣，球形，直径 3 ~ 5 μm。孢丝浅褐色，不分枝，粗 6 μm。
生　　境　生于林地上或苔藓间，单生或散生。
分　　布　吉林长白山各地。河北、山西、甘肃、宁夏、青海、新疆。朝鲜、俄罗斯（西伯利亚中东部）。
采　　制　夏、秋季采收，晒干或烘干。

▲尖顶地星子实体

▼尖顶地星子实体

性味功效 味辛，性平。有止血活血、润肺利喉、消肿、解毒的功效。

主治用法 用于消化道出血、外伤出血、感冒咳嗽、气管炎、肺炎、慢性扁桃体炎、咽喉炎、鼻衄、喑哑、疮肿、咽喉肿痛等。水煎服。外用研末敷患处。

用 量 3～6g。外用适量。

◎参考文献◎

[1] 钱信忠. 中国本草彩色图鉴（第二
    卷）[M]. 北京：人民卫生出版社，
    2003：430-431.

[2] 严仲铠，李万林. 中国长白山药用植
    物彩色图志 [M]. 北京：人民卫生
    出版社，1997：63.

[3] 江纪武. 药用植物辞典 [M]. 天津：
    天津科学技术出版社，2005：349.

▲毛嘴地星子实体

毛嘴地星 *Geastrum fimbriatum* Fr.

药用部位 地星科毛嘴地星的干燥子实体。

原 植 物 子实体小型至中型，直径为 1.5 ～ 6.0 cm。 外包被多数为浅囊状或深囊状，少数拱形，开裂至一半或大于、小于一半处，形成 5 ～ 11 瓣裂片，裂片瓣多数宽，少数狭窄，渐尖，宽 0.6 ～ 1.5 cm，向外反卷于外包被盘下或平展，仅先端反卷，少数垂直向下、向上，或者内弯向内包被体。肉质层薄，棕黄色、污棕黄色至污褐色，沿裂瓣边缘收缩或开裂呈横纹状。内包被体球形、近球形、卵形、梨形、陀螺形，直径为 0.4 ～ 3.4 cm。担孢子球形或近球形，直径为 2.5 ～ 5.0 μm。

生 境 生于腐枝落叶层林地上，单生或散生。

分 布 黑龙江林区各地。河北、河南、湖南、甘肃、宁夏、青海、新疆。俄罗斯（西伯利亚中东部）。

采 制 夏、秋季采收，晒干或烘干。

性味功效 有止血、消炎、解毒的功效。

用 量 适量。

◎参考文献◎

[1] 卯晓岚. 中国大型真菌 [M]. 郑州: 河南科学技术出版社，2000: 540.

▲内蒙古自治区阿尔山国家地质公园森林草地秋季景观

▲ 网纹马勃子实体

▲ 网纹马勃子实体

马勃科 Lycoperdaceae

本科共收录4属、8种。

马勃属 *Lycoperdon* P. Micheli

网纹马勃 *Lycoperdon perlatum* Pers.

别　　名	小马勃　网纹灰包
俗　　名	马粪包
药用部位	马勃科网纹马勃的干燥子实体。
原 植 物	子实体一般小型，高3～8 cm，宽2～

6 cm，倒卵形至陀螺形，初期近白色，后变灰黄色至黄色，不孕基部发达或伸长如柄。外包被由无数小疣组成，间有较大易脱落的刺，刺脱落后显出淡色而光滑的斑点。孢体青黄色，后变为褐色，有时稍带紫色。孢子淡黄色，具细微小疣，球形，直径3.5～5.0μm。孢丝淡黄色至浅黄色，少分枝，粗3.5～5.0μm，梢部约2μm。

生　　境　生于林缘、草地及稀疏的灌丛中，单生或群生。

▲网纹马勃子实体

分　　布　东北地区各地。全国绝大部分地区。朝鲜、日本、俄罗斯（西伯利亚中东部）。

采　　制　夏、秋季采收，除去外层硬皮，切成方块或研粉用。

性味功效　味微涩，性平。有消炎止血、清肺利咽的功效。

主治用法　用于慢性扁桃体炎、咽喉炎、咽喉肿痛、肺炎、声哑、热毒痈肿、肺脓肿、衄血、食管和胃出血、外伤出血、疮肿、冻疮流水及感冒后咳嗽等。水煎服。外用适量敷患处。

用　　量　10～15 g。外用适量。

▲网纹马勃子实体

▲网纹马勃子实体

◎参考文献◎

[1] 严仲铠，李万林．中国长白山药用植物彩色图志 [M]．北京：人民卫生出版社，1997：61-62．

[2] 钱信忠．中国本草彩色图鉴第二卷 [M]．北京：人民卫生出版社，2003：410-411．

[3] 戴玉成，图力古尔．中国东北野生食药用真菌图志 [M]．北京：科学出版社，2006：18-19．

▲褐皮马勃子实体　　▼褐皮马勃子实体

褐皮马勃 *Lycoperdon fuscum* Huds.

别　　名　褐皮灰包

俗　　名　马粪包

药用部位　马勃科褐皮马勃的干燥子实体。

原 植 物　子实体一般较小，直径 2 ~ 4 cm，广陀螺形或梨形，不孕基部短。外包被由成丛的暗色至黑色小刺组成，刺长 0.5 mm，易脱落。内包烟色，膜质浅。孢体烟色。孢子青色，稍粗糙，有易脱落的短柄，球形，直径 4.0 ~ 4.8 μm。孢丝褐色，条形，较长，少分枝，无横隔，厚壁，粗 3.5 ~ 4.0 μm。

生　　境　生于苔藓地上。

分　　布　吉林和辽宁林区各地。山西、青海、云南、西藏、甘肃。朝鲜、蒙古、俄罗斯（西伯利亚中东部）。

附　　注　其采制、性味功效、主治用法及用量同网纹马勃。

◎参考文献◎

[1] 卯晓岚. 中国大型真菌 [M]. 郑州：河南科学技术出版社，2000：544.

▲ 白鳞马勃子实体

白鳞马勃 *Lycoperdon mammaeforme* Pers.

别　　名　白鳞灰包

俗　　名　马粪包

药用部位　马勃科白鳞马勃的干燥子实体。

原 植 物　子实体较小，直径 3 ~ 5 cm，高 4 ~ 8 cm，陀螺状，不育基部比较发达，初期纯白色，后期略带黄褐色，表面具有厚的白色块状或斑片状鳞片，后期鳞片脱落而光滑，顶稍凸起且成熟时破裂一孔口。内部孢体纯白色，成熟后呈黄褐色至暗褐色。孢子褐色，有疣，近球形，直径 4.5 ~ 5.6 μm。

生　　境　生于林缘、草地及稀疏的灌丛中，单生或群生。

分　　布　吉林长白山各地。陕西、青海、西藏。朝鲜、日本、俄罗斯（西伯利亚中东部）。

附　　注　其采制、性味功效、主治用法及用量同网纹马勃。

◎ 参考文献 ◎

[1] 卯晓岚. 中国大型真菌 [M]. 郑州：河南科学
　　技术出版社，2000：544.

▲ 白鳞马勃子实体

▲ 梨形马勃子实体

梨形马勃 *Lycoperdon pyriforme* Schaeff. : Pers.

别　　名	梨形灰包

俗　　名　马粪包

药用部位　马勃科梨形马勃的干燥子实体。

原 植 物　子实体小，高 2.0 ~ 3.5 cm，梨形至近球形，不孕基部发达，由白色菌丝束固定于基物上。初期包被色淡，后呈茶褐色至浅烟色，外包被形成微细颗粒状小疣，内部橄榄色，后变为褐色。孢子橄榄色，平滑，含一大油珠，球形，直径 3.5 ~ 4.5μm。孢丝青色，绒形，分枝少，无隔膜，粗 3.5 ~ 5.2μm，末梢部约 2μm。子实体老后内部充满孢丝和孢粉。

生　　境　生于林地上、枝物上或腐木桩基部，丛生、散生或密集群生。

分　　布　东北地区各地。全国绝大部分地区。朝鲜、日本、俄罗斯（西伯利亚中东部）。

采　　制　夏、秋季采收，除去外层硬皮，切成方块或研粉用。

性味功效　味辛，性平。有消肿、止血、清肺、利咽、解毒的功效。

主治用法　用于咽喉肿痛、外伤出血等。水煎服。外用撒敷患处。

▲ 梨形马勃子实体

市场上的梨形马勃子实体

▲梨形马勃子实体

用　　量　用量3~6g。外用适量。

◎参考文献◎

[1] 钱信忠. 中国本草彩色图鉴（第四卷）[M]. 北京：人民卫生出版社，2003：344-345.
[2] 严仲铠，李万林. 中国长白山药用植物彩色图志 [M]. 北京：人民卫生出版社，1997：62.
[3] 中国药材公司. 中国中药资源志要 [M]. 北京：科学出版社，1994：51.

▲梨形马勃子实体

▲梨形马勃子实体

▲大秃马勃子实体

▲市场上的大秃马勃子实体（干）

秃马勃属 *Calvatia* Fr.

大秃马勃 *Calvatia gigantea*（Batsch : Fr.）Lolyd

别　　名　大马勃　巨马勃　大颓马勃　无柄马勃　马勃

俗　　名　马粪包　马屁包

药用部位　马勃科大秃马勃的干燥子实体。

原 植 物　子实体大型，直径 15 ~ 36 cm 或更大，近球形至球形，无不孕基部或很小，由粗菌索与地面相连。包被白色，后变污白色，由膜状外包被和较厚的内包被组成，初期微具绒毛，渐变光滑，脆，成熟后开裂，成块脱落，露出浅青和褐色的孢体。孢子淡青黄色，光滑或具细微小疣，具小尖，球形，直径 3.5 ~ 7.5 μm。孢丝与孢子同色，长，稍分枝，粗 2.3 ~ 7.0 μm。

生　　境　生于林缘、草地及稀疏的灌丛中，单生或群生。

分　　布　东北地区各地。全国绝大部分地区。朝鲜、日本、俄罗斯（西伯利亚中东部）。

采　　制　夏、秋季采收，除去外层硬皮，切成方块或研粉用。

▲大秃马勃子实体

性味功效 味辛,性平。有清肺、利咽、止血、抑菌、杀虫的功效。

主治用法 用于喉痹咽痛、咳嗽失音、吐血、衄血、外伤出血、足癣、疮肿、冻伤、皮肤真菌感染等。水煎服或入丸、散。外用研末

▼市场上的大秃马勃子实体(鲜)

▲大秃马勃子实体

撒或调敷患处,或做吹药。

用　量 2.5 ~ 5.0 g。外用适量。

附　注 本品为《中华人民共和国药典》(2020年版)收录的药材。

▲ 大秃马勃子实体

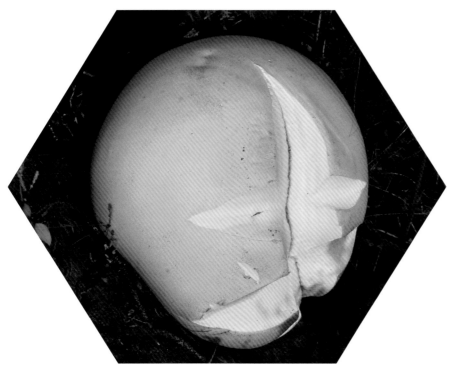

▲ 大秃马勃子实体

◎参考文献◎

[1] 江苏新医学院.中药大辞典（上册）[M].上海：上海科学技术出版社，1977：283-284.

[2]《全国中草药汇编》编写组.全国中草药汇编（上册）[M].北京：人民卫生出版社，1975：79-80.

[3] 严仲铠，李万林.中国长白山药用植物彩色图志[M].北京：人民卫生出版社，1997：60-61.

龟裂秃马勃 *Calvatia caelata* (Bull.) Morgan

别　　名	浮雕秃马勃
俗　　名	马粪包
药用部位	马勃科龟裂秃马勃的干燥子实体。

原 植 物　子实体中等至大型，高8～12 cm，宽6～10 cm，陀螺形，白色，渐变为淡锈色，最后变浅褐色。外包被常龟裂。内包被薄，顶端裂成碎片，露出青色的产孢体，基部的不孕体大，并有一横膜与产孢体分隔开。产孢体青黄色。孢子青黄色，光滑，内含一油球，球形，直径3～4μm。孢丝青黄色，丝状，稍分枝，易断。

生　　境　生于林缘、草地等处，单生或散生。

分　　布　吉林长白、抚松、安图、临江、和龙等地。河北、山西、湖北、陕西、甘肃、新疆、西藏等。朝鲜、日本、俄罗斯（西伯利亚中东部）。

附　　注　其采制、性味功效、主治用法及用量同大秃马勃。

◎ 参考文献 ◎

[1] 严仲铠，李万林．中国长白山药用植物彩色图志 [M]．北京：人民卫生出版社，1997：59-60．

[2] 中国药材公司．中国中药资源志要 [M]．北京：科学出版社，1994：50．

[3] 卯晓岚．中国大型真菌 [M]．郑州：河南科学技术出版社，2000：548．

▲ 大口静灰球菌子实体

静灰球菌属 *Bovistella* Morg.

大口静灰球菌 *Bovistella sinensis* Lloyd

别　　名　中国静灰球　中国静灰球菌

俗　　名　马粪包　马屁包

药用部位　马勃科大口静灰球菌的干燥子实体。

原 植 物　子实体大，陀螺形或近球形，直径6 ~ 12 cm。外包被浅青褐色至浅烟色，薄，粉粒状，易脱落。内包被膜质，柔软，浅绿灰色，有光泽，成熟后上部不规则开裂成大口。孢体浅烟色。不孕基部小，海绵状，具弹性。孢子球形，褐色，光滑或具不明显小疣，3.7 ~ 4.8 μm。具无色透明小柄，长3 ~ 10 μm。孢丝褐色，壁厚，多次分枝，主干粗7 ~ 10 μm，小枝顶端尖细。

生　　境　生于林缘、草地及稀疏的灌丛中，单生。

分　　布　东北林区各地。河北、河南、山东、江苏、广东、陕西、甘肃、西藏、贵州等。朝鲜、日本、俄罗斯（西伯利亚中东部）。

采　　制　夏、秋季采收，除去杂质，晒干或烘干。

性味功效　味微咸，性平。有消肿、止血、清肺、利咽、解毒的功效。

主治用法　可治疗慢性扁桃体炎、喉炎、声哑、鼻出血、外伤出血、疮肿、冻伤、食管及胃出血、感冒后咳嗽等症。水煎服。外用撒敷患处。

▲大口静灰球菌子实体（开裂）

用　　量　3 ~ 6 g。外用适量。

◎参考文献◎

［1］朱有昌. 东北药用植物 [M]. 哈尔滨：黑龙江科学技术出版社，1989: 1250.

［2］中国药材公司. 中国中药资源志要 [M]. 北京：科学出版社，1994: 50.

［3］卯晓岚. 中国大型真菌 [M]. 郑州：河南科学技术出版社，2000: 551.

▲ 铅色灰球菌子实体

灰球菌属 *Bovista* Pers.

铅色灰球菌 *Bovista plumbea* Pers.

别　　名　铅色灰球

俗　　名　马粪包　马屁包

药用部位　马勃科铅色灰球菌的干燥子实体。

原 植 物　子实体小。球形、扁桃形，直径 1.5 ～ 3.0 cm，基部由一丛菌丝束固定在地上，成熟后自着生处脱离，并随风四处滚动。外包被薄，白色，成熟后全部成片脱落。内包被薄，光滑，深鼠灰色，顶端不规则状开口。孢子体浅烟色至深烟色。孢子近球形至卵形，褐色，光滑，有大油点，（5.0 ～ 7.5）μm×（4.5 ～ 6.0）μm，柄透明。孢丝褐色，主干粗，17 ～ 20 μm，并多次分枝，顶部尖细。

生　　境　生于林缘、草地及稀疏的灌丛中，单生或群生。

分　　布　东北林区各地。河北、甘肃、青海、新疆、云南、西藏等。朝鲜、日本、俄罗斯（西伯利亚中东部）。

性味功效　有消肿、止血、清肺、利咽、解毒的功效。

主治用法　可治疗慢性扁桃体炎、喉炎、声音嘶哑、鼻出血、外伤出血、疮肿、冻伤、流脓、食管及胃出血、感冒后咳嗽等症。水煎服。外用研末撒敷患处。

用　　量　适量。

◎ 参考文献 ◎

［1］江纪武. 药用植物辞典 [M]. 天津：天津科学技术出版社，2005：114.

［2］中国药材公司. 中国中药资源志要 [M]. 北京：科学出版社，1994：49.

［3］卯晓岚. 中国大型真菌 [M]. 郑州：河南科学技术出版社，2000：552.

▲铅色灰球菌子实体

▲吉林黄泥河国家级自然保护区森林秋季景观

硬皮地星科 Astraeaceae

本科共收录 1 属、1 种。

硬皮地星属 *Astraeus* Morgan

硬皮地星 *Astraeus hygrometricus* (Pers.) Morgan

俗　　名	地星
药用部位	硬皮地星科硬皮地星的干燥子实体。
原 植 物	子实体小，初期球形，外包被成熟后反卷裂成 6 ~ 18 瓣。外包被厚，分为 3 层，外层薄、松、软，外表皮灰色或灰褐色，中层纤维质，内侧褐色，常有深的龟裂纹。内包被薄膜质，扁球形，直径 1 ~ 3 cm，灰色至褐色，顶部开裂一小孔口。孢子有小疣，球形，直径 7.5 ~ 11.5 μm。孢丝近无色，厚壁，无隔，长，有分枝，相互交织，粗 4.5 ~ 6.0 μm。孢丝上附着颗粒物。
生　　境	生于林地上，单生或散生。
分　　布	东北地区各地。全国绝大部分地区。朝鲜、

▲硬皮地星子实体

日本、俄罗斯（西伯利亚中东部）。

| 采　　制 | 夏、秋季采收，除去杂质，晒干或烘干。 |

采　　制　夏、秋季采收，除去杂质，晒干或烘干。

性味功效　味辛，性平。有清肺、消炎、解热、止血的功效。

主治用法　用于外伤出血、咽喉炎、气管炎、肺炎、鼻衄及冻疮等。水煎服。外用研末撒敷患处。

用　　量　6～9 g。外用适量。

◎参考文献◎

［1］严仲铠，李万林 . 中国长白山药用植物彩色图志［M］. 北京：人民卫生出版社，1997：63.

［2］朱有昌 . 东北药用植物［M］. 哈尔滨：黑龙江科学技术出版社，1989：1252.

［3］卯晓岚 . 中国大型真菌［M］. 郑州：河南科学技术出版社，2000：552.

▲黑龙江双河国家级自然保护区森林秋季景观

▲马勃状硬皮马勃子实体

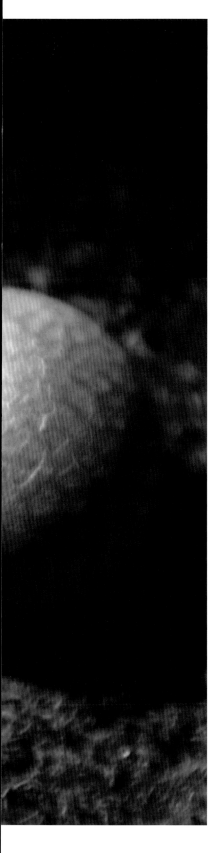

硬皮马勃科 Sclerodermataceae

本科共收录 1 属、1 种。

硬皮马勃属 *Scleroderma* Pers.

马勃状硬皮马勃 *Scleroderma areolatum* Ehrenb.

药用部位 硬皮马勃科马勃状硬皮马勃的干燥子实体。

俗 名 马粪包

原 植 物 子实体小，直径 1.0 ~ 2.5 cm，扁半球形，浅土黄色，下部平，有长短不一的柄状基部，其下开散成许多菌丝束，包被薄，其上有细小紧贴的暗褐色鳞片，顶端不规则开裂。孢丝褐色，厚壁，粗 2.5 ~ 10.0 μm，顶端膨大，呈粗棒状。孢子深褐色，球形，直径 7 ~ 13 μm，刺长 1 μm。孢子成堆时暗灰褐色。

生 境 生于针叶林地上，散生或群生。

分 布 吉林长白山各地。河北、山西、甘肃、江苏、浙江、安徽、江西、福建、广东、广西、四川、云南等。朝鲜、日本、俄罗斯（西伯利亚中东部）。

采 制 夏、秋季采收，除去杂质，晒干或烘干。

性味功效 有止血、消炎的功效。

用 量 适量。

◎参考文献◎

[1] 江纪武. 药用植物辞典 [M]. 天津：天津科学技术出版社，2005：734.

[2] 卯晓岚. 中国大型真菌 [M]. 郑州：河南科学技术出版社，2000：554.

▲吉林长白山国家级自然保护区森林秋季景观

▲隆纹黑蛋巢菌子实体

鸟巢菌科 Nidulariaceae

本科共收录 1 属、1 种。

黑蛋巢菌属 *Cyathus* Hallener : Pers.

隆纹黑蛋巢菌 *Cyathus striatus*（Huds.）Willd.

药用部位　鸟巢菌科隆纹黑蛋巢菌的子实体。

原植物　子实体小。包被杯状，高 0.7 ~ 1.5 cm，宽 0.6 ~ 0.8 cm，由栗色的菌丝垫固定于基物上，外面有粗毛，初期棕黄色，后期色渐深，褶纹常不清楚，毛脱落后上部纵褶明显。内表面灰色至褐色，无毛，具明显纵纹。小包扁圆，直径 1.5 ~ 2.0 mm，由菌襻索固定于杯中，黑色，其表面有 1 层淡色而薄的外膜，无粗丝组成的外壁。孢子长椭圆形或近卵形，（16 ~ 22）µm×（6 ~ 8）µm。

生境　生于落叶林中朽木或腐殖质多的地上或苔藓间，群生。

分布　黑龙江林区各地。吉林林区各地。河北、山西、江苏、安徽、浙江、江西、福建、湖南、广东、香港、广西、四川、甘肃、陕西、云南等。朝鲜、日本、俄罗斯（西伯利亚中东部）。

采制　夏、秋季采收，除去杂质，晒干或烘干。

性味功效　味微苦，性温。

主治用法　用于消化不良、胃痛。

附方　用焙干或晒干的子实体 9 ~ 16 g，水蒸服，或 6 ~ 9 g 研末，开水冲服，味稍苦。

◎ 参考文献 ◎

[1] 严仲铠，李万林. 中国长白山药用植物彩色图志 [M]. 北京：人民卫生出版社，1997：64.

[2] 中国药材公司. 中国中药资源志要 [M]. 北京：科学出版社，1994：53.

[3] 卯晓岚. 中国大型真菌 [M]. 郑州：河南科学技术出版社，2000：559.

▲吉林长白山国家级自然保护区森林冬季景观

▲ 蛹虫草子座

▲ 蛹虫草子座

麦角菌科 Clavicipitaceae

本科共收录 1 属、3 种。

虫草属 *Cordyceps* Fr.

蛹虫草 *Cordyceps militaris*（L.）Fr.

别　　名	北蛹虫草　北冬虫夏草　北蛹草
药用部位	麦角菌科蛹虫草的子座。
原 植 物	子座单个或数个从寄主头部长出，有时从虫体节部生出，橙黄色，一般不分枝，有时分枝，高 3 ~ 5 cm，头部呈棒状，长 1 ~ 2 cm，粗 3 ~ 5 mm，表面粗糙。子囊壳外露，近圆锥形，下部埋生头部的外层，（400 ~ 300）μm×（4 ~ 5）μm，内含 8 枚条形孢子。孢子细长，几乎充满子囊，粗约 1 μm，成熟时产生横隔，并断成 2 ~ 3 μm 长的小段。子座柄部近圆柱形，长 2.5 ~ 4.0 cm，内实心。

▲ 蛹虫草子座

生　境　在半埋于林地上或腐枝落叶层下鳞翅目昆虫蛹上生出。

分　布　东北林区各地。全国绝大部分地区。朝鲜、俄罗斯（西伯利亚中东部）。

采　制　春、夏、秋三季均可采收子座，除去杂质，晒干。

性味功效　味甘，性平。有益肺肾、补精髓、止血、化痰的功效。

主治用法　用于治疗肺结核、肺虚咳嗽、哮喘、

▼ 蛹虫草子座

▲ 市场上的蛹虫草子座

慢性支气管炎、糖尿病、老人体质虚弱及贫血等。研末吞服或泡酒服。

用　量　1.5 g。

附　注　蛹虫草子座是一味很好的中药，具有抗肿瘤、抗疲劳、抗氧化、抗惊厥、抗衰老及抗菌等多种功效。

蛹虫草子座

▲蛹虫草子座

◎参考文献◎

[1] 严仲铠，李万林 . 中国长白山药用植物彩色图志 [M] . 北京：人民卫生出版社，1997：1.

[2] 中国药材公司 . 中国中药资源志要 [M] . 北京：科学出版社，1994：20.

[3] 戴玉成，图力古尔 . 中国东北野生食药用真菌图志 [M] . 北京：科学出版社，2006：38-39.

▲ 半翅目虫草子座

半翅目虫草 *Cordyceps nutans* Pat.

别　　名　垂头虫草

俗　　名　冬虫夏草

药用部位　麦角菌科半翅目虫草的子座。

原 植 物　子座长 9 ~ 22 cm。柄部长 4 ~ 16 cm，粗 0.5 ~ 1.0 mm，稍弯曲，黑色似铁丝，有光泽，硬，靠近头部及头部红色变橙色，老后褪为黄色，头部梭形至短圆柱形，长 5 ~ 12 mm，粗 1.5 ~ 3.0 mm。子囊壳全部埋生于子囊座内，狭卵圆形，（500 ~ 630）μm×（145 ~ 200）μm。子囊长 500 μm 左右，粗 3 ~ 6 μm，内含 8 个条形孢子。孢子断裂为（5.0 ~ 10.0）μm×（1.0 ~ 1.5）μm 的小段。

生　　境　在半埋于林地上或腐枝落叶层下的半翅目蝽科（Pentatomidae）成虫体胸部生出。

分　　布　吉林抚松、安图、长白等地。浙江、安徽、河南、广东、广西、贵州、湖南、福建等。朝鲜、俄罗斯（西伯利亚中东部）。

采　　制　春、夏、秋三季均可采收子座，除去杂质，晒干药用。

性味功效　味微辛、甘，性温。有补精益髓、保肝益肾、止血、化痰的功效。

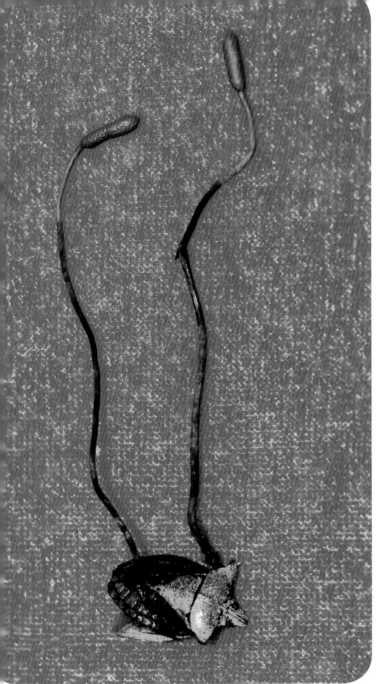
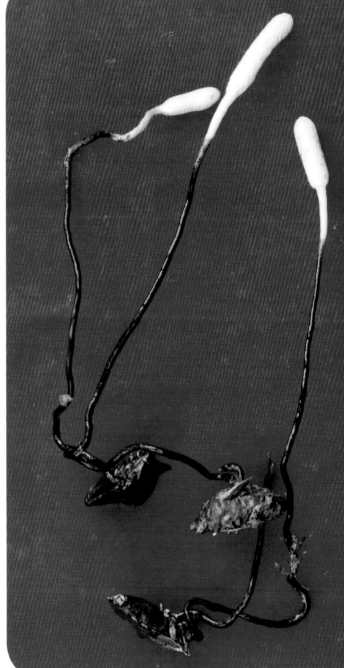

▲ 半翅目虫草子座　　　　　　　　　　　　　　　　　　　　　　▲ 半翅目虫草子座

主治用法　用于肺结核、痰中带血、咯血、虚劳咳嗽、阳痿、遗精、病后体虚、盗汗、贫血、腰膝间痛楚等。水煎服或泡酒服。

用　　量　3 ~ 9 g。

附　　注　垂头虫草主要有抗菌、调节免疫、抗癌、抗炎、滋肾、提高肾上腺皮质醇含量、抗心律失常、抗疲劳、祛痰平喘、镇静催眠等功效，是年老体弱、病后体衰、产后体虚者的调补药食佳品。

◎ 参考文献 ◎

[1] 严仲铠，李万林. 中国长白山药用植物彩色图志 [M]. 北京：人民卫生出版社，1997: 2.

[2] 江纪武. 药用植物辞典 [M]. 天津：天津科学技术出版社，2005: 207.

[3] 卯晓岚. 中国大型真菌 [M]. 郑州：河南科学技术出版社，2000: 566.

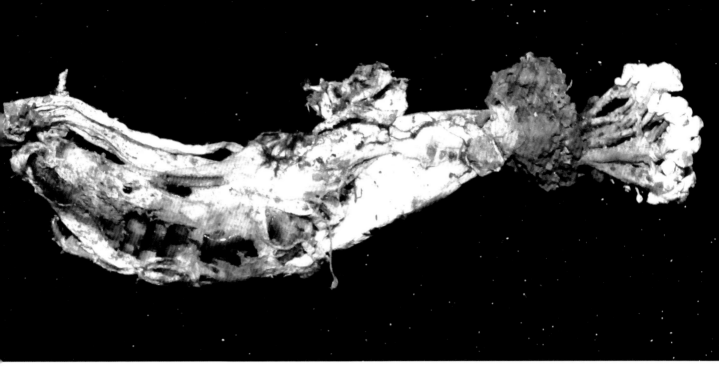

▲蝉花子座

蝉花 *Cordyceps sobolifera* （Hill ex Watson）Berk. & Broome

| 别　　名 | 蝉茸　蝉蛹草 |

药用部位　麦角菌科蝉花的菌核及子座。

原植物　子座单个或 2 ~ 3 个成束地从寄主体的前端生出，长 2.5 ~ 6.0 cm。中空，其柄部呈肉桂色，直径长 1.5 ~ 4.0 mm，有时具有不孕的小分枝，头部呈棒状，肉桂色，干燥后呈浅腐叶色，长 7 ~ 28 mm，直径 2 ~ 7 mm。子囊壳埋藏在子囊座内，孔口稍突出，呈长卵形，约 600 μm×200 μm。子囊长圆柱形，（200 ~ 380）μm×（6 ~ 7）μm。子囊孢子线形，具有多数分隔。后断裂成（8 ~ 16）μm×（1 ~ 15）μm 大的单细胞节段。

生　　境　生于蝉蛹或山蝉的幼体上。

分　　布　吉林省中东部山区。江苏、浙江、福建。华南、西南。朝鲜、俄罗斯（西伯利亚中东部）。

采　　制　春、夏、秋三季均可采收菌核及子座，除去杂质，晒干药用。

性味功效　味甘，性寒。有解痉明目、退翳、透疹、散风清热、止疟的功效。

主治用法　用于小儿惊风心悸、夜啼、咳嗽、咽喉肿痛、咬牙、目赤红痛、云翳、麻疹不透、痘疹遍身作痒、疟疾等。水煎服或泡酒服。

用　　量　25 ~ 50 g。

▼蝉花子座

◎参考文献◎

[1] 江纪武. 药用植物辞典 [M]. 天津：天津科学技术出版社，2005：207.

[2] 严仲铠，李万林. 中国长白山药用植物彩色图志 [M]. 北京：人民卫生出版社，1997：2.

[3] 中国药材公司. 中国中药资源志要 [M]. 北京：科学出版社，1994：21.

▲吉林长白山国家级自然保护区森林秋季景观

▲ 炭球菌子实体

▼ 炭球菌子实体

球壳菌科 Sphaeriaceae

本科共收录 1 属、1 种。

炭球菌属 *Daldinia* Ces. & De Not.

炭球菌 *Daldinia concentrica*（Bolt. : Fr.）Ces. & dr Not.

别　　名　黑轮炭球菌　黑轮层炭壳

药用部位　球壳菌科炭球菌的子实体。

原 植 物　子实体较小，半球形或近球形，直径 1.5 ～ 5.0 cm，高 1.0 ～ 3.5 cm，无柄或近无柄。表面初期土褐色或紫褐色，后变褐黑色至黑色。内部暗褐色，纤维状，有明显的同心环带，子囊壳近棒状，孔口点状至稍明显。子囊圆筒形，有孢子部分（75 ～ 85）μm×（8 ～ 10）μm。孢子 8 个，单行排列，不等边椭圆形或肾脏形，（11.0 ～ 17.8）μm×（6.0 ～ 10.2）μm。

生　　境　寄生于阔叶树腐木或树皮上，单生或成群生长在一起。

▲ 炭球菌子实体

分　布　东北地区各地。全国绝大部分地区。朝鲜、俄罗斯（西伯利亚中东部）。

采　制　夏、秋季采收，晒干或烘干。

性味功效　抗癌。

用　量　适量。

◎参考文献◎

[1] 卯晓岚. 中国大型真菌 [M]. 郑州: 河南科学技术出版社, 2002: 576.

▲ 市场上的炭球菌子实体

▲吉林省白山市红土崖镇老梁子山森林秋季景观

▲胶陀螺子实体

▲市场上的胶陀螺子实体（深黑色）

胶陀螺科 Bulgariaceae

本科共收录1属、1种。

胶陀螺属 *Bulgaria* Fr.

胶陀螺 *Bulgaria inquinans*（Pers.）Fr.

俗　　名	拱嘴蘑 猪拱嘴
药用部位	胶陀螺科胶陀螺的子实体。
原 植 物	子囊盘较小，直径约4 cm，高2～3 cm，似陀螺状又似猪嘴，黑褐色，质地柔软具弹性。除子实层面光滑外，其他部分密布簇生短绒毛。子囊近棒状，（35.0～40.0）μm×（3.0～3.5）μm，

内有孢子4～8个。孢子卵圆形、近梭形或肾脏形，（10.0～12.0）μm×（5.5～7.6）μm。侧丝细长，条形，顶端稍弯曲，浅褐色。子实体群生或丛生。

生　　境	寄生于桦树、柞木等阔叶树的树皮缝隙中，单生或群生。

▲胶陀螺子实体

分　　布　吉林和辽宁林区各地。河北、河南、四川、甘肃、云南等。朝鲜、俄罗斯（西伯利亚中东部）。

采　　制　夏、秋季采收，除去杂质，晒干或烘干。

性味功效　抗癌。

用　　量　适量。

◎参考文献◎

[1]　戴玉成，图力古尔.中国东北野生食药用真菌图志[M].北京：科学出版社，2006：17-18.

[2]　卯晓岚.中国大型真菌[M].郑州：河南科学技术出版社，2000：582.

▲市场上的胶陀螺子实体（棕褐色）

▲胶陀螺子实体

▲胶陀螺子实体

▲内蒙古自治区科尔沁右翼中旗西哲里木镇新建草原秋季景观

▲ 泡质盘菌子实体

▼ 泡质盘菌子实体

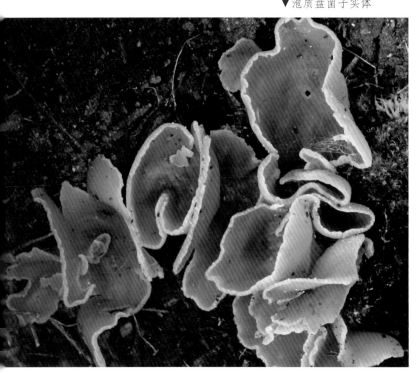

盘菌科 Pezizaceae

本科共收录 1 属、1 种。

盘菌属 *Peziza* L.

泡质盘菌 *Peziza vesiculosa* Bull. : Fr.

俗　　名　粪碗

药用部位　盘菌科泡质盘菌的子实体。

原 植 物　子囊盘中等，直径 2.0 ~ 5.5 cm，有时可达 10 cm，初期近球形，逐渐伸展成碗状，无菌柄，子实层表面近白色，逐渐成淡棕色，外部白色，有粉状物。菌肉白色，质脆，厚 3.5 mm。子囊（270 ~ 335）μm×（16 ~ 18）μm，孢子无色，光滑，无油球，几单行排列，（20 ~ 23）μm×（10 ~ 14）μm，侧丝条形，细长，上端粗，有横隔，

▲泡质盘菌子实体

▼泡质盘菌子实体

直径7μm。

生　　境　生于云杉、冷杉等针叶林中的苔藓地上，群生。

分　　布　吉林长白山各地。河北、河南、江苏、云南、台湾、四川、西藏等。朝鲜、蒙古、俄罗斯（西伯利亚中东部）。

采　　制　夏、秋季采收，除去杂质，晒干或烘干。

性味功效　抗癌。

用　　量　适量。

◎参考文献◎

［1］江纪武. 药用植物辞典 [M]. 天津：天津科学技术出版社，2005：589.
［2］卯晓岚. 中国大型真菌 [M]. 郑州：河南科学技术出版社，2000：588.

▲黑龙江省大兴安岭地区图强林业局龙江第一湾湿地秋季景观

▲羊肚菌子实体

▼羊肚菌子实体

羊肚菌科 Morchellaceae

本科共收录 1 属、6 种。

羊肚菌属 Morchella Dill ex Pers.

羊肚菌 *Morchella esculenta*（L.）Pers.

俗　　名　羊肚蘑　羊肚菜　编笠菌
药用部位　羊肚菌科羊肚菌的干燥子实体。
原 植 物　子实体较小或中等，高 6.0 ~ 14.5 cm。菌盖长 4 ~ 6 cm，宽 4 ~ 6 cm，不规则圆形、长圆形，表面形成许多凹坑，似羊肚状，淡黄褐色。菌柄长 5 ~ 7 cm，粗 2.0 ~ 2.5 cm，白色，有浅纵沟，基部稍膨大。子囊（200 ~ 300）μm ×（18 ~ 22）μm。子囊孢子 8 个，单行排列，宽椭圆形，（20 ~ 24）μm ×（12 ~ 15）μm。侧丝顶端膨大，有时有隔。
生　　境　生于林地、林缘及灌丛中，单生或群生。
分　　布　东北林区各地。陕西、甘肃、青海、西藏、新疆、

▲羊肚菌子实体

四川、山西、江苏、云南、河北、北京等。朝鲜、俄罗斯（西伯利亚中东部）。

采　制　春末夏初采收子实体，去掉泥沙，洗净，晒干或烘干。

性味功效　味甘，性平。有化痰理气、益肠胃的功效。

主治用法　用于消化不良、痰多气短、脾胃虚弱等。水煎服。

用　量　60 ~ 120 g。

▲市场上的羊肚菌子实体（鲜）

◎参考文献◎

[1] 钱信忠. 中国本草彩色图鉴（第二卷）[M].
　　北京：人民卫生出版社，2003：265-267.

[2] 严仲铠，李万林. 中国长白山药用植物彩
　　色图志 [M]. 北京：人民卫生出版社，
　　1997：3.

[3] 中国药材公司. 中国中药资源志要 [M]. 北京
　　科学出版社，1994：23.

▲市场上的羊肚菌子实体（干）

▲黑脉羊肚菌子实体

黑脉羊肚菌 *Morchella angusticeps* Peck

别　　名	小顶羊肚菌
俗　　名	羊肚蘑
药用部位	羊肚菌科黑脉羊肚菌的子实体。
原 植 物	子实体中等大，高 6 ~ 12 cm。菌盖高

4 ~ 6 cm，粗 2.3 ~ 5.5 cm，锥形或近圆柱形，顶端一般尖，凹坑多呈长方圆形，淡褐色至蛋壳色，棱纹黑色，纵向排列，由横脉交织，边缘与菌柄连接在一起。菌柄长 5.5 ~ 10.5 cm，粗 1.5 ~ 3.0 cm，近圆柱形，乳白色，上部稍有颗粒，基部往往有凹槽。子囊近圆柱形，（128 ~ 280）μm×（15 ~ 23）μm。子囊孢子单行排列，（20.0 ~ 26.0）μm×（13.0 ~ 15.3）μm。侧丝基部有的有分隔，顶端膨大，粗 8 ~ 13 μm。

生　　境	生于林地、林缘及灌丛中，单生或群生。
分　　布	吉林长白山各地。新疆、甘肃、西藏、

山西、内蒙古、青海、四川、云南。朝鲜、俄罗斯（西伯利亚中东部）。

附　注　其采制、性味功效、主治用法及用量同羊肚菌。

◎参考文献◎

[1] 江纪武. 药用植物辞典 [M]. 天津：天津科学技术出版社，2005：526.

[2] 中国药材公司. 中国中药资源志要 [M]. 北京：科学出版社，1994：23.

[3] 卯晓岚. 中国大型真菌 [M]. 郑州：河南科学技术出版社，2000：595.

▲黑脉羊肚菌子实体

▲市场上的黑脉羊肚菌子实体（干）

粗腿羊肚菌 *Morchella crassipes*（Vent.）Pers.

别　　名	皱柄羊肚菌
俗　　名	羊肚蘑 羊肚菜
药用部位	羊肚菌科粗腿羊肚菌的子实体。

原 植 物　子囊果中等大。子囊果高达 20 cm 左右，头部圆锥形或卵形，下缘延生于柄上，脉纹黄褐色，中间为黄色，柄部圆筒状，空心，表面黄色，呈微颗粒状，有皱纹，基部膨大成球形并带有皱褶。菌盖近圆锥形，长 5 ~ 7 cm，宽 5 cm，表面有许多凹坑，似羊肚状，凹坑近圆形或不规则形，大而浅，淡黄色至黄褐色，交织成网状，网棱窄。柄粗壮，基部膨大，稍有凹槽，长 3 ~ 8 cm，粗 3 ~ 5 cm。子囊圆柱形，（230 ~ 260）μm×（18 ~ 21）μm。侧丝顶部膨大。子囊孢子 8 个，单行排列，子囊孢

▲ 粗腿羊肚菌子实体

▼ 粗腿羊肚菌子实体

子无色，椭圆形，（15.0 ~ 26.0）μm×（12.5 ~ 17.5）μm。

生　　境　生于林地、林缘及灌丛中，单生或群生。

分　　布　黑龙江各地。吉林长白山各地。河北、北京、山西、新疆、甘肃、西藏等。朝鲜、俄罗斯（西伯利亚中东部）。

附　　注　其采制、性味功效、主治用法及用量同羊肚菌。

◎参考文献◎

[1] 江纪武. 药用植物辞典 [M]. 天津：天津科学技术出版社，2005：526.

[2] 中国药材公司. 中国中药资源志要 [M]. 北京：科学出版社，1994：23.

中，单生或群生。

分　布　吉林长白山各地。河北、山西、江苏、甘肃、西藏、云南、新疆。朝鲜、俄罗斯（西伯利亚中东部）。

附　注　其采制、性味功效、主治用法及用量同羊肚菌。

◎参考文献◎

[1] 钱信忠. 中国本草彩色图鉴（第二卷）[M].北京：人民卫生出版社，2003：265-267.

[2] 朱有昌. 东北药用植物 [M]. 哈尔滨：黑龙江科学技术出版社，1989：1237.

[3] 中国药材公司. 中国中药资源志要 [M].北京：科学出版社，1994：23.

▲尖顶羊肚菌子实体

尖顶羊肚菌 *Morchella conica* Fr.

俗　名　羊肚蘑 羊肚菜

药用部位　羊肚菌科尖顶羊肚菌的子实体。

原植物　子实体小，高5～7 cm。菌盖高3～5 cm，宽2.0～3.5 cm，近圆柱形，顶端尖，表面下凹形成许多长形凹坑，多纵向排列，浅褐色。柄长3～5 cm，粗1.0～2.5 cm，白色，有不规则的纵沟。子囊（250～300）μm×（17～20）μm。子囊孢子8个，单行排列，椭圆形，（20～24）μm×（12～15）μm。侧丝无色，细长，顶端稍膨大。

生　境　生于林地、林缘及灌丛

▼市场上的尖顶羊肚菌子实体

普通羊肚菌 *Morchella vulgaris*（Pers.）Gray

俗　　名　羊肚蘑 羊肚菜

药用部位　羊肚菌科普通羊肚菌的子实体。

原 植 物　子实体一般较小，高 5 ~ 11 cm。菌盖高 5.0 ~ 5.5 cm，宽 3.5 ~ 5.0 cm，呈圆形、宽椭圆形或近圆锥形，灰褐色，变为浅黄褐色，棱厚，后期色较浅，凹窝不规则而深，浅乳黄色至暗灰褐色。柄较短，长 3 ~ 5 cm，粗 1 ~ 3 cm，似有纵向排列，污白色，基部膨大，内部空心。子囊（330 ~ 360）μm × （18 ~ 20）μm。孢子无色，光滑，椭圆形，（16 ~ 18）μm × （9 ~ 11）μm。隔丝有隔，顶端稍膨大呈棒状，上部往往分枝，顶部粗达 20 μm。

▲市场上的普通羊肚菌子实体

▲普通羊肚菌子实体

生　　境　生于林地、林缘及灌丛中的沙质土壤上，单生或群生。

分　　布　吉林长白山各地。朝鲜、俄罗斯（西伯利亚中东部）。

附　　注　其采制、性味功效、主治用法及用量同羊肚菌。

◎参考文献◎

［1］中国药材公司．中国中药资源志要［M］．北京：科学出版社，1994：23．

［2］卯晓岚．中国大型真菌［M］．郑州：河南科学技术出版社，2000：599．

小羊肚菌 *Morchella deliciosa* Fr.

| 别　　名 | 小美羊肚菌 |

别　　名　小美羊肚菌
俗　　名　羊肚蘑 羊肚菜
药用部位　羊肚菌科小羊肚菌的子实体。
原 植 物　子囊果较小，高 4 ~ 10 cm。菌盖
圆锥形，高 1.7 ~ 3.3 cm，直径 0.8 ~ 1.5 cm，
凹坑往往长圆形，浅褐色，棱纹常纵向排列，
有横脉相互交织，色交凹坑，边缘与菌盖连接
在一起。菌柄长 2.5 ~ 6.5 cm，粗 0.5 ~ 1.8 cm，
近白色至浅黄色，基部往往膨大且有凹
槽。子囊近圆柱形，（300 ~ 350）μm×
（16 ~ 25）μm。子囊孢子单行排列，椭圆形，
（18 ~ 20）μm×（10 ~ 11）μm。侧丝
有分隔或分枝，顶端膨大，粗 11 ~ 15 μm。

▼小羊肚菌子实体

▲小羊肚菌子实体

▲小羊肚菌子实体

生　　境　生于林地、林缘及灌丛中，单生或群生。
分　　布　吉林省吉林市。甘肃、山西、福建等。朝鲜、
俄罗斯（西伯利亚中东部）。
附　　注　其采制、性味功效、主治用法及用量同羊肚
菌。

◎ 参考文献 ◎

[1] 江纪武 . 药用植物辞典 [M]. 天津：天津科学技术
　　　出版社，2005：526.

[2] 中国药材公司 . 中国中药资源志要 [M]. 北京：科
　　　学出版社，1994：23.

[3] 卯晓岚 . 中国大型真菌 [M]. 郑州：河南科学技术
　　　出版社，2000：596.

▲内蒙古自治区阿龙山林业局奥克里堆山森林秋季景观

▲内蒙古自治区根河市伊力库玛根河源湿地秋季景观

▲黑龙江省图强林业局龙江第一湾湿地秋季景观

第十章
地衣植物

本章共收录 7 科、9 属、14 种药用地衣植物。

▲黑龙江凤凰山国家级自然保护区森林秋季景观

▲ 裂芽肺衣叶状体

▼ 裂芽肺衣叶状体

肺衣科 Lobariaceae

本科共收录 1 属、1 种。

肺衣属 *Lobaria* Schrcb

裂芽肺衣 *Lobaria isidiosa*（Müll. Arg）Vain.

俗　　名　老龙皮

药用部位　肺衣科裂芽肺衣的植物体。

原 植 物　地衣体叶状，中型至大型，直径 6 ~ 10 cm，裂片深裂，呈鹿角状，先端截形或微凹陷；地衣体上表面新鲜时呈蓝绿色，干燥后变成褐色至深褐色，生有扁平的鳞叶状裂芽，具背腹性；裂片边缘常生有小裂片；下表面网状沟中被有褐色至蓝黑色绒毛。子囊盘少见。

生　　境　生长于树干或岩石表面的苔藓层上。

分　　布　黑龙江林区各地。吉林林区各地。福建、湖南、云南、陕西、台湾。朝鲜、俄罗斯（西伯利亚中东部）。

采　　制　夏、秋季采收枝状体，除去杂质，晒干。

性味功效　味淡、微苦，性平。无毒。有消食健胃、宽胸利膈的功效。

▲裂芽肺衣叶状体

主治用法 用于消化不良、小儿疳积、腹胀、肾炎水肿、痈肿疮毒、烫伤等。水煎服。

用　　量 10 ~ 15 g。

◎ 参考文献 ◎

[1] 严仲铠，李万林．中国长白山药用植物彩色图志 [M]．北京：人民卫生出版社，1997: 73.

[2] 江纪武．药用植物辞典 [M]．天津：天津科学技术出版社，2005: 472.

[3] 中国药材公司．中国中药资源志要 [M]．北京：科学出版社，1994: 54.

▲黑龙江茅兰沟国家级自然保护区森林秋季景观

▲ 鹿蕊枝状体

▲ 市场上的鹿蕊枝状体

石蕊科 Cladoniaceae

本科共收录 2 属、3 种。

鹿蕊属 *Cladina* P. Browne

鹿蕊 *Cladina rangiferina*（L.）Nyl.

俗　　名	云茶	
药用部位	石蕊科鹿蕊的枝状体。	
原 植 物	地衣体早期消失，果柄无皮层，主	

轴不明显，为不等长多叉假轴状分枝，枝腋间

有近圆形小穿孔，枝顶圆柱状，粗壮，中空，高 3 ~ 15 cm，粗 1 ~ 3 mm，表面呈灰白色或深灰绿色，生于光照强烈的地方，常变成污黑色，但绝不带黄色，无光泽，有苦味。子囊盘小型，褐色，生于黑柄顶端，分生孢子器位于小枝末端，黑褐色，卵圆形，含无色黏液。

生　　境　生于高山林下或草地上。

分　　布　东北林区各地。陕西、湖北、台湾、云南、西藏。朝鲜、俄罗斯（西伯利亚中东部）、蒙古。

▲鹿蕊枝状体

采　　制　春、夏、秋三季采
收枝状体，除去杂质，晒干。
性味功效　味甘，性凉。有清
热、化痰、止血、凉肝的功效。
主治用法　用于烦热、口疮、
咯血、吐血、刀伤出血、偏正
头痛、尿路感染、目翳眼花、
热淋、黄疸。通常泡茶饮用。
用　　量　15～25 g。

◎参考文献◎

[1] 严仲铠，李万林.中国
　　长白山药用植物彩色图
　　志 [M].北京：人民卫
　　生出版社，1997：69.

[2] 江纪武.药用植物辞典
　　[M].天津：天津科学技
　　术出版社，2005：184.

▼鹿蕊枝状体

▲细石蕊枝状体

▲细石蕊枝状体

石蕊属 *Cladonia* Hill.

细石蕊 *Cladonia gracilis*（L.）Willd.

别　　名　太白针

药用部位　石蕊科细石蕊的枝状体。

原 植 物　初生地衣体鳞叶状,背面黄绿色,无粉芽,果柄由初生地衣体伸出,圆柱状,较细,中空,高2～6 cm,粗1～3 mm,单一或很少有分枝,枝顶端呈锥状或有稍倾斜的杯,杯底不穿孔,杯缘再生新杯,分枝腋间无穿孔,表面呈淡灰绿色、绿褐色至深褐色,皮层较平滑,有龟裂,近基部处常生有小鳞叶。子囊盘生于杯上,具短柄,褐色。

生　　境　生于林内倒腐木或岩石苔藓土层上。

分　　布　东北林区各地。陕西、云南、四川。朝鲜、俄罗斯（西伯利亚中东部）。

采　　制　四季均可采收,除去杂质,晒干。

性味功效　味苦,性平。有通淋、利尿、消肿、解毒、止血、生肌的功效。

主治用法　用于膀胱炎、小便不利、睑缘炎、鼻衄、吐血、黄水疮等。水煎服。

用　　量　10～15 g。

◎参考文献◎

[1] 严仲铠,李万林. 中国长白山药用植物彩色图志 [M]. 北京: 人民卫生出版社, 1997: 70.

[2] 中国药材公司. 中国中药资源志要 [M]. 北京: 科学出版社, 1994: 55.

▲雀石蕊枝状体

雀石蕊 *Cladonia stellaris*（Opiz）Brodo.

| 别　　名 | 太白花 |

别　　名　太白花

药用部位　石蕊科雀石蕊的枝状体。

原 植 物　全体淡黄色，高可达10 cm，子器柄中空，稍硬而脆，上部密生树枝状分枝，潮湿时膨胀成海绵状；下部与泥沙相接处渐腐朽。粉子器块状，赤色，生于分枝顶端。

▲市场上的雀石蕊枝状体

生　　境　生于高寒山地、针叶林下腐殖质土中或草地上。

分　　布　东北林区各地。甘肃、云南、新疆。朝鲜、俄罗斯。北美洲。

采　　制　四季均可采收，除去杂质，晒干。

性味功效　味淡，性平。有平肝、健胃、调经、止血、益肺、补虚的功效。

主治用法　用于高血压、头晕目眩、偏头痛、目疾、虚劳、衄血、白带及月经不调等。通常泡茶饮用。

用　　量　15～25 g。

▼雀石蕊枝状体

◎参考文献◎

[1] 严仲铠,李万林.中国长白山药用植物彩色图志[M].北京：人民卫生出版社，1997：69.

[2] 朱有昌.东北药用植物[M].哈尔滨：黑龙江科学技术出版社，1989：1253.

[3] 中国药材公司.中国中药资源志要[M].北京：科学出版社，1994：56.

▲吉林省上屯湿地省级自然保护区森林秋季景观

珊瑚枝科 Stereocaulaceae

本科共收录 1 属、1 种。

珊瑚枝属 Stereocaulon Schreb.

东方珊瑚枝 Stereocaulon paschale（L.）Hoffm.

别　　名　石寄生

药用部位　珊瑚枝科东方珊瑚枝的枝状体。

原 植 物　初生地衣体未见。假果柄圆柱状或稍扁平。质坚硬，高 4 ～ 8 cm，粗约 1.5 mm；分枝下部主轴明显，中部以上形成稠密的枝丛状；假果柄表面光滑，枝顶端或局部被有绒毛，呈淡黄褐色，带玫瑰红色，分枝上稠密地生有叶状枝，为掌状或颗粒状。衣瘿密生于叶状枝之间，为小球状，呈黑灰色。子囊盘顶生或侧生于假果柄上，半球形，黑褐色，子囊内含 8 孢；孢子无色，长针状，3 ～ 9 孢。

生　　境　生于岩石上或高山沙地上。

分　　布　东北林区各地。华北、西北。朝鲜、俄罗斯。北半球绝大部分地区。

采　　制　春、夏、秋三季采收枝状体，除去杂质，晒干。

性味功效 味苦、涩，性微寒。有凉血、止血的功效。

主治用法 用于治疗吐血、衄血、高血压。通常泡茶饮用。

用　　量 10 ~ 15 g。

◎参考文献◎

[1] 严仲铠，李万林. 中国长白山药用植物彩色图志 [M]. 北京：人民卫生出版社，1997: 68.

[2] 江纪武. 药用植物辞典 [M]. 天津：天津科学技术出版社，2005: 777.

[3] 中国药材公司. 中国中药资源志要 [M]. 北京：科学出版社，1994: 56.

▲东方珊瑚枝枝状体

▲东方珊瑚枝枝状体

▲辽宁大黑山国家级自然保护区森林秋季景观

▲ 石耳原植体群落

▲ 市场上的石耳原植体（干）

石耳科 Umbilicariaceae

本科共收录 1 属、1 种。

石耳属 *Umbilioaria* Hoffm.

石耳 *Umbilioaria esculenta*（Miyashi）Minks.

| 俗　　名 | 石木耳 |

俗　　名　石木耳
药用部位　石耳科石耳的原植体。
原 植 物　原植体叶状，厚膜质，幼时近圆形，边缘
分裂极浅；长大后呈椭圆形或不规则形，直径 10 ~ 18 cm。脐背突起呈灰褐色；假根由孔中伸向表面，黑色，
珊瑚状分枝，组成浓密的绒毡层或结成团块状，覆盖在原植体下表面。上表面浅灰棕色至灰棕色、浅棕色，
平滑或有麸屑状小片；有时具与母体相似的小叶片，小叶片直径约 7 mm。子囊盘数十个，黑色，无柄，
圆形、三角形至椭圆形。
生　　境　生于悬崖峭壁上。
分　　布　东北林区各地。华北、西北。朝鲜、蒙古、俄罗斯（西伯利亚中东部）。

▲石耳原植体

采　　制	四季均可采收，除去杂质，晒干。
性味功效	味甘，性平，有清热解毒、利尿止血的功效。
主治用法	用于痨伤咯血、肠风下血、痔瘘、脱肛、吐血、尿路感染、白带、肠炎、痢疾、气管炎、刀伤、烫火伤、肺脓疡、高血压、荨麻疹、外伤出血、毒蛇咬伤等。水煎服。外用捣烂敷患处。
用　　量	9～15g。外用适量。

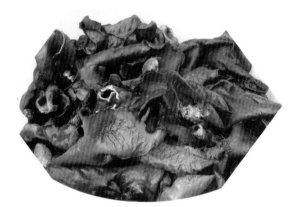

▲市场上的石耳原植体（湿）

▼石耳原植体

◎参考文献◎

［1］江苏新医学院 . 中药大辞典（上册）［M］. 上海: 上海科学技术出版社，1977:582.

［2］钱信忠 . 中国本草彩色图鉴（第二卷）［M］. 北京: 人民卫生出版社，2003:92-93.

［3］严仲铠，李万林 . 中国长白山药用植物彩色图志［M］. 北京: 人民卫生出版社，1997:72-73.

▲吉林通化石湖国家级自然保护区森林秋季景观

▲冰岛衣枝状体

梅衣科 Cetrariaceae

本科共收录 2 属、3 种。

冰岛衣属 Cetraria Ach.

冰岛衣 Cetraria inlandica（L.）Ach.

药用部位 梅衣科冰岛衣的枝状体。

原植物 地衣体狭叶状，灌木型直立，高 3 ~ 6 cm 或超过。以基部固着于基物上，狭叶深裂成裂片。呈灌丛状，不规则分叉，顶端二叉式分枝，裂片宽 2 ~ 5 mm，侧缘内卷成半管状，边缘具黑色刺状突起；上表面呈淡褐色至黑褐色，具光泽，散生大量的白色假杯点；裂片基部呈暗红褐色，随着顶端生长而逐渐腐烂。子囊盘少见，常生于地衣体裂片边缘和顶端。分生孢子器生在裂片边缘黑色刺状突起上。

生　　境 寄生于裸露山坡、岩石及高山苔原带上。

分　　布 东北林区各地。云南、陕西、甘肃、台湾、西藏、新疆。朝鲜、俄罗斯（西伯利亚中东部）。

采　　制 夏、秋季采收，除去杂质，晒干。

性味功效 味甘，性凉。有健胃、镇痛的功效。

主治用法 用于消化不良等症。水煎服。

用　　量 10 ~ 15 g。外用适量。

▲冰岛衣枝状体

◎参考文献◎

[1] 严仲铠，李万林．中国长白山药用植物彩色图志 [M]．北京：人民卫生出版社，1997：65.

[2] 江纪武．药用植物辞典 [M]．天津：天津科学技术出版社，2005：165.

[3] 中国药材公司．中国中药资源志要 [M]．北京：科学出版社，1994：57.

梅衣属 *Parmelia* Ach.

石梅衣 *Parmelia saxatilis*（L.）Ach.

俗　　名　地衣　石花

药用部位　梅衣科石梅衣的叶状体。

原 植 物　地衣体叶状，近圆形或不规则扩展，直径 8～10 cm；裂片重复二叉状深裂，窄长，长 1～4 cm，宽 1～5 mm，裂片相互重叠或有时分裂，裂腋间常弯入呈圆形，上表面呈灰色至灰褐色，地衣体中央部分较暗，周围稍有光泽，散生许多线状或点状的白色斑纹，常形成网状纹或裂隙，并生有稠密的疣状或杆状裂芽，单生或丛生；下表面呈黑色，先端为暗褐色，密生黑色单一的假根。子囊盘稠密，圆盘状；盘面黄褐色至栗褐色；子囊内含 8 孢，孢子单胞，椭圆形，无色。

生　　境　寄生于树干上。

分　　布　东北林区各地。浙江、云南、陕西、甘肃、台湾、西藏。朝鲜、俄罗斯（西伯利亚中东部）。

采　　制　四季均可采收，除去杂质，晒干。

性味功效　味甘，性平。有养血、明目、补肾、利尿、利湿、止崩漏、壮筋骨、清热解毒的功效。

主治用法　用于黄疸、肾虚、腰腿痛、风湿痛、牙痛、膀胱湿热、小便涩痛、崩漏、小儿口疮、白癜风、皮肤瘙痒、脚癣、视物模糊、吐血、血崩、白浊、白带、烫伤。水煎服。外用研末调敷患处。

用　　量　10～15 g。外用适量。

◎ 参考文献 ◎

[1] 严仲铠，李万林．中国长白山药用植物彩色图志 [M]．北京：人民卫生出版社，1997：66.

[2] 朱有昌．东北药用植物 [M]．哈尔滨：黑龙江科学技术出版社，1989：1255.

[3] 中国药材公司．中国中药资源志要 [M]．北京：科学出版社，1994：58.

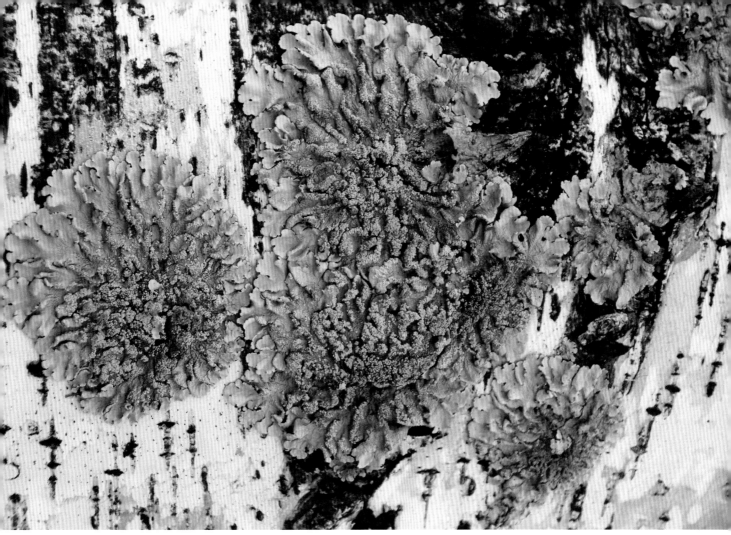

▲皱梅衣叶状体

皱梅衣 *Parmelia caperata* （L.）Ach.

俗　　名　梅花衣

药用部位　梅衣科皱梅衣的叶状体。

原 植 物　地衣体直径 10 ~ 20 cm，个体常相互连接成群体；裂片近圆形，宽至 10 mm；上表面黄绿色，平滑至波状或具细皱纹，连续不破裂，粉芽表面生，颗粒状，分散或集聚；髓层白色，罕近下表面处呈橙色；下表面黑色，边缘褐色，具皱纹，除边缘狭窄区域裸露外，具假根，假根略稠密至稀疏，短而单一，不分叉，淡褐色至黑色。子囊盘未见。

生　　境　树生或石生，贴生或疏松附着于基物。

分　　布　东北林区各地。浙江、云南、陕西、甘肃、台湾、西藏。朝鲜、俄罗斯（西伯利亚中东部）。

采　　制　四季均可采收，除去杂质，晒干。

性味功效　有清热、止咳、泻火的功效。

主治用法　可作为抗生素的原料。

◎参考文献◎

[1] 江纪武. 药用植物辞典 [M]. 天津：天津科学技术出版社，2005：572.

[2] 中国药材公司. 中国中药资源志要 [M]. 北京：科学出版社，1994：57-58.

▲吉林省长白朝鲜族自治县林业局母树林场森林秋季景观

▲ 环裂松萝丝状体

松萝科 Usneaceae

本科共收录 1 属、3 种。

松萝属 *Usnea* Wigg.

环裂松萝 *Usnea diffracta* Vain.

别　名	破茎松萝　节松萝
俗　名	老君须　树挂　金钱草　云雾草
药用部位	松萝科环列松萝的地衣体。
原 植 物	地衣体丝状，较粗壮。分枝稀少，悬垂或半直立，长 15 ~ 30 cm，有些可达 50 cm；仅中部尤其近端处有繁茂的细分枝，表面呈浅灰绿色或淡黄绿色；基部粗约 2 mm，坚硬，黄褐色；主枝长 3 ~ 4 mm，粗约 2 mm，龟裂而至凹陷；次生分枝规则或不规则二叉分枝，枝圆柱形；分枝上纤毛及窝孔很少，无粉芽，生有明显的横向环状裂纹，裂缘突起，呈白色，裂隙间常露出髓层。
生　境	寄生于针阔叶树干或树枝上。
分　布	东北林区各地。陕西、甘肃、山东、山西、安徽、江西、台湾。朝鲜、俄罗斯（西伯利亚中东部）。

采　制	四季均可采收，除去杂质，洗净，晒干。
性味功效	味苦、甘，性平。有小毒。有清热、化痰、止血、解毒的功效。
主治用法	用于头痛、目赤、咳嗽多痰、瘰疬、白带、崩漏、外伤出血、痈肿、颈淋巴腺炎、乳腺炎、中耳炎、烧烫伤、阴道滴虫、毒蛇咬伤。水煎服。外用煎水洗或研末调敷患处。
用　量	10 ~ 15 g。外用适量。

◎参考文献◎

[1]《全国中草药汇编》编写组．全国中草药汇编（上册）[M]．北京：人民卫生出版社，1975：496-497．

[2] 严仲铠，李万林．中国长白山药用植物彩色图志 [M]．北京：人民卫生出版社，1997：66-67．

[3] 中国药材公司．中国中药资源志要 [M]．北京：科学出版社，1994：58-59．

长松萝 *Usnea longissima* Ach.

俗　　名	老君须　树挂
药用部位	松萝科长松萝的地衣体。

原 植 物　地衣体细丝状，悬垂，柔韧，长达 30 cm，有些可达 1 m 以上；表面呈浅黄绿色或藁黄色，无光泽；主枝短，长约 2 mm，有环裂，圆柱状，主枝以下丝状分枝，分枝皮层完整；次生分枝极长，常单一平行延伸，枝侧密生长短不等的小纤毛，平滑，具皮层，单一或分枝；表面具颗粒状小疣；中轴细，约占地衣体主次分枝直径的 1/3，浅白色。子囊盘少见，圆盘状；子囊常椭圆形，内含 8 孢，孢子单胞，椭圆形，无色。

生　　境　寄生于针阔叶树干或树枝上。

分　　布　东北林区各地。全国绝大部分地区。北温带广布种。

采　　制　四季均可采收，除去杂质，洗净，晒干。

▲ 长松萝丝状体

▼ 长松萝枝状体

性味功效　味苦、甘，性平。有小毒。有清肝、化痰、止血、解毒的功效。

主治用法　用于外伤出血、大便下血、急性结膜炎、角膜云翳、中耳炎、头痛、咳喘、慢性支气管炎、肺结核、高血压、月经不调、白带、崩漏、化脓性溃疡、淋巴结结核、乳腺炎、宫颈糜烂、烧伤及阴道滴虫等。水煎服。外用煎水洗或研末调敷患处。

用　　量　10 ~ 15 g。外用适量。

◎ 参考文献 ◎

[1] 江苏新医学院. 中药大辞典（上册）[M]. 上海：上海科学技术出版社，1977：1256-1258.

[2] 《全国中草药汇编》编写组. 全国中草药汇编（上册）[M]. 北京：人民卫生出版社，1975：496-497.

[3] 严仲铠，李万林. 中国长白山药用植物彩色图志[M]. 北京：人民卫生出版社，1997：67.

粗皮松萝 *Usnea montis-fuji* Mot.

▲粗皮松萝枝状体

俗　　名　天蓬草　云雾草　树发七

药用部位　松萝科粗皮松萝的地衣丝状体。

原 植 物　地衣体细丝状，悬垂，较硬，长30 cm
以上。表面淡灰绿色或淡黄绿色，带有土褐色，
无光泽。初生附着器未见，仅见次生附着器。主
枝极短，不明显；主枝以上丝状分枝；次生分枝
等长二叉状，分枝少，常单一平行延伸，枝侧密
生长短不等的小纤毛，长2～5 mm，有时可达
1 cm；分枝上无乳状突，有环状裂纹或因皮层破
裂而变成麸屑状，常剥落，致使表面很粗糙。皮
层薄，淡黄绿色，髓层白色，疏松。中轴淡白色，
切面扁圆形，具弹性，约占分枝直径的1/3。

生　　境　寄生于针叶树干或树枝上。

分　　布　东北林区各地。陕西、湖北、四川、甘肃。
朝鲜、俄罗斯。

采　　制　四季均可采收，除去杂质，洗净，晒干。

性味功效　有清肝、化痰、止血、解毒的功效。

主治用法　用于头痛、目赤、咳嗽痰多、疟疾、瘰
疬、白带、崩漏、外伤出血、痈肿、毒蛇咬伤、颈
淋巴腺炎、乳腺炎。水煎服。外用煎水洗或研末
调敷患处。

用　　量　10～15 g。外用适量。

▲粗皮松萝枝状体

◎参考文献◎

［1］严仲铠，李万林．中国长白山药用植物彩色图志［M］．北京：人民卫生出版社，1997：67-68.

［2］江纪武．药用植物辞典［M］．天津：天津科学技术出版社，2005：835.

［3］中国药材公司．中国中药资源志要［M］．北京：科学出版社，1994：59.

▲粗皮松萝枝状体

▲粗皮松萝枝状体

▲辽宁大黑山国家级自然保护区森林秋季景观

▲ 地茶枝状体

地茶科 Siphulaceae

本科共收录 1 属、2 种。

地茶属 *Thamnolia* Ach.

地茶 *Thamnolia vermicularis*（Sw.）Ach. ex Scheaer.

俗　　名　太白茶　石白茶

药用部位　地茶科地茶的枝状体（入药称"雪茶"）。

原 植 物　地衣体枝状，较细，高 3 ~ 6 cm，粗 1 ~ 2 mm，稠密丛生，分枝单一或顶端略有分叉，弯曲至扭曲，顶端尖，锥状或钩状，基部污黄色，逐渐腐烂；表面呈乳白色或灰白色，无光泽，光滑，有浅凹陷纵裂或小穿孔。经过长久保存的标本易变肉红色。未见子实体。

生　　境　生于高山苔原带上。

分　　布　东北林区高海拔地区。湖南、四川、陕西、甘肃、云南、新疆、西藏、台湾。朝鲜、俄罗斯（西伯利亚中东部）。

采　　制　四季均可采收，除去杂质，晒干。

性味功效　味淡、微苦，性凉。有清热、解毒、安神、明目的功效。

主治用法　用于肾虚、虚劳骨蒸、肺炎、咳嗽、癫痫狂躁、神经衰弱、目赤、胃痛、眼昏头闷、中暑及高血压等。泡茶饮用。

用　　量　15 ～ 25 g。

◎参考文献◎

[1] 严仲铠，李万林 . 中国长白山药用植物彩色图志 [M] . 北京：人民卫生出版社，1997：71-72.

[2] 江苏新医学院 . 中药大辞典（下册）[M]. 上海：上海科学技术出版社，1977：2085.

[3] 中国药材公司 . 中国中药资源志要 [M]. 北京：科学出版社，1994：59.

▲ 雪地茶枝状体

雪地茶 *Thamnolia subuliformis*（Ehrh.）W. culb. Brittonis

别　　名	太白茶　石白茶　太白针

别　　名　太白茶　石白茶　太白针

药用部位　地茶科雪地茶的枝状体。

原 植 物　地衣体枝状，高 4 ~ 8 cm，粗 2 ~ 4 mm，稠密丛生，分枝单一或顶端略有分叉，弯曲至扭曲，顶端尖锐，呈针状或钩状，基部污色，逐渐腐烂；表面呈乳白色或灰白色，无光泽，光滑，有时带有浅凹陷，纵裂或小穿孔。经过长久保存的标本不易变色。未见子实体。

生　　境　生于山坡、草地及高山苔原带上。

分　　布　东北林区高海拔地区。陕西、湖北、安徽、云南、西藏。朝鲜、俄罗斯（西伯利亚中东部）。

采　　制　四季均可采收，晒干。

性味功效　味微苦，性凉。无毒。有清热、解毒、醒脑、安神的功效。

主治用法　用于虚劳骨蒸、肺炎咳嗽、癫痫狂躁、神经衰弱、高血压等。水煎服或通常泡茶饮用。

用　　量　15 ~ 25 g。

◎参考文献◎

[1] 严仲铠，李万林. 中国长白山药用植物彩色图志 [M]. 北京：人民卫生出版社，1997：71.

[2] 江纪武. 药用植物辞典 [M]. 天津：天津科学技术出版社，2005：806.

[3] 中国药材公司. 中国中药资源志要 [M]. 北京：科学出版社，1994：59.

▲雪地茶枝状体

▲市场上的雪地茶枝状体

▲黑龙江大沾河湿地国家级自然保护区夏季景观

▲黑龙江大沾河湿地国家级自然保护区夏季景观

▲吉林长白山国家级自然保护区高山苔原带秋季景观

第十一章
苔藓植物

本章共收录 9 科、10 属、10 种药用苔藓植物。

▲内蒙古毕拉河国家级自然保护区霍日高鲁湿地秋季景观

▲ 粗叶泥炭藓植物体（红色）

▲ 市场上的粗叶泥炭藓植物体（绿色）

泥炭藓科 Sphagnaceae

本科共收录 1 属、1 种。

泥炭藓属 *Sphagnum* Ehrh.

粗叶泥炭藓 *Sphagnum squqrrosum* Pers.

别　　名　地毛衣

药用部位　泥炭藓科粗叶泥炭藓的干燥全草（入药称"地毛衣"）。

原 植 物　植物体较粗壮，黄绿带白色。茎直立，高 10 ~ 15 cm，表皮细胞壁薄，具水孔。分枝 4 ~ 5 条丛生，多倾立。茎叶疏生，舌形，长1.6 ~ 1.7 mm，宽 1.0 ~ 1.4 mm，无色细胞壁具分隔，稀有螺纹和水孔。枝叶瓢状卵圆形，长 2.0 ~ 2.3 mm，宽 1.0 ~ 1.2 mm，上部渐狭，边内卷，尖端背仰；细胞壁有螺纹及水孔；叶横切面绿色细胞偏于背面。雌雄同株。孢子黄色，具细疣，直径 22 ~ 25 μm。

▲ 粗叶泥炭藓植物体（绿色）

生　　境　生于黄花落叶松林下、森林沼泽地上及低洼积水处。

分　　布　东北林区各地。四川、云南。朝鲜、蒙古、俄罗斯（西伯利亚中东部）。欧洲、亚洲、非洲的北部。

采　　制　春、夏、秋三季均可采收，洗净，晒干。

性味功效　味淡、甘，性凉。有清热、明目、止血、止痒的功效。

主治用法　用于目赤红肿、目生云翳、皮肤病、虫叮咬瘙痒等。外用鲜品捣烂敷患处。消毒后用以代替脱脂棉。

用　　量　9～12 g。外用适量。

◎ 参考文献 ◎

[1] 钱信忠. 中国本草彩色图鉴（第二卷）[M]. 北京：人民卫生出版社，2003: 345-346.

[2] 江纪武. 药用植物辞典 [M]. 天津：天津科学技术出版社，2005: 467.

[3] 中国药材公司. 中国中药资源志要 [M]. 北京：科学出版社，1994: 60.

▲ 市场上的粗叶泥炭藓植物体（灰色）

▲ 吉林省白河林业局光明林场奶头山森林秋季景观

葫芦藓科 Funanriaceae

本科共收录 1 属、1 种。

葫芦藓属 *Funanria* Hedw.

葫芦藓 *Funanria hygrometrica* Hedw.

别　　名　石松毛　牛毛七

药用部位　葫芦藓科葫芦藓的全草。

原 植 物　植物体小型，黄绿色，无光泽，丛集或散列群生。茎长 1～3 cm，单一或稀疏分枝。叶呈莲座丛状着生于茎的中上部，舌状或长舌状，渐尖，全缘平滑，仅苞叶先端具齿突；中肋达于叶先端。叶细胞疏松，近长方形，薄壁。雌雄同株。雄苞顶生，花蕾状。雌苞生于雄苞下的短侧枝上，在雄枝萎缩后即转成主枝；蒴柄长 4～5 cm，红褐色，先端呈弧形弯曲，干燥时扭转，孢蒴平列或悬倾，不对称，梨形，背凸，红褐绿色；蒴盖平凸形；环带分化，2～3 列细胞；蒴齿双层；齿片红褐色，披针形，先端色浅；内齿层短于外齿层；蒴帽兜形，具长喙，形似葫芦状。孢子黄绿色，具疣。

生　　境　生于林缘、草地、农田及住宅附近。

分　　布　东北地区各地。全国绝大部分地区。朝鲜、日本、蒙古、俄罗斯（西伯利亚中东部）。

采 制 春、夏、秋三季均可采收，除去杂质，洗净，晒干。

性味功效 味辛、涩，性平。有祛风除湿、舒筋活血、镇痛、止血的功效。

主治用法 用于肺热吐血、跌打损伤、湿气脚病、鼻窦炎、关节炎等。水煎服。外用捣烂敷患处。

用 量 30 ~ 60 g。外用适量。

▲葫芦藓植物体

◎参考文献◎

[1] 钱信忠. 中国本草彩色图鉴（第五卷）[M]. 北京：人民卫生出版社，2003：39-40.

[2] 严仲铠，李万林. 中国长白山药用植物彩色图志 [M]. 北京：人民卫生出版社，1997：76.

[3] 中国药材公司. 中国中药资源志要 [M]. 北京：科学出版社，1994：62.

▼葫芦藓孢蒴

▲内蒙古自治区鄂温克族自治旗维纳河林场森林秋季景观

提灯藓科 Mniaceae

本科共收录 1 属、1 种。

提灯藓属 *Mnium* T. Kop.

尖叶提灯藓 *Mnium cuspidatum* Hedw.

别　名　水木草

药用部位　提灯藓科尖叶提灯藓的全草（入药称"水木草"）。

原植物　植物体疏丛生，鲜绿或黄绿色。生殖枝直立，高 2 ～ 3 cm，基部叶疏而小，渐上叶变大，常呈冠丛状丛生；营养枝在生殖枝基部或顶端生出，长达 10 cm 或更长，常呈弧形弯曲。先端和基部叶小，中部叶大，均匀着生。叶在干燥时卷缩，潮湿时舒展，基部收缩，倒卵形或椭圆形，渐尖，生殖枝上的叶较狭长，营养枝上的叶较宽短；叶边明显分化，上部有锯齿；中肋长达叶尖或稍突出；叶细胞六边形，壁薄。雌雄同株。蒴柄直立，长 2 ～ 3 cm，红色；孢蒴短椭圆形，倾斜或悬垂；蒴齿褐黄色；内齿层具穿孔。

生　境　生于林地、潮湿石头及树干基部上。

▲尖叶提灯藓植物体

分　布	东北林区各地。全国绝大部分地区。朝鲜、日本、蒙古、俄罗斯（西伯利亚中东部）。
采　制	春、夏、秋三季均可采收全草，除去杂质，洗净，阴干或晒干。
性味功效	味淡，性凉。有清热、止血的功效。
主治用法	用于衄血、咯血、吐血、便血、崩漏、肠胃出血、牙龈出血等。水煎服，外用鲜品捣烂敷患处。
用　量	10 ~ 15 g。外用适量。

◎参考文献◎

[1] 江苏新医学院. 中药大辞典（上册）[M]. 上海：上海科学技术出版社，1977：522.

[2] 严仲铠，李万林. 中国长白山药用植物彩色图志 [M]. 北京：人民卫生出版社，1997：77-78.

[3] 钱信忠. 中国本草彩色图鉴（第一卷）[M]. 北京：人民卫生出版社，2003：651-652.

▲内蒙古额尔古纳国家级自然保护区森林秋季景观

▲ 泽藓植物体

▲ 泽藓植物体

珠藓科 Bartramiaceae

本科共收录 1 属、1 种。

泽藓属 *Philonotis* Brid.

泽藓 *Philonotis fontana*（Hedw.）Brid.

别　　名　溪泽藓
药用部位　珠藓科泽藓的干燥全草。
原 植 物　植物体密集丛生，黄绿色，有光泽，色艳。生于阴湿冒水的石壁上，较少见。茎高 5 ~ 8 cm，顶端具轮状茁生枝。叶直倾，基部阔卵状或心形，渐上成狭长尖，下部具纵褶，叶缘内卷，具疣突构成的齿；中肋粗壮，达于叶尖，呈短毛尖状。叶片细胞长方形，下角具疣，有时两端具疣。雌雄异株，稀同株。蒴柄红色，孢蒴球形，深褐红色，具纵沟状皱褶；蒴齿两层。孢子黄褐色，具密疣，20～28μm。

生　　境　生于林下岩面薄土上及沼泽地带上。

分　　布　东北林区各地。陕西、江西、浙江、福建、广东、四川、云南、西藏。朝鲜、俄罗斯、蒙古。

采　　制　春、夏、秋三季均可采收，洗净，晒干。

性味功效　味淡，性凉。有清热、解毒的功效。

主治用法　用于外感风热症、痈疮肿毒、扁桃体炎、上呼吸道炎症。水煎服。

用　　量　6～9g。外用适量。

◎ 参考文献 ◎

［1］江纪武 . 药用植物辞典 [M]. 天津：天津科学技术出版社，2005：592.

［2］中国药材公司 . 中国中药资源志要 [M]. 北京：科学出版社，1994：63.

▼泽藓植物体

▲吉林长白山国家级自然保护区鸭绿江大峡谷森林秋季景观

▲ 万年藓植物体

万年藓科 Climaciaceae

本科共收录 1 属、1 种。

万年藓属 *Climacium* Web. et Mohr.

万年藓 *Climacium dendroides*（Hedw.）Web. et Mohr.

药用部位 万年藓科万年藓的全草。

原植物 大型树状，青绿色或黄绿色，略具光泽，散生成片。主茎匍匐伸展，密被红棕色假根；支茎直立，长达 6 ~ 7 cm，下部不分枝，密被鳞片状叶片，上部密分枝呈树形；枝细长；茎与枝均着生多数分枝鳞毛。茎叶与枝叶异形。茎叶阔心脏形，枝叶卵状披针形，基部宽阔，呈耳状，具多数弱纵褶；叶边上部具粗齿；中肋单一，消失于叶片上部；叶细胞线形，角部细胞形大、疏松、壁薄、透明。雌雄异株。蒴柄红棕色。孢蒴直立，长卵形。

生　　境	生于阴湿山坡和林地上。
分　　布	东北林区各地。华北、西南。朝鲜、日本、蒙古、俄罗斯（西伯利亚中东部）。
采　　制	春、夏、秋三季均可采收，除去杂质，晒干。
性味功效	有活血、散瘀、止痛的功效。
主治用法	用于跌打损伤、瘀滞作痛、血滞经闭、劳伤、风湿、筋骨疼痛。水煎服。
用　　量	6～9g。

◎参考文献◎

[1] 江纪武. 药用植物辞典 [M]. 天津：天津科学技术出版社，2005: 193.

[2] 中国药材公司. 中国中药资源志要 [M]. 北京：科学出版社，1994: 64.

▼万年藓植物体

▲黑龙江友好国家级自然保护区湿地秋季景观

▲细叶小羽藓植物体

羽藓科 Thuidiaceae

本科共收录 1 属、1 种。

小羽藓属 *Haplocladium*（C. Muell.）C. Muell

细叶小羽藓 *Haplocladium microphyllum*（Hedw.）Broth.

别　　名 尖叶小羽藓

药用部位 羽藓科细叶小羽藓的干燥全草。

原 植 物 植物体小形，植株纤细，绿色或黄绿色。匍匐茎长 3 ~ 8 cm，具不规则一回或二回羽状分枝，茎上生许多各种形状的鳞毛。茎叶阔卵形或卵状披针形，具狭长尖端，叶基部具 2 褶皱，边缘平展或内卷，全缘或有细锯齿；中肋明显，至叶尖消失；枝叶较小，卵圆形，叶细胞长方形或不规则六角形，每个细胞先端具一透明的疣状突起。孢蒴长椭圆形，淡黄色，水平列；蒴柄由枝部的叶腋处伸出，直立，长 1.5 ~ 3.0 cm，红色。

生　　境 生于阴湿的土坡上、树干基部或墙脚废弃的砖瓦上。

分　　布 东北林区各地。江苏、安徽、浙江、台湾、湖北、四川、云南。朝鲜、越南、缅甸。

采　　制 春、夏、秋三季均可采收，洗净，晒干。

性味功效 味苦、辛，性凉。有清热、解毒的功效。

主治用法 用于急性扁桃体炎、乳腺炎、丹毒、疖肿、上呼吸道感染、肺炎、中耳炎、膀胱炎、尿道炎、附件炎、产后感染、虫咬高热。水煎服。

用　　量 12 ~ 15 g。

◎参考文献◎

[1] 江纪武. 药用植物辞典 [M]. 天津：天津科学技术出版社，2005：376.

[2] 中国药材公司. 中国中药资源志要 [M]. 北京：科学出版社，1994：65.

▲吉林长白山国家级自然保护区小天池森林秋季景观

▲东亚小金发藓植物体

金发藓科 Polytrichaceae

本科共收录 2 属、2 种。

小金发藓属 *Pogonatum* P. Beauv.

东亚小金发藓 *Pogonatum inflexum*（Lindb.）Lac.

别　　名　小金发藓
药用部位　金发藓科东亚小金发藓的全草。
原 植 物　植物体丛集群生，多硬挺，绿色或暗绿色。茎直立，不分叉，长达 5～6 cm，基部密生红棕色假根。叶干燥时贴茎或上部向内卷曲，湿润时倾立；基部卵形或阔卵形，呈半鞘状，上部呈阔披针形，渐尖；叶边平直，具粗齿，由 2～3 个细胞组成；中肋长达叶尖，腹面密被纵长栉后，一般有 4～6 个细胞，顶细胞内凹。雌雄异株。雄株较小，成熟时顶端着生多数红棕色盘状雄苞，次年萌生新枝。雌株顶端着生由细长蒴柄伸出的孢蒴，并被覆密生黄色纤毛的蒴帽。

生　境	生于林边潮湿土地上。
分　布	东北林区各地。华北、西北。安徽、江西、台湾、湖南、四川、贵州、云南、西藏。朝鲜、日本。
采　制	夏、秋季雨后采收全草，除去杂质，晒干。
性味功效	味辛，性温。有镇静、安神、止血的功效。
主治用法	用于失眠、癫狂、吐血、跌打损伤、吐血。水煎服。外用捣烂敷患处。
用　量	10 ～ 15 g。外用适量。

◎参考文献◎

[1] 江纪武. 药用植物辞典 [M]. 天津：天津科学技术出版社，2005：624.

[2] 中国药材公司. 中国中药资源志要 [M]. 北京：科学出版社，1994：67.

▼东亚小金发藓孢蒴

金发藓属 *Polytrichum* Hedw.

金发藓 *Polytrichum commune* Hedw.

别　　名	太阳针　大金发藓
俗　　名	土马鬃　矮松树　小松树　独根草
药用部位	金发藓科金发藓的全草。

原 植 物　植物体密集丛生或稀疏丛生，绿色或深绿色，老时黄褐色。茎高 10 ~ 40 cm，直立，不分枝或稀分枝，常扭曲，无须根或基部具少数假根。叶丛生于上部，较大，基部呈鞘状，上部长披针形，叶尖卷曲，边缘有密锐齿，中肋达于叶尖部，突出呈刺状小尖，红褐色具齿，腹面有多数栉片。雌雄异株。雄株稍短，顶端生雄器，似花苞状；雌株较大，顶生孢蒴，孢蒴直立，成熟后平裂，红褐色，蒴帽有棕黄色毛，蒴盖扁平，有短喙，托部盘状，蒴齿单层。孢子小，圆形，黄色，平滑。

生　　境　生于阴湿山坡和森林沼泽地上。

分　　布　东北林区各地。全国绝大部分地区。朝鲜、日本、蒙古、俄罗斯（西伯利亚中东部）。

采　　制　夏、秋季雨后采收全草，除去杂质，晒干。

性味功效　味苦，性凉。有收敛止血、清热解毒、补虚、通便的功效。

主治用法　用于肺热咳嗽、盗汗、吐血、衄血、咯血、便血、崩漏、刀伤出血、痈毒、子宫脱垂、跌打损伤及疮疖等。水煎服或炖肉服。外用捣烂敷患处。

用　　量　25 ~ 50 g。外用适量。

▲金发藓植物体

◎ 参考文献 ◎

[1] 严仲铠, 李万林 . 中国长白山药用植物彩色图志 [M] . 北京: 人民卫生出版社, 1997: 79-80.
[2] 中国药材公司 . 中国中药资源志要 [M]. 北京: 科学出版社, 1994: 67.

▲黑龙江省漠河县白卡鲁山森林秋季景观

▲蛇苔配子体

蛇苔科 Conocephalaceae

本科共收录 1 属、1 种。

蛇苔属 *Conocephalum* Webet

蛇苔 *Conocephalum conicum* （L.）Dumortier

俗　　名	蛇地钱　地皮斑
药用部位	蛇苔科蛇苔的叶状体（入药称"蛇地钱"）。

原 植 物　叶状体宽带状，革质，深绿色，有光泽，多回二歧分叉，长 5 ~ 10 cm，宽 1 ~ 2 cm。背面有肉眼可见的六角形或菱形气室，每室中央有 1 个单一型的气孔。孔边细胞 5 ~ 6 列，最内层孔边细胞 6 ~ 7 个。气室内有多数直立的营养丝，顶端细胞呈梨形。腹面淡绿色，有假根，两侧各有 1 列深紫色鳞片。雌雄异株。雄托呈椭圆盘状，紫色，无柄，贴生于叶状体背面。雌托钝头圆锥形，褐黄色；有无色透明的长柄，长 3 ~ 5 cm，并具一假根沟，着生于叶状体背面先端，托下面着生 5 ~ 8 个总苞，每苞内具 1 个棍棒状、梨形、有短柄的孢蒴。孢子褐黄色。

生　　境　生长在林下湿地和沟谷岩石上。

分　　布　东北林区各地。全国绝大部分地区。朝鲜、俄罗斯（西伯利亚中东部）。北美洲等。

采　制　春、夏、秋三季均可采收，鲜用或阴干研末备用。

性味功效　味辛、微甘，性寒。有清热解毒、消肿止痛、生肌的功效。

主治用法　用于疮痈肿、烧烫伤、外伤骨折、刀伤、毒蛇咬伤等。通常将鲜品捣烂敷患处或晒干研末调敷。

用　量　适量。

附　方

（1）治指疗、背痈初起：蛇地钱适量。晒干研末，加砂糖和桐油各适量，调匀外敷。

（2）治烫火伤：蛇地钱适量。晒干研末，芝麻油调搽。

（3）治蛇咬伤：鲜蛇地钱适量。捣烂外敷。

（4）治婴儿湿疹：蛇地钱全草晒干。炒炭研成细粉，植物油调敷。

▲蛇苔配子体

◎ 参考文献 ◎

［1］严仲铠，李万林．中国长白山药用植物彩色图志［M］．北京：人民卫生出版社，1997：74-75．

［2］江苏新医学院．中药大辞典（下册）［M］．上海：上海科学技术出版社，1977：2119-2120．

［3］中国药材公司．中国中药资源志要［M］．北京：科学出版社，1994：68．

［4］朱有昌．东北药用植物［M］．哈尔滨：黑龙江科学技术出版社，1989：1259．

▼蛇苔配子体（侧）

▲吉林石湖国家级自然保护区森林秋季景观

▲地钱雌配子体

▲地钱雌生殖托

地钱科 Marchaniaceae

本科共收录 1 属、1 种。

地钱属 *Marchantia* L.

地钱 *Marchantia polymorpha* L.

别　名　巴骨龙　龙眼草

药用部位　地钱科地钱的叶状体（入药称"地梭罗"）。

原植物　叶状体扁平，表面绿色，下面暗褐色，阔叶状，多数叶状体中间有 1 条黑色带，多回二歧分叉，长 5 ～ 10 cm，宽 1 ～ 2 cm，边缘呈波曲状。背面为六角形，由整齐的气室分隔；每室中央具 1 个气孔，孔口烟筒形，孔边细胞 4 个环绕，呈十字架形。气室内具多数直立营养丝。下部基本组织由 12 ～ 20 层细胞构成。腹面具紫色鳞片。假根平滑或具横隔。雌雄异株。雄托盘状，波状浅裂成 7 ～ 8 瓣，精子器生于托的背面，托柄长约 2 cm；雌托扁平，深裂成 9 ～ 11 个指状瓣。孢蒴着生于托的腹面；托柄长约 6 cm；叶状体先端常生有无性芽杯，杯缘有锯齿；芽孢圆瓶形。

生　境　生长在阴湿山坡上、墙下或岩石上。

▲ 地钱雄配子体

分　　布	东北地区各地。全国绝大部分地区。朝鲜、日本、蒙古、俄罗斯（西伯利亚中东部）。
采　　制	春、夏、秋三季均可采收，鲜用或阴干研末备用。
性味功效	味淡，性凉。有生肌、祛瘀、拔毒、清热的功效。
主治用法	用于烧烫伤、骨折、疮痈肿毒、肝炎、肺结核、臁疮、疥癣、刀伤及毒蛇咬伤等。外用鲜品捣烂敷患处，晒干研末调敷或调菜油外敷。
用　　量	外用适量。
附　　方	

▼ 地钱雄生殖托

（1）治烫伤及癣：地梭罗焙干研末。调菜油敷患处。

（2）治刀伤、骨折：地梭罗捣茸包伤处。

（3）治多年烂脚疮：地梭罗焙干，头发烧枯存性。等量，共研末，调菜油敷患处。

◎ 参考文献 ◎

[1] 钱信忠. 中国本草彩色图鉴(第二卷)[M].
　　北京：人民卫生出版社，2003：361-362.

[2] 严仲铠，李万林. 中国长白山药用植物
　　彩色图志 [M]. 北京：人民卫生出版社，
　　1997：75-76.

▲吉林省天桥岭林业局西大河林场秃老婆顶子森林秋季景观

▲吉林省三岔子林业局景山林场森林秋季景观

▲吉林省临江市花山镇老秃顶子森林秋季景观

▲吉林长白山国家级自然保护区森林冬季景观